極める。Excel

きたみあきこ
AKIKO KITAMI

Microsoft Excel

SE
SHOEISHA

本書内容に関するお問い合わせについて

このたびは翔泳社の書籍をお買い上げいただき、誠にありがとうございます。弊社では、読者の皆様からのお問い合わせに適切に対応させていただくため、以下のガイドラインへのご協力をお願い致しております。下記項目をお読みいただき、手順に従ってお問い合わせください。

●ご質問される前に

弊社Webサイトの「正誤表」をご参照ください。これまでに判明した正誤や追加情報を掲載しています。

正誤表　https://www.shoeisha.co.jp/book/errata/

●ご質問方法

弊社Webサイトの「刊行物Q&A」をご利用ください。

刊行物Q&A　https://www.shoeisha.co.jp/book/qa/

インターネットをご利用でない場合は、FAXまたは郵便にて、下記"翔泳社 愛読者サービスセンター"までお問い合わせください。
電話でのご質問は、お受けしておりません。

●回答について

回答は、ご質問いただいた手段によってご返事申し上げます。ご質問の内容によっては、回答に数日ないしはそれ以上の期間を要する場合があります。

●ご質問に際してのご注意

本書の対象を越えるもの、記述個所を特定されないもの、また読者固有の環境に起因するご質問等にはお答えできませんので、予めご了承ください。

●郵便物送付先およびFAX番号

送付先住所　〒160-0006　東京都新宿区舟町5
FAX番号　　 03-5362-3818
宛先　　　　（株）翔泳社 愛読者サービスセンター

はじめに

データ分析、文書作成、タスク管理、プレゼンテーション……。ビジネスシーンでマルチに活躍する Excel は、多岐にわたる高度な機能を搭載しており、深く学ぼうと思えばどこまでも深く学べるアプリです。しかし日々の業務に追われるなか、自己流の操作やその場しのぎの対処で Excel を使用している方もいらっしゃるのではないでしょうか。

自己流やその場しのぎでは、本来使うべき機能を見過ごして遠回りしていることがあります。また、機能の上辺しか知らないがために、ミスを重ねてしまうこともあります。そのような事態を抜本的に改善し、Excel の本領を引き出すには、データや数式、機能の根本的な仕組みを理解することが不可欠です。「業務改善の早道は根本の理解にある」と言えるのです。

本書は、Excel をさらに使いこなしたい方のための解説書です。日々の面倒な作業をミスなくスピーディーに行うための実践的なノウハウを数多く紹介しています。ただし、単なるテクニック集ではありません。機能や操作の説明だけでなく、その根底にある考え方や仕組みに重点を置き、徹底詳解しています。

普段 Excel を使っているユーザーを対象にしているので、第 1 章から関数やカスタマイズ、マクロの話が出てきますが、知識にムラがある方でも安心して読み進められるように、解説の前提となる基本も説明しています。随所に参照用のページ番号を入れているので、後に戻ったり先に進んだりしながら、知らない用語や機能を素早く調べ、知識を補っていただけます。また、サンプルファイルをダウンロードできるので、実際に手を動かしながら理解を深めていただけます。

本書を、業務の時短・効率化と Excel のスキルアップに役立てていただけましたら幸いです。末筆になりますが、本書の制作にご尽力くださいましたすべてのみなさまに心より感謝申し上げます。

2021 年 3 月　きたみ　あきこ

1 動作環境および画面イメージについて

本書は Excel2019 で解説をしていますが、一部 Microsoft365 環境の Excel のみで使える機能の解説があります。該当の機能は 365 マークをご確認ください。

📖 FILTER 関数を使って取り出す

`365`

また、本書で解説している Microsoft365 環境は執筆時点（2020 年 12 月）のものです。

Microsoft365 は数ヵ月で画面やメニューの名称が変わることがあるため、本書の表記と異なる場合があります。

2 関数の参照先について

複数回登場する関数については都度参照ページを掲載しています。

詳細な説明は参照先をご確認ください。

◎参照ページ

=VLOOKUP(検索値 , 範囲 , 列番号 , [検索の型])

➡ `P229`

◎参照先の解説

=VLOOKUP(検索値 , 範囲 , 列番号 , [検索の型])

検索値…検索する値を指定
範囲…検索値を検索する範囲を指定
列番号…戻り値として返す値が入力されている列の列番号を指定。「範囲」の最左列を 1 とする
検索の型…TRUE を指定するか省略すると近似一致検索、FALSE を指定すると完全一致検索が行われる
「範囲」の 1 列目から「検索値」を探し、見つかった行の「列番号」の列にある値を返す。近似一致検索をする場合は「範囲」の 1 列目を昇順に並べ替えておく。

練習用 Excel ファイルをプレゼント

　実際に手を動かしながら解説を読み進められるように、練習用の Excel
ファイルを無料で配布しています。ぜひご活用ください。

ダウンロード方法

① 以下のサイトにアクセスしてください

https://www.shoeisha.co.jp/book/present/9784798168234

② 画面に従って必要事項を入力してください。（無料の会員登録が必要です）
③ 表示されるリンクをクリックし、ダウンロードしてください。

ファイルについて

　上記の手順でダウンロードしたデータは、章ごとにフォルダが分けられて
います。書籍の見出し番号（1-01, 2-01 など）＋該当ページ番号のファイル
名がついているので、操作を試してみたいファイルを選択し、利用してくだ
さい。

※各ファイルは、Microsoft Excel 2019（Microsoft365 限定機能は 365）で動作を確認して
　います。以前のバージョンでも利用できますが、一部機能が失われる可能性があります。
※各ファイルの著作件は著者が所有しています。許可なく配布したり、Web サイトに転載
　することはできません。
※データは圧縮されています。ダウンロードしたファイルをダブルクリックすると、ファ
　イルが解凍され、利用いただけます。

目的別リファレンス

Excel

▶表示

▶カスタマイズ

▶管理・共有

▶グラフ

▶マクロ

Contents

第 1 章　押さえておきたい基本操作と Excel のカスタマイズ

X 第2章 すぐに役立つ！ 表作成の効率化

第 3 章　自由に計算する！　数式と関数のテクニック

X Excel

X 第4章 一瞬で伝わる！ 数値の視覚化テクニック

X 第5章 データを最大限に活用！ 集計と分析

Excel

第6章 もっと使い倒す！ ファイル管理と連携

押さえておきたい基本操作と
Excelのカスタマイズ

第**1**章

01 「データ」の実体を知ろう

 セルに入力・表示できるデータの種類

Excel のセルに入力・表示できる値には、数値、文字列、日付／時刻、論理値、エラー値があります。書式設定や数式入力で思い通りの結果を得るためには、それぞれの特徴を理解しておくことが大切です。

	数値	文字列	日付／時刻	論理値		エラー値

	A	B	C	D	E	F	G	H	I
1	No	会員名	生年月日	配偶者有	会員種別	会費			
2	1	鈴木　満里	1995/3/14	FALSE	A会員	5,000			
3	2	井上　孝行	1971/4/25	TRUE		#N/A			
4	3	松本　映子	1983/12/4	TRUE	B会員	3,000			
5	4	小松　憲和	1998/8/10	FALSE	A会員	5,000			
6	5	本間　恵一	1996/5/27	FALSE	B会員	3,000			
7									

・**数値**（→ P23）
　整数、小数、分数など、数値計算の対象になる数字のこと。

・**文字列**
　文字や、文字の並びのこと。文字列として入力されていれば、数字の並びも文字列となる。

・**日付／時刻**（→ P28）
　1900/1/1〜9999/12/31 の範囲の日付と時刻。日付／時刻の実体は数値なので、数値データとして扱える。

・**論理値**（→ P31）
　二者択一を表現するための値。真を意味する「TRUE」と、偽を意味する「FALSE」の 2 種類がある。

・**エラー値**（→ P183）
　数式の結果が求められないときにセルに表示される値。

数値の実体と演算誤差

　セルに入力するデータの中で、数値はもっとも頻度の高いデータでしょう。一見単純なデータですが、表示形式や小数の計算については注意すべき点もあります。

数値と表示形式

　Excel では、数値用の表示形式が数多く用意されています。表示形式とは、「通貨表示形式」「桁区切りスタイル」「パーセントスタイル」など、数値の見た目を変える機能のことです。

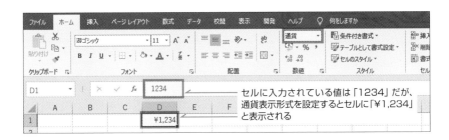

セルに入力されている値は「1234」だが、通貨表示形式を設定するとセルに「¥1,234」と表示される

　表示形式を設定した数値は、実際の数値とは異なる値で表示される場合があります。例えば「通貨表示形式」を設定すると、小数点以下が四捨五入された値が表示されます。そのまま合計を求めると、計算結果が見た目と合わなくなる可能性があるので注意してください。

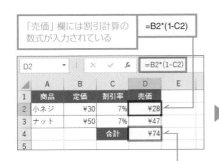

「ホーム」タブの「小数点以下の表示桁数を増やす」ボタンをクリックすると、売価の小数点以下に数値が隠れていたことがわかる

「28 + 47」の結果は「75」のはずなのに「74」となっている

金額計算が合わないような書類を取引先に発行してしまうことのないように、端数をきちんと処理する必要があります。この例では、各商品の売価を四捨五入してから合計を求めれば、見た目通りの計算結果が得られます。四捨五入を行うための ROUND 関数の使い方は、P189 で解説します。

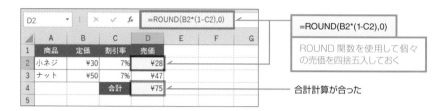

=ROUND(B2*(1-C2),0)

ROUND 関数を使用して個々の売価を四捨五入しておく

合計計算が合った

📖 数値の実体は 2 進数

　普段私たちが使用しているのは 10 進数ですが、コンピューターは情報を 2 進数で扱うので、セルに入力した数値は Excel の内部で 2 進数に変換されます。2 進数の仕組みや変換方法を理解していなくても Excel を問題なく使用できますが、2 進数では小数を正確に表せないことは知っておきましょう。例えば、10 進数の「0.1」を 2 進数で表すと循環小数の「0.00011001100…」になります。「0.1」のような単純な小数でさえ、2 進数では正確に表せないのです。

　Excel も、この 2 進数の弱点を黙認しているわけではありません。内部で小数を正確に表すために何らかの補正を行っています。セルに「0.1」と入力すれば、きちんと「0.1」と表示されます。しかし、まれに小数同士の計算で誤差が発生することがあります。試しに Excel で「1.2-1.1」の計算をしてください。最初は「0.1」という結果が正しく表示されます。しかし、セルの幅を広げて「小数点の表示桁数を増やす」ボタンを何度かクリックしてみると、「0.09999999…」のような表示に変わります。実は小数部に誤差が隠れていたのです。

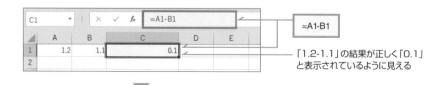

=A1-B1

「1.2-1.1」の結果が正しく「0.1」と表示されているように見える

「ホーム」タブの「小数点以下の表示桁数を増やす」ボタンをクリックすると、演算誤差が発覚する

　小数の計算に誤差が発生する可能性があることを知らないと、比較や検索などの操作で予想外の結果を招くことがあります。下図を見てください。IF関数を使用して「1.2-1.1」と「0.1」を比較したところ、「等しくない」という結果が出ています。IF関数とその誤差対策はP188で紹介しますが、Excelでは小数を正確に扱えないことを覚えておいてください。

=IF(A1-B1=0.1,"等しい","等しくない")

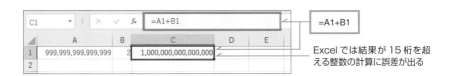

Excelでは「1.2-1.1」の結果と「0.1」は等しくないと判断される

桁数の多い整数の計算も要注意

　数学上、10進数の整数は2進数で正確に表せます。しかし、Excelの有効桁数は最大15桁なので、Excelで正確に表せる整数は「999兆9999億9999万9999」までです。結果が15桁を超える計算には誤差が出ます。国家予算レベルの桁なので日常業務に差し支えることはあまりありませんが、クレジットカード番号のような16桁の数字を数値として入力してしまうと、最後の数字が失われて「0」になるので注意が必要です。16桁以上の数字を入力する方法は、P108で紹介します。

=A1+B1

Excelでは結果が15桁を超える整数の計算に誤差が出る

10 進数は「0～9」の整数の数字の組み合わせでできる数値で、桁の重みは「10 の n 乗」で表せます。2 進数は「0、1」の数字の組み合わせでできる数値で、桁の重みは「2 の n 乗」となります。2 進数を 10 進数に変換するには、2 進数の各桁の数字にその桁の重みを掛けて足し合わせます。例えば 2 進数の「1101」は、10 進数に変換すると「13」になります。

2 進数の「1101」を 10 進数に変換すると「13」になる

$$1 \times 2^3 + 1 \times 2^2 + 0 \times 2^1 + 1 \times 2^0 = 8 + 4 + 0 + 1 = 13$$

反対に、10 進数を 2 進数に変換するには、10 進数を 2 で割っていき、商が 1 または 0 になるまで割り算を繰り返します。その余りを下から上へ並べると 2 進数になります。下図は、10 進数の「13」を 2 進数の「1101」に変換する過程です。

10 進数の「13」を 2 進数に変換すると「1101」になる

13÷2=6 余り 1	6÷2=3 余り 0	3÷2=1 余り 1	
2)13	2)13	2)13	
6 余り 1	2)6 余り 1	2)6 余り 1	下から並べると
	3 余り 0	2)3 余り 0	1101
		1 余り 1	

次に、小数を見ていきましょう。2 進数の小数点第一位の重みは「1/(2 の 1 乗)」、小数点第二位の重みは「1/(2 の 2 乗) 」のように表せます。2 進数を 10 進数に変換する方法は整数の場合と同じです。例えば 2 進数の「0.1101」は、10 進数では「0.8125」になります。

2進数の「0.1101」を10進数に変換すると「0.8125」になる

$$1 \times 1/2^1 + 1 \times 1/2^2 + 0 \times 1/2^3 + 1 \times 1/2^4$$
$$= 0.5 + 0.25 + 0 + 0.0625 = 0.8125$$

10進数の小数を2進数に変換するには、数値の小数部分だけに2を掛けていき、小数部分が「0」になるまで掛け算を繰り返します。整数部分を上から下に並べると2進数の小数点以下が求められます。下図は、10進数の「0.8125」を2進数の「0.1101」に変換する過程です。

10進数の「0.8125」を2進数に変換すると「0.1101」になる

$$0.8125 \times 2 = 1.625$$
$$0.625 \times 2 = 1.25$$
$$0.25 \times 2 = 0.5$$
$$0.5 \times 2 = 1.0$$

上から並べると
0.1101

この計算方法で、10進数の「0.1」を2進数に変換してみてください。積の小数部分は永遠に「0」にならず、2進数は「0.000110011001100…」という循環小数になります。10進数の「0.1」が2進数では正確に表せないことがわかるでしょう。
ところで数学のジョークで「この世には10種類の人間しかいない。2進数を理解する者としない者だ。」というものがあります。2進数を理解できていればピンとくるはずですが、いかがでしょうか？　文中の「10種類」の「10」は10進数の「十」ではなく、10進数の「2」にあたる2進数の「10」（イチ、ゼロ）なのです。

日付／時刻の実体と表示形式

　Excelの内部では、日付と時刻は「シリアル値」と呼ばれる数値で管理されています。ここではシリアル値について解説します。また、日付／時刻とは切っても切れない関係の「表示形式」についても説明します。

シリアル値とは

　日付のシリアル値は「1900/1/1」を1として、1日に1ずつ加算した数値です。例えば「2021/4/1」は「1900/1/1」から数えて44287日目なので、シリアル値は「44287」になります。

　下図は日付とシリアル値の関係を示したものです。先頭にある「1900/1/0」という日付は存在しませんが、Excelでは便宜上「0」というシリアル値を「1900/1/0」という日付に対応させています。

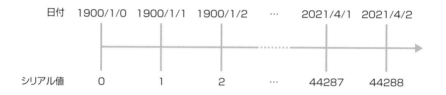

　時刻のシリアル値は、日付と連動させるために、24時間を「1」とした小数で表します。例えば「6:00」は1日の4分の1なので、シリアル値は「0.25」になります。

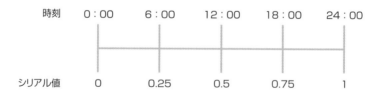

　また、日付と時刻を組み合わせたデータをシリアル値で表現することもできます。例えば「2021/4/1 6:00」は、「2021/4/1」の「44287」と「6:00」の「0.25」を足して「44287.25」というシリアル値で表します。

シリアル値と表示形式

　日付／時刻データと数値データは、Excelにとってはどちらも数値です。数値が日付／時刻としてセルに表示されるのは、日付や時刻の表示形式が適用されているからです。数値が入力されているセルに「日付」の表示形式を設定すると、その数値をシリアル値と見なした日付が表示されます。

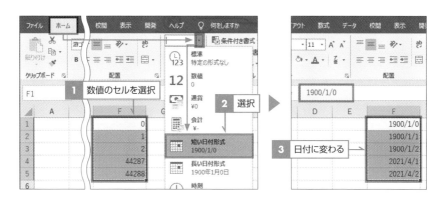

　反対に、日付や時刻が入力されているセルに「標準」の表示形式を設定すると、セルにその日付や時刻のシリアル値が表示されます。

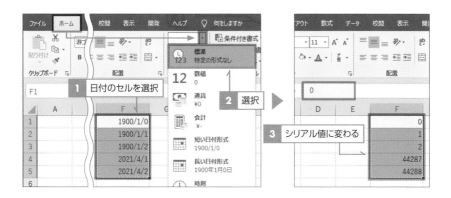

　なお、数値の「0」は日付の「1900/1/0」、時刻の「0:00」に対応するので、「1900/1/0 0:00」のシリアル値ともいえます。興味があれば、「0」を入力したセルにP126を参考に「yyyy/m/d h:mm」というユーザー定義の表示形式を設定してください。セルに「1900/1/0 0:00」と表示されるはずです。

📑 日付／時刻の計算

Excel の内部では日付や時刻をシリアル値という数値で扱うため、日付データや時刻データは一般の数値と同じように計算できます。試しにセルに「="2021/4/1"+1」を入力してみましょう。「"2021/4/1"」は文字列表記ですが、計算時に日付に変換され、さらにシリアル値の「44287」として計算が行われるので、結果は「44288」になります。これは、「2021/4/1」の1日後のシリアル値です。日付の実体が数値なので、日付に1を加えれば1日後、日付から1を引けば1日前の日付が正しく求められるというわけです。なお、Excel では小数の計算に誤差が出ることがあるので、実体が小数である時刻の計算にはまれに誤差が生じることがあります。

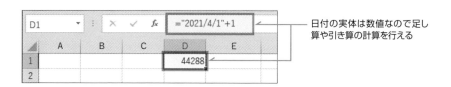

日付の実体は数値なので足し算や引き算の計算を行える

<table>
<tr><td>Column</td><td colspan="2">「1900/2/29」が存在する？</td><td>Ｘ</td></tr>
</table>

「2021/4/1は1900/1/1から数えて44287日目」と説明しましたが、実はその中に実際には存在しない「1900/2/29」がカウントされています。「1900/2/27」と入力したセルを基準にオートフィルを実行すると、連続データの中に「1900/2/29」が含まれることを確認できます。Excel ではなぜか「1900/2/29」が存在することになっているのです。

	A	B
1	1900/2/27	
2	1900/2/28	
3	1900/2/29	
4	1900/3/1	← オートフィル
5	1900/3/2	
6		

したがって「1900/3/1」以降のシリアル値は、「1900/1/1」から数えた本当の日数よりも1ずつ大きくなります。実務で1900年の日付を扱うことはほぼないので、このずれを気にすることはありません。「1900/2/29」以降の日付のみを扱う場合、1ずつずれたもの同士で計算するので差し支えありません。しかし、歴史の年表などで「1900/2/29」の前後の日付を比較するような場合は、存在しない「1900/2/29」の日数を差し引いて考える必要があります。

論理値と論理式

　Excel のセルに入力できるデータの 1 つに「論理値」があります。論理値を理解することは、関数による条件判定や条件によって書式を切り替える「条件付き書式」の設定を正しく行うために不可欠です。

論理値とは

　「論理値」とは、二者択一を表現するための値です。論理値には次の 2 種類の値があります。
・TRUE … 「真」「Yes」「On」を表す論理値
・FALSE … 「偽」「No」「Off」を表す論理値

論理式とは

　論理式とは、式の結果が「TRUE」、または「FALSE」のどちらかになる式のことです。例えば、「A1>=100」という論理式の結果は、セル A1 に 100 以上の数値が入力されている場合に「TRUE」、そうでない場合に「FALSE」となります。「>=」は半角の「>」と半角の「=」を続けて入力したもので、「比較演算子」と呼ばれます。

▶比較演算子

演算子	意味	使用例	説明
=	等しい	A1=100	セル A1 の値が「100」に等しい場合は TRUE、そうでない場合は FALSE となる
<>	等しくない	A1<>100	セル A1 の値が「100」に等しくない場合は TRUE、そうでない場合は FALSE となる
>	より大きい	A1>100	セル A1 の値が 100 より大きい場合は TRUE、そうでない場合は FALSE となる
>=	以上	A1>=100	セル A1 の値が 100 以上の場合は TRUE、そうでない場合は FALSE となる
<	より小さい	A1<100	セル A1 の値が 100 より小さい場合は TRUE、そうでない場合は FALSE となる
<=	以下	A1<=100	セル A1 の値が 100 以下の場合は TRUE、そうでない場合は FALSE となる

論理式は、一般的な数式と同様にセルに入力できます。例えば、セルに加算の数式を入力するときは、先頭に「＝」を付け、算術演算子の「＋」を使用して「＝B3+C3」のように入力します。論理式も同様で、先頭に「＝」を付けて、比較演算子を使用した式を入力します。

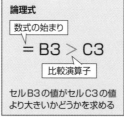

　上記の中で特に「＝B3=C3」という数式には違和感を覚えるかもしれません。しかし、「B3+C3」の前に数式の始まりを表す「＝」を付けるのと同じルールで、「B3=C3」という論理式の前に「＝」を付けたのだと考えれば納得がいくのではないでしょうか。

　セルに論理式を入力すると、論理式が成り立つ場合に「TRUE」、成り立たない場合に「FALSE」の結果が表示されます。下図では、B列の出席予定者とC列の出席者が等しいかどうかを調べています。「TRUE」「FALSE」という値は一般的にはわかりづらいので正式な文書では使用を控えるべきですが、自分で値のチェックをしたいときなどは簡潔な数式で手早く入力できるので便利です。

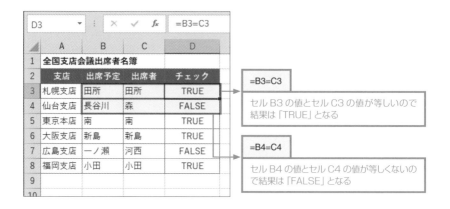

Chapter 1

Chapter 2

Chapter 3

Chapter 4

Chapter 5

Chapter 6

付録

Column **関数を使用した論理式**

Excel には論理値を返す関数も用意されています。例えば、ISBLANK 関数を使って「ISBLANK(C2)」という論理式を立てると、セル C2 が未入力の場合に「TRUE」が返されます。このような論理値を返す関数については、P187 で紹介します。

Column **論理値は「0」「1」として使用できる**

論理値の「TRUE」は「1」、「FALSE」は「0」として数式に使用できます。下図を見てください。種別が「会員」の場合に 2000 円クーポンを発行するものとして、計算を行っています。

このような計算を行う場合、通常は「=IF(C2=" 会員 ",2000,0)」という数式を立てますが、ここでは「=2000*(C2=" 会員 ")」という数式を使用しています。セル C2 に「会員」と入力されている場合、「C2=" 会員 "」という論理式は「TRUE」になります。「TRUE」は「1」と等価なので、「2000*1」が計算され、結果が「2000」になります。セル C2 の値が「会員」でない場合は、論理式が「FALSE」、つまり「0」となり、「2000*0」が計算されて結果が「0」になります。

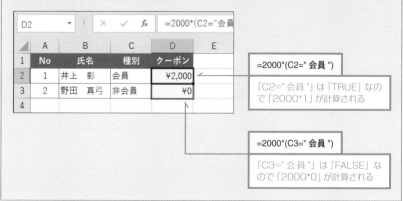

1
02
Excel の基本操作を
再確認しておこう

表示形式の設定と解除

　数値を入力したセルに通貨表示形式を適用したり、比率を計算してパーセントスタイルに変更したりと、表示形式の設定はデータを見やすく表示するための基本中の基本の操作です。

　通貨表示形式（例：¥1,234,567）や桁区切りスタイル（例：1,234,567）、パーセントスタイル（例：12%）は、「ホーム」タブ中央にある「数値」グループのボタンからワンクリックで設定できます。

　例えば「1234」と入力したセルに通貨表示形式を適用すると、セルには「¥1,234」と表示されます。このとき変化するのはセル内に表示されるデータの見た目だけで、値そのものは変化しません。数式バーを見ると、データの実体である「1234」を確認できます。

▶表示形式の設定とデータの実体

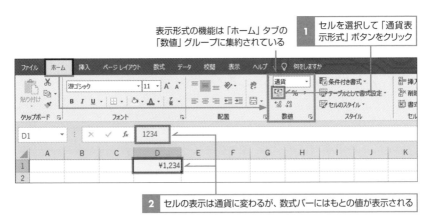

設定した表示形式を外して「1234」と表示するには、「数値の書式」のリストから「標準」を設定します。「標準」は、何も操作していないまっさらなセルに設定されている、セルのデフォルトの表示形式です。

▶数値の表示形式を解除する

　日付データの場合は特殊で、入力すると同時に日付関連の表示形式が自動で設定されます。数式バーどおりの「2020/12/24」形式で表示したい場合は、「標準」ではなく「短い日付形式」を適用します。

▶日付を数式バーどおりに表示する

　表示形式は奥深い機能です。データを思いどおりの表示にしたり、問題解決のツールとして利用したりと、さまざまなシーンで役に立ちます。表示形式の利用法については、下記の項目も参考にしてください。

・日付／時刻の実体と表示形式（→ P28）
・勝手に変化するデータたち（→ P106）
・ユーザー定義の表示形式を利用してデータの表示を操る（→ P126）

セルのコピーと値の貼り付け

　セルのコピーも、Excel ユーザーならほとんどの人が知っている操作だと思いますが、ここで再確認しておきましょう。

　セルのコピー方法には、Ctrl キーを押しながらのドラッグアンドドロップと、コピーアンドペーストの2種類があります。ドラッグアンドドロップは1回限りのコピーですが、コピーアンドペーストではコピーしたセルの周囲が点滅している間、何度でも貼り付け操作を行えます。

　コピーアンドペーストの方法は下記のとおり複数ありますが、ショートカットキーを使う方法が時短に効果的でしょう。

・「ホーム」タブの「コピー」ボタンと「貼り付け」ボタンを使う
・ショートカットメニューの「コピー」と「貼り付け」を使う
・Ctrl + C キーでコピーして Ctrl + V キーで貼り付ける

▶単純なコピーアンドペースト

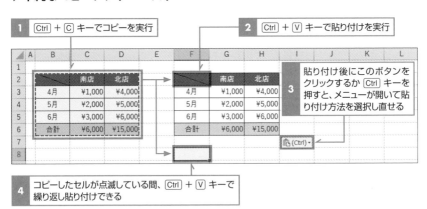

　コピーアンドペーストには、貼り付け方法を選べるという特徴もあります。元の列幅どおりに貼り付けたり、書式なしで貼り付けたり、行列を入れ替えて貼り付けたりと、貼り付け方法は豊富です。その中でも特に覚えておきたいのが「値の貼り付け」です。値の貼り付けでは、数式のセルをコピーして、その結果の値を貼り付けます。

Chapter 1

Chapter 2

Chapter 3

Chapter 4

Chapter 5

Chapter 6

付録

　下図ではショートカットメニューを使用して値の貼り付けを行っています。リボンのボタンを使う場合は、「貼り付け」の下の「▼」をクリックして「値」を選択しましょう。また、ショートカットキーで操作する場合は、[Ctrl] + [V] キーで貼り付けたあとに続けて [Ctrl] キーを押すと貼り付けのメニューが開くので、「値」を選択してください。

▶値の貼り付け

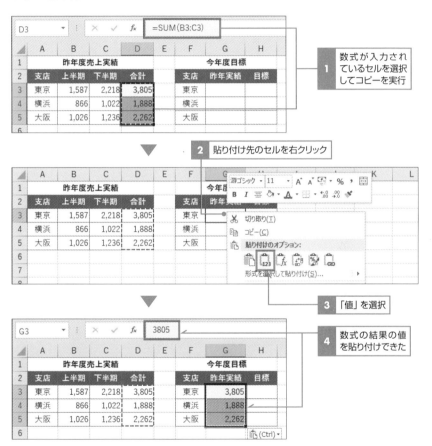

▶ショートカットキー

　コピー： [Ctrl] + [C] キー
　貼り付け： [Ctrl] + [V] キー

「データの入力規則」の利用

「データの入力規則」とは、セルに入力できるデータの規則を定義する機能です。規則を定義することで、規則に違反するデータの入力を禁止または警告できます。

下図では表の「希望数量」欄に、1以上10以下の整数しか入力できないようにします。さらに、それ以外の値が入力されたときに、独自のエラーメッセージを表示するように設定します。

▶セルに1以上10以下の整数しか入力できないようにする

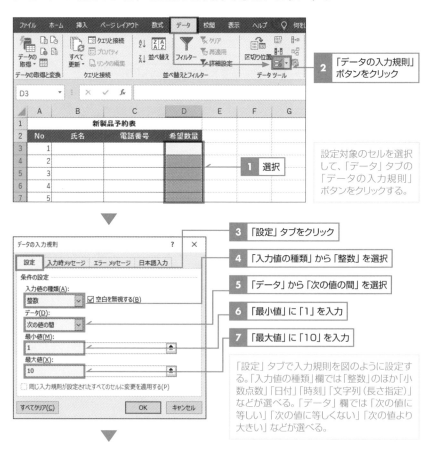

2 「データの入力規則」ボタンをクリック

1 選択

設定対象のセルを選択して、「データ」タブの「データの入力規則」ボタンをクリックする。

3 「設定」タブをクリック

4 「入力値の種類」から「整数」を選択

5 「データ」から「次の値の間」を選択

6 「最小値」に「1」を入力

7 「最大値」に「10」を入力

「設定」タブで入力規則を図のように設定する。「入力値の種類」欄では「整数」のほか「小数点数」「日付」「時刻」「文字列（長さ指定）」などが選べる。「データ」欄では「次の値に等しい」「次の値に等しくない」「次の値より大きい」などが選べる。

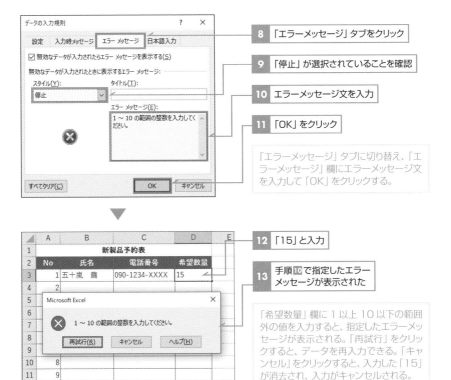

8　「エラーメッセージ」タブをクリック

9　「停止」が選択されていることを確認

10　エラーメッセージ文を入力

11　「OK」をクリック

「エラーメッセージ」タブに切り替え、「エラーメッセージ」欄にエラーメッセージ文を入力して「OK」をクリックする。

12　「15」と入力

13　手順10で指定したエラーメッセージが表示された

「希望数量」欄に1以上10以下の範囲外の値を入力すると、指定したエラーメッセージが表示される。「再試行」をクリックすると、データを再入力できる。「キャンセル」をクリックすると、入力した「15」が消去され、入力がキャンセルされる。

　なお、入力を禁止できるのは、キーボードから打ち込んだ値です。コピーしたデータを貼り付けた場合、入力規則に違反する値でも入力できてしまうので注意してください。

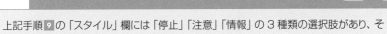

Column　**エラーメッセージのスタイル**

上記手順9の「スタイル」欄には「停止」「注意」「情報」の3種類の選択肢があり、それぞれエラー時に表示されるボタンと動作が異なります。
・停止… 「再試行」「キャンセル」が表示される。入力規則違反のデータは入力できない。
・注意… 「はい」「いいえ」「キャンセル」が表示される。「はい」をクリックすると値を確定でき、「いいえ」で再入力となる。
・情報… 「OK」「キャンセル」が表示され、「OK」をクリックすると値を確定できる。

Chapter 1
Chapter 2
Chapter 3
Chapter 4
Chapter 5
Chapter 6
付録

関数の利用

　関数は、面倒な数値計算や複雑なデータ操作を一瞬で行える Excel の強力な機能です。本書でも、セルに入力して使用するほか、さまざまな場面で関数を利用したワザを紹介していきます。まずはここで、関数の使い方を確認しておきましょう。

関数の構造

　セルに関数を入力するときは、「=」に続けて関数名を入力し、丸カッコの中に引数（ひきすう）を入力します。引数とは関数の処理に使用するデータのことです。関数ごとに引数の種類や数が決められています。複数の引数を指定する場合は、「,」（カンマ）で区切ります。
　セルに関数を入力すると、セルには関数の結果が表示されます。関数が返す結果のことを「戻り値」と呼びます。

▶関数の書式

> ＝関数名 (引数 1, 引数 2, …)

関数の入力

　関数を入力するときに入力補助機能が働くので、関数の綴りや書式がうろ覚えでも問題なく入力できます。以下では LEFT 関数を使用して、「商品コード」の先頭 2 文字を取り出します。

関数を入力するセルを選択して、「=L」または「=I」と入力すると、「L」で始まる関数の一覧が表示される。その中から「LEFT」をダブルクリックする。↓キーで「LEFT」に合わせて [Tab] キーを押してもよい。

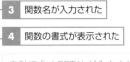

3 関数名が入力された

4 関数の書式が表示された

自動で「=LEFT(」が入力され、ポップヒントに関数の書式が表示される。書式の中で「[ ]」で囲まれた引数は省略可能。

5 セル A3 をクリック

6 「A3」が入力された

関数の書式を見ながら引数を入力する。引数にセル番号を入力する場合は、該当セルをクリックすると自動入力できる。

7 残りの引数と「)」を入力

8 Enter キーを押す

関数を最後まで入力したら、Enter キーを押して確定する。

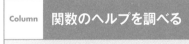

9 関数の戻り値が表示される

セルに関数の戻り値が表示される。セルを選択すると、数式バーで数式を確認できる。

Column	関数のヘルプを調べる

ポップヒントの関数名をクリックすると、ヘルプが表示され、その関数について調べることができます。

商品名	分類コード
プリンター2020	=LEFT(
プリンター2021	LEFT(**文字列**, [文字数])
4色インク	

相対参照、絶対参照、複合参照

　表に数式を入力するときは、先頭セルに入力して、その数式を最終セルまでコピーするのが一般的です。数式を正しくコピーするためには、相対参照、絶対参照、複合参照を適切に使い分けることが重要です。

相対参照

　セル参照を「A1」形式で入力した数式をコピーすると、通常は数式中のセル参照がうまくずれます。「=A1」を1つ下のセルにコピーすると行番号が1つずれて「=A2」に、1つ右のセルにコピーすると列番号が1つずれて「=B1」になるという具合です。このような「A1」形式のセル参照を「相対参照」と呼びます。

　下図では前期比を求めるために、「=C3/B3」という数式を下のセルにコピーしています。相対参照で指定したセル参照が「=C4/B4」「=C5/B5」「=C6/B6」とずれるので、各行で正しく前期比が計算されます。

▶相対参照の数式をコピーする

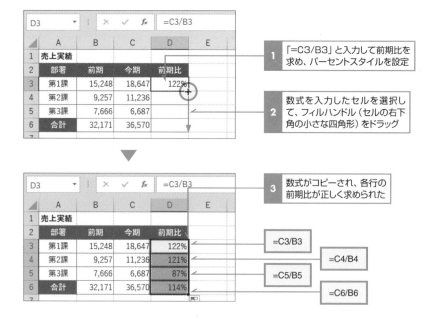

絶対参照

　計算の目的によっては、コピーしたときにセル参照がずれると困る場合があります。次の図では、各部署の売上高をセル B6 の合計値で割って売上構成比を求めています。相対参照の「=B3/B6」という数式を下までコピーすると、エラーになってしまいます。

▶相対参照の数式をコピーするとエラーになるケース

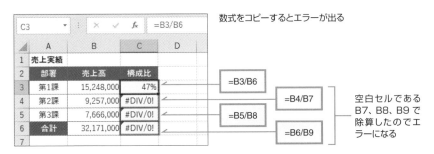

　エラーの原因は、割る数の「B6」がコピー先の数式で「B7、B8、B9」とずれて、空白セルで除算したことです。先頭の数式「=B3/B6」のうち、割られる数であるセル B3 は「B4、B5、B6」とずれる必要がありますが、割る数であるセル B6 は固定しておかなければなりません。

　セル参照を固定するには、セル番号の「B6」の「B」と「6」の前に「$」記号を付けて「$B$6」と指定します。この「$A$1」形式のセル参照を「絶対参照」と呼びます。絶対参照のセル参照は、どの方向にコピーしてもずれることはありません。

▶割る数を絶対参照で指定してコピーする

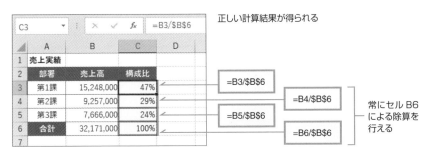

📖 複合参照

行だけを固定したり、列だけを固定したいときは、固定したい番号だけに「$」を付ける「複合参照」を使用します。

下図のマトリックス表は、A列の単価と3行目の数量を掛け合わせたパック価格の早見表です。単価のセルは列番号を固定して「$A」と指定します。数量のセルは行番号を固定して「$3」と指定します。先頭のセルに「=$A4*B$3」と入力して右方向と下方向にコピーすると、どのセルでも正しく計算が行われます。

▶複合参照の数式をコピーする

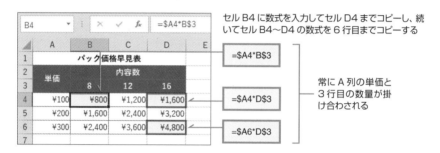

セルB4に数式を入力してセルD4までコピーし、続いてセルB4～D4の数式を6行目までコピーする

=$A4*B$3

=$A4*D$3

=$A6*D$3

常にA列の単価と3行目の数量が掛け合わされる

📖 セル参照を切り替える

絶対参照や複合参照の「$」記号は手入力してもよいのですが、F4 キーを使うと簡単に切り替えられます。「=」を入力したあとセルA4をクリックすると、数式は「=A4」になります。その状態で F4 キーを押すごとに、絶対参照、行固定の複合参照、列固定の複合参照、相対参照の4つの状態を切り替えられます。

▶相対参照と絶対参照、複合参照の切り替え

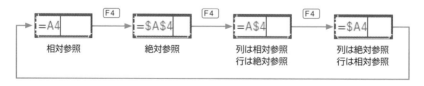

セル範囲に名前を付ける

　セル範囲に名前を付けておくと、数式の中でセル番号の代わりに名前を使用できます。名前はさまざまな応用技で重要な役割を担いますが、ここでは基本的な使い方を押さえておきましょう。

名前を定義する

　特定のセルやセル範囲に名前を付ける方法は簡単です。セルを選択して、数式バーの左端にある名前ボックスに名前を入力するだけです。この方法で付けた名前は、ブックに含まれるすべてのシートで使用できます。

　下図では、セル B3～B5 に「売上」という名前を付けています。

▶**セル B3～B5 に「売上」という名前を付ける（名前ボックス使用）**

売上		× ✓ ƒx	12348875			
	A	B	C	D	E	F
1	売上実績			集計		
2	支店	売上		合計値		
3	東店	12,348,875		最大値		
4	西店	9,532,184		支店数		
5	南店	11,306,871				

2 名前ボックスに「売上」と入力して [Enter] キーを押す

1 選択

　名前の定義方法には、「新しい名前」ダイアログボックスを使う方法もあります。この方法では、名前の適用先としてブックかシートを選べます。また、参照範囲として数式を指定することもできるので、関数を使って名前を定義したい場合はこちらの方法で名前を定義します。

▶**セル B3～B5 に「売上」という名前を付ける（ダイアログボックス使用）**

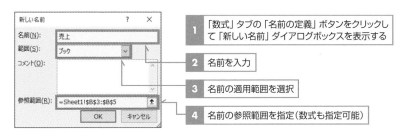

新しい名前	? ×
名前(N):	売上
範囲(S):	ブック
コメント(O):	
参照範囲(R):	=Sheet1!$B$3:$B$5 ⬆
	OK キャンセル

1 「数式」タブの「名前の定義」ボタンをクリックして「新しい名前」ダイアログボックスを表示する

2 名前を入力

3 名前の適用範囲を選択

4 名前の参照範囲を指定（数式も指定可能）

📖 セル参照の代わりに名前を使用する

名前は、数式の中でセル参照の代わりに使用できます。「=SUM(売上)」と入力すると、「売上」のセル範囲の数値の合計が求められます。「=SUM(」まで入力したあと「売上」と手入力するか、「数式」タブの「数式で使用」から「売上」を選択すると「売上」の文字を入力できます。

適用範囲がブックの場合、別のシートでもシート名を付けずに「=SUM(売上)」と入力できます。適用範囲が「Sheet1」の場合、別のシートでは「=SUM(Sheet1!売上)」のようにシート名を付けます。

▶名前を使用する

📖 名前の参照範囲を変更する

名前を付けた範囲にあとからデータを追加したときは、以下の手順で名前の参照範囲を修正します。名前の参照範囲を修正するだけで、その名前を使用しているすべての数式の結果を一括更新できるので便利です。

▶名前の参照範囲を変更する

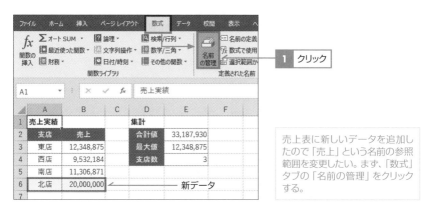

売上表に新しいデータを追加したので「売上」という名前の参照範囲を変更したい。まず、「数式」タブの「名前の管理」をクリックする。

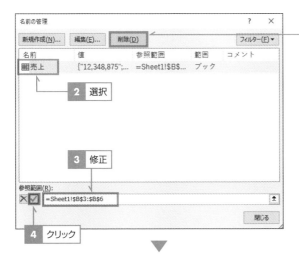

名前を削除したい場合は
「削除」ボタンを使う

「名前の管理」ダイアログ
ボックスが開く。「売上」を
選択して、「参照範囲」欄
でセル範囲を修正し、チェッ
クマークのボタンをクリッ
クして閉じる。

「売上」の名前を使用した
数式の結果が一括更新さ
れた。

=SUM(数値 1, [数値 2]…)

数値…合計を求める数値やセル範囲を指定
指定した「数値」の合計を返す。「数値」は 255 個まで指定できる。

Column　名前を削除するには

名前が不要になったときは、「名前の管理」ダイアログボックスで名前を選択して「削
除」ボタンをクリックすると削除できます。数式で使用している名前を削除すると、
「#NAME?」エラーになるので注意してください。

03 メニュー項目のカスタマイズ

クイックアクセスツールバーのカスタマイズ

　常に画面上に見えているクイックアクセスツールバーは、切り替えの一手間が必要なリボンと異なり、ワンクリックで機能を実行できます。ここに使用頻度の高いボタンを配置しておくだけで、作業効率をグンと高められます。

リボンのボタンをクイックアクセスツールバーに追加する

　リボンのボタンは、ショートカットメニューから簡単にクイックアクセスツールバーに配置できます。配置したボタンの削除もショートカットメニューから行えます。

▶クイックアクセスツールバーにボタンを配置する

クイックアクセスツールバーに配置したいボタンを右クリックして、表示されるメニューから「クイックアクセスツールバーに追加」を選択する。

▶クイックアクセスツールバーからボタンを削除する

クイックアクセスツールバーのボタンを右クリックして、「クイックアクセスツールバーから削除」を選択すると削除できる。

■ 一覧から選択してクイックアクセスツールバーに追加する

「Excel のオプション」ダイアログボックスを使えば、クイックアクセス
ツールバーに追加するボタンを Excel の機能の一覧から選択できます。

1 クリック

追加する機能
をここから選
ぶことも可能

2 選択

クイックアクセスツールバー
の右端の「▼」ボタンをクリッ
クして「その他のコマンド」
を選択する（手順 1、2）。
「Excel のオプション」ダイ
アログボックスが開いたら、
左の欄から機能を選択して
右の欄に追加し、「OK」をク
リックすると（手順 3 〜 7）、
選択した機能がクイックアク
セスツールバーに追加される
（手順 8）。

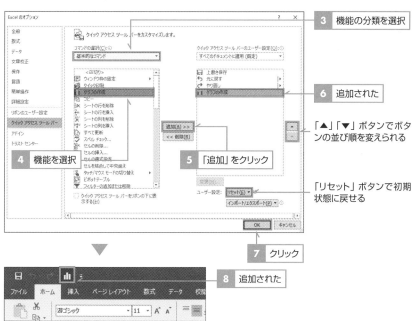

3 機能の分類を選択

4 機能を選択

5 「追加」をクリック

6 追加された

「▲」「▼」ボタンでボタ
ンの並び順を変えられる

「リセット」ボタンで初期
状態に戻せる

7 クリック

8 追加された

📖 リボンにない隠れ機能を追加する

　クイックアクセスツールバーに追加する機能を選択する際、「Excel のオプション」ダイアログボックスの「コマンドの選択」欄で「リボンにないコマンド」を選択すると、Excel の隠れ機能を追加できます。以前存在した機能がバージョンアップ後に見当たらなくなった場合でも、リボンから消えただけで機能自体は残されていることがあります。そのような機能をクイックアクセスツールバーに追加すれば、いつでも使えるようになります。

1 「リボンにないコマンド」を選択

Excel のすべてのブックに追加するか、現在のブックにだけ追加するかを選択できる

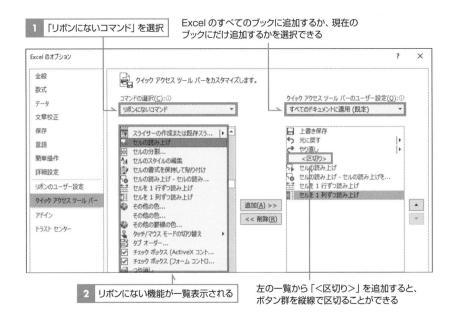

2 リボンにない機能が一覧表示される

左の一覧から「＜区切り＞」を追加すると、ボタン群を縦線で区切ることができる

Column	リボンの下に移動してマウスの移動を短くする

　クイックアクセスツールバーの右端の「▼」ボタンをクリックして「リボンの下に表示」を選択すると、クイックアクセスツールバーをリボンの下に移動できます。たくさんのボタンを表示できる、シートからの距離が近くなる、などのメリットがあります。

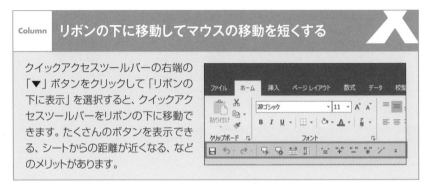

リボンのカスタマイズ

　使用状況に合わせてリボンをカスタマイズすると、Excel がより使いやすくなります。リボンにボタンを追加するには、新しいタブ、または新しいグループを作成して追加します。Excel にもとからあるグループにはボタンを追加できません。

リボンに独自のタブを追加する

　ここでは「挿入」タブの右側に新しいタブを作成します。タブを作成すると、そのタブに新しいグループが自動追加されます。

1 リボンを右クリック

2 「リボンのユーザー設定」を選択

3 「Excel のオプション」ダイアログボックスの「リボンのユーザー設定」が開く

4 タブを追加したい位置の左にあるタブを選択

5 「新しいタブ」をクリック

6 新しいタブとグループが追加されるので、新しいタブを選択

9 新しいタブの名前が変更された

7 「名前の変更」をクリック

8 タブ名（ここでは「マイタブ」）を入力

タブにグループを追加する

　ここでは独自に追加した「マイタブ」に新しいグループを追加します。同様の手順で既存のタブにグループを追加することもできます。

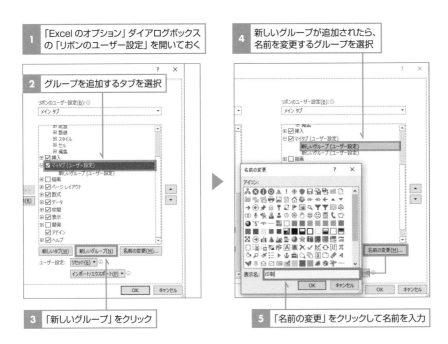

1 「Excel のオプション」ダイアログボックスの「リボンのユーザー設定」を開いておく

2 グループを追加するタブを選択

3 「新しいグループ」をクリック

4 新しいグループが追加されたら、名前を変更するグループを選択

5 「名前の変更」をクリックして名前を入力

グループにボタンを追加する

独自に追加したグループには、自由にボタンを追加できます。

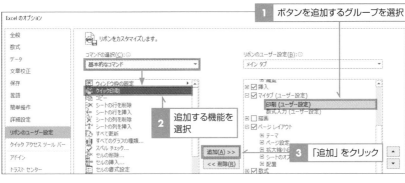

1 ボタンを追加するグループを選択

2 追加する機能を選択

3 「追加」をクリック

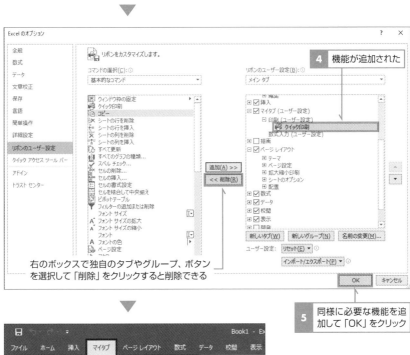

4 機能が追加された

右のボックスで独自のタブやグループ、ボタンを選択して「削除」をクリックすると削除できる

5 同様に必要な機能を追加して「OK」をクリック

6 独自のタブにボタンを配置できた

アクセスキー活用の時短テクニック

作業スピードを上げるには、ショートカットキーを覚えるのが早道です。本書ではP416に「ショートカットキー一覧」を掲載していますが、すべての機能にショートカットキーの割り当てがあるわけではありません。割り当てのない機能をキー操作で実行するには、アクセスキーを使用する方法があります。ここではアクセスキーの便利な利用方法を紹介します。

アクセスキーとは、 Alt キーを押したときにリボンに表示される英数字をたどるキー操作のことです。例えば、「フォントサイズの拡大」を実行するには、 Alt → H → F → G キーを押します。

▶アクセスキーを使用してフォントサイズを拡大する

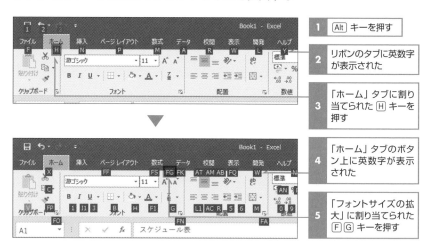

1	Alt キーを押す
2	リボンのタブに英数字が表示された
3	「ホーム」タブに割り当てられた H キーを押す
4	「ホーム」タブのボタン上に英数字が表示された
5	「フォントサイズの拡大」に割り当てられた F G キーを押す

「フォントサイズの拡大」ボタンを使うときは、文字のバランスを見ながら何度かクリックすることが多いでしょう。しかし、 Alt → H → F → G （ Alt + H → F + G でもOK）を繰り返し押すのでは、マウス操作より時間がかかりかねません。

アクセスキーは実行する機能によっては大変役立つ機能ですが、「フォントサイズの拡大」など一部の機能では時短効果が得られません。そのような機能はP48を参考にクイックアクセスツールバーに登録すると便利です。

クイックアクセスツールバーのボタンには、左から順に数字のアクセスキーが割り当てられます。「フォントサイズの拡大」ボタンを4番目の位置に配置した場合、[Alt] キーを押したまま [5] キー（文字キー）を連打すれば、セルの文字を1段階ずつスピーディーに拡大できます。

▶クイックアクセスツールバーに登録するとアクセスキーが簡単

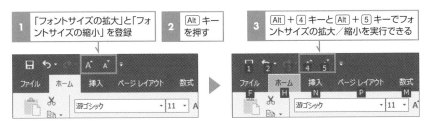

このようなアクセスキー技は階層深くにある機能ほど効果を発揮します。ただし10個以上のボタンを配置すると数字キーが2桁になってしまうので、ここぞという機能に絞って使用しましょう。「Excelのオプション」ダイアログボックスの「クイックアクセスツールバー」の「コマンドの選択」欄で「すべてのコマンド」を選択すると、「値の貼り付け」「図としてコピー」などExcelのあらゆる機能を登録できます。

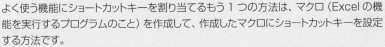

Column　マクロを使う手もある

よく使う機能にショートカットキーを割り当てるもう1つの方法は、マクロ（Excelの機能を実行するプログラムのこと）を作成して、作成したマクロにショートカットキーを設定する方法です。

「マクロ記録」の機能を使用してマクロを作成する場合は、あらかじめ設定対象のセルを選択しておき、実行する機能だけを記録することがポイントです。例えば格子罫線を引くマクロを作成する場合は、適当なセル範囲を選択してからマクロの記録を開始し、「ホーム」タブの「罫線」の「▼」→「格子」をクリックし、記録を終了します。このマクロにショートカットキーを登録すれば、キー操作で選択範囲に格子罫線を素早く引けます。「個人用マクロブック」に保存すれば、あらゆるブックでこのショートカットキーを使えます。マクロの記録やショートカットキーの設定については P70～91 を参照してください。

なお、「マクロの記録」で意図したマクロを作成できない場合もあります。その場合は、手動でプログラムを組む必要があります。

1
Excel
04 Excel のオプション設定

「Excel のオプション」ダイアログボックスを開く

　自分の使い勝手に合わせて Excel の環境を整えることは、作業効率を上げるうえで大変重要です。Excel の環境は、基本的に「Excel のオプション」ダイアログボックスで設定します。「ファイル」タブの「オプション」をクリックすると開きます。キー操作で開きたい場合は、Alt → F → T キーを順に押しましょう。この節では、「Excel のオプション」ダイアログボックスを使用したさまざまな設定項目を紹介します。

1 「ファイル」タブ→(その他)→「オプション」をクリック

2 「Excel のオプション」ダイアログボックスが開く

▶ショートカットキー

　「Excel のオプション」ダイアログボックスの表示：Alt → F → T キー

ユーザー名を変更する

　ブックを新規作成したり上書き保存したりすると、「作成者」や「最終更新者」としてユーザー名が記録されます。ブックを取引先に配布する場合などで、個人名ではなく部署名を記録したいときは、ユーザー名を部署名に変えておくとよいでしょう。また、前任者が使用したパソコンをそのまま引き継いだときなども、ユーザー名を適宜確認・変更しましょう。

1 「全般」（または「基本設定」）をクリック　　**2** 「ユーザー名」を入力

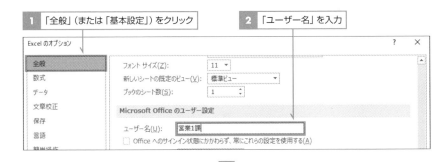

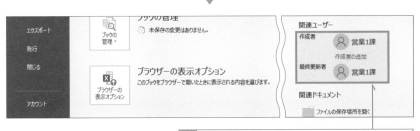

3 これ以降に作成されるブックでは、「ファイル」タブの「情報」に表示される「作成者」や「最終更新者」が変わる

Column　作成済みのブックの作成者を変えるには

　作成済みのブックの「作成者」は、「ファイル」タブの「情報」の画面の右上にある「プロパティ」→「詳細プロパティ」から変更できます。
　作成済みのブックの「最終更新者」は、「Excelのオプション」ダイアログボックスでユーザー名を変更してから上書き保存すれば変更できます。

既定のフォントとフォントサイズを変更する

　セルの標準のフォントは「游ゴシック、11 ポイント」（Excel 2013 以前は「MS P ゴシック」）です。よく使うフォントがほかにある場合は、「既定フォント」を変更しましょう。

1 「全般」（または「基本設定」）を選択　　　　**2** 「既定フォント」をからフォントを選択

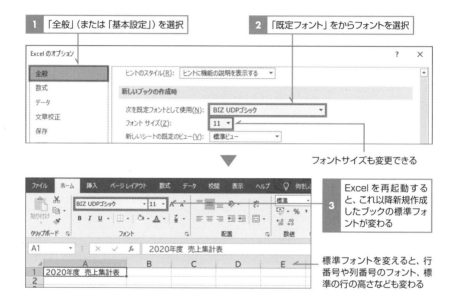

フォントサイズも変更できる

 3 Excel を再起動すると、これ以降新規作成したブックの標準フォントが変わる

標準フォントを変えると、行番号や列番号のフォント、標準の行の高さなども変わる

Memo

上図で設定した「BIZ UDP ゴシック」を始めとする「BIZ UD」系のフォントは、Office に最適化されたユニバーサルデザインフォントです。大文字の「I（アイ）」と小文字の「l（エル）」など、游ゴシックでは見分けづらい文字や数値が識別しやすく、ビジネス向けとしてお勧めのフォントです。

Column　初期値の「本文のフォント」って何？

「既定フォント」の初期値は「本文のフォント」です。「本文のフォント」とは、ブックに設定されているテーマのフォントのことです。ブックの既定のテーマの「本文のフォント」は「游ゴシック」（Excel 2013 の場合は「MS P ゴシック」）です。

Chapter 1

Chapter 2

Chapter 3

Chapter 4

Chapter 5

Chapter 6

付録

エラーチェック項目をカスタマイズする

　数式を入力したセルの左上に「エラーインジケーター」と呼ばれる緑色の三角形が表示されることがあります。この三角形は、エラー値のような明らかな間違いはなくても、何らかの間違いの可能性がある場合に警告として表示されます。こうした警告は「エラーチェックルール」に基づいて行われます。警告が煩わしい場合はルールを変更しましょう。

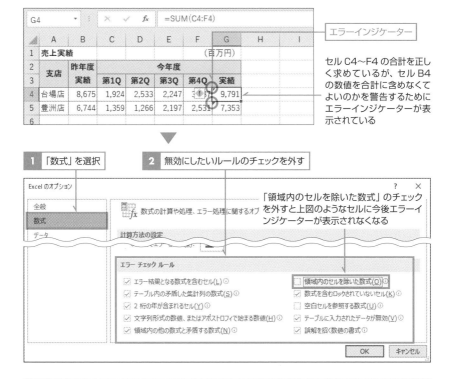

エラーインジケーター

セル C4〜F4 の合計を正しく求めているが、セル B4 の数値を合計に含めなくてよいのかを警告するためにエラーインジケーターが表示されている

1 「数式」を選択　　**2** 無効にしたいルールのチェックを外す

「領域内のセルを除いた数式」のチェックを外すと上図のようなセルに今後エラーインジケーターが表示されなくなる

Memo

セルにエラーインジケーターが表示された場合は、数式に間違いがないか確認しましょう。間違いがなければそのままにしておいて差し支えありませんが、気になるようならセルを選択したときに表示される小さい「！」ボタンをクリックして「エラーを無視する」を選択すると、そのセルのエラーインジケーターを非表示にできます。

自動保存の間隔を変更する

　Excel では、トラブルに備えて標準で 10 分ごとに自動回復用のデータの自動保存が行われます。フリーズなどのトラブルのあとで Excel が再起動すると、自動保存されたデータからブックが自動回復されます。つまり、少なくとも 10 分前の状態に戻れるわけです（自動保存はバックグラウンドで行われるので、正確に 10 分ごとではありません）。自動保存の間隔を短くすれば、失われる作業も少なくて済みます。ただし、短すぎると度々自動保存が行われ、Excel の動作が遅く感じられることもあります。「5 分」「3 分」と試しながら様子を見て決めてください。

1 「保存」を選択

2 「次の間隔で自動回復用データを保存する」に
チェックを付けて、自動保存の間隔を指定する

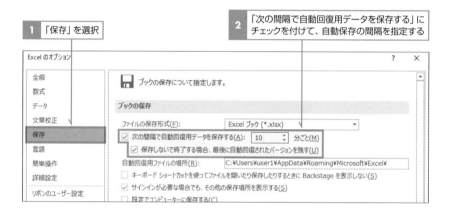

| Column | **自動回復用データの利用** | |

「10 分前に削除したデータを復活させたい」というようなときにも、自動回復用のデータが役立ちます。P398 を参考に自動回復用のデータを開き、10 分前に削除したデータを現在のブックにコピーすればよいのです。
なお、上図の画面に「保存しないで終了する場合、最後に自動回復されたバージョンを残す」という設定項目があります。デフォルトはオンで、ブックを保存せずに Excel を終了した場合に、自動回復用のデータが一定期間保持されます。保持期間中であれば、「ファイル」タブの「情報」画面の「ブックの管理」→「保存されていないブックの回復」から復元できます。

最初からローカルドライブに保存されるようにする

新規作成したブックを保存する際の既定の保存先は OneDrive（→ P406）です。そのため、自分のパソコンに保存したいときは保存先を変更する手間が発生し、煩わしく感じることがあります。OneDrive をあまり使わない場合は、「既定でコンピューターに保存する」をオンにすると、自分のパソコンのドキュメントフォルダーが既定の保存先になります。併せて「既定のローカルファイルの保存場所」を設定すれば、ドキュメントフォルダー以外のフォルダーを既定の保存先に変更できます。

1 「保存」を選択

2 「既定でコンピューターに保存する」にチェックを付けて、必要に応じて既定の保存先を指定する

3 未保存のブックで「上書き保存」ボタンをクリック

4 既定の保存先が自分のパソコンの「ドキュメント」フォルダーになる

起動時に自動で開くブックを指定する

　Excel が起動したときに特定のブックを自動で開くには、2つの方法があります。1つはブックの保存先のフォルダーを「起動時にすべてのファイルを開くフォルダー」として登録する方法で、もう1つは「XLSTART」というフォルダーにブックを保存しておく方法です。ここでは前者の登録方法を紹介します。なお、登録したフォルダーに保存したブックは起動時にすべて開かれるので、開く必要のないブックは保存しないでください。

1 「詳細設定」を選択

2 「起動時にすべてのファイルを開くフォルダー」に
フォルダーのパスを入力

Excel のオプション		? ×
全般	☐ 表示桁数で計算する(P)	
数式	☐ 1904 年から計算する(Y)	
データ	☑ 外部リンクの値を保存する(X)	
文章校正	**全般**	
保存	☐ Dynamic Data Exchange (DDE) を使用する他のアプリケーションを無視する(O)	
言語	☑ リンクの自動更新前にメッセージを表示する(U)	
簡単操作	☐ アドイン ユーザー インターフェイスに関するエラーを表示する(U)	
詳細設定	☑ A4 または 8.5 x 11 インチの用紙サイズに合わせて内容を調整する(A)	
リボンのユーザー設定	起動時にすべてのファイルを開くフォルダー(L): `D:¥データ¥マイスタートファイル`	
クイック アクセス ツール バー	Web オプション(P)...	
アドイン	☑ マルチスレッド処理を有効にする(P)	

3 次回以降、Excel の起動時にこのフォルダー内のブックが自動で開く

Column 「XLSTART」フォルダーの利用

「XLSTART」フォルダーに保存したブックは、Excel の起動時に自動で開きます。「XLSTART」フォルダーは、Excel がインストールされているパソコンに自動で作成されるフォルダーです。フォルダーの場所は、次の操作で確認できます。
まず、「Excel のオプション」ダイアログボックスの「トラストセンター」(または「セキュリティセンター」)の画面の「トラストセンターの設定」をクリックします。表示されるダイアログボックスの「信頼できる場所」の画面で「ユーザースタートアップ」のパスを確認します。

文字データの勝手な自動修正を無効にする

「(a)(b)(c)…」とアルファベットの連番を入力したかったのに、「(c)」が勝手に「©」に変わってしまった……。この原因は「オートコレクト」にあります。オートコレクトは入力ミスの自動修正機能です。ミスしやすいスペルと正しいスペルが自動修正用のリストにペアで登録されており、リストに該当する入力ミスをした場合に、自動で正しいスペルに修正が行われます。例えば、「adn」と「and」のペアが登録されているので、「adn」と入力すると「and」に自動修正されます。

実はこのリストは、間違いやすいスペルの自動修正のほかに、面倒な文字の入力を簡単に行うためのツールとしても利用されており、「©」の入力手段として「(c)」と「©」のペアが登録されています。そのため、「(c)」が勝手に「©」に変わってしまうのです。自動修正直後に Ctrl ＋ Z キーを押せば、「(c)」に戻せます。自動修正機能そのものを無効にしたい場合は、以下のように操作します。

1 「文章校正」を選択

2 「オートコレクトのオプション」をクリック

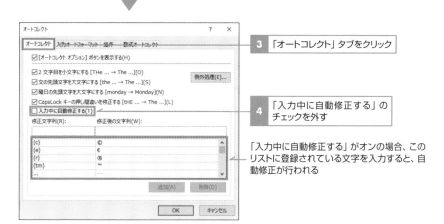

3 「オートコレクト」タブをクリック

4 「入力中に自動修正する」のチェックを外す

「入力中に自動修正する」がオンの場合、このリストに登録されている文字を入力すると、自動修正が行われる

URLやメールアドレスにリンクが設定されないようにする

Excelで名簿などを作成する際に、Webサイトのアドレス（URL）やメールアドレスを入力すると、自動的にリンクが設定されます。シートから直接Webサイトにアクセスしたり、メールを送りたい場合は便利ですが、単純な印刷用の名簿を作りたい場合にはリンクの自動設定は困りものです。

URLを1つだけ入力するような場合は、リンクが自動設定された直後に[Ctrl] + [Z]キーを押すとリンクを解除できます。名簿などにメールアドレスを大量に入力するような場合は、以下のように操作して、リンクの自動設定を無効にしましょう。

▶ショートカットキー

元に戻す：[Ctrl] + [Z] キー

数式や書式が自動拡張されないようにする

　表のすぐ下のセルにデータを入力したときに、意図せぬ書式が適用されてしまうことがあります。初期設定では、新しいセルの前にある5行のうち少なくとも3行に書式が設定されていると、新しいセルにも書式が拡張します。また、4行に数式が入力されていると、新しいセルにも数式が自動入力されます。これらの自動拡張が不要な場合は、「Excel のオプション」ダイアログボックスで機能をオフにできます。ひとまとめの機能なので、数式の自動拡張はオンのまま書式だけオフにすることはできません。

ここに入力すると左の列の書式が自動設定される

▲	A	B	C	D	E
1	商品リスト				
2	商品名	単価	消費税		
3	RT-1201	10,800	1,080		
4	RT-1202	12,000	1,200		
5	RT-1203	9,600	960		
6	SK-2231	9,800	980		
7	SK-2232	15,500	1,550		
8					

数式が入力
されている

▲	A	B	C	D	E	F	G
1	商品リスト						
2	商品名	単価	消費税		※注意		
3	RT-1201	10,800	1,080				
4	RT-1202	12,000	1,200				
5	RT-1203	9,600	960				
6	SK-2231	9,800	980				
7	SK-2232	15,500	1,550				
8		8,000	800				

ここに入力すると上の行
の書式が自動設定される

隣のセルに入力すると数
式が自動入力される

「消費税」欄には単価から消費税を計算する数式が入力してある。新しいセル B8 に単価を入力すると、上のセルと同じ色が付き、隣に数式が自動入力される。セル E2 に文字を入力すると、左の表の見出しと同じ色や太字が自動設定される。

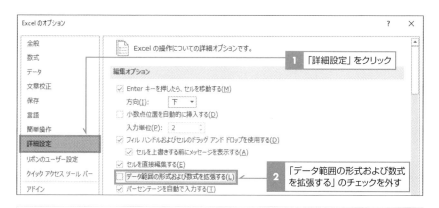

書式や数式が自動拡張されないようにするには、「Excel のオプション」ダイアログボックスの「詳細設定」の画面で「データ範囲の形式および数式を拡張する」のチェックを外す。

最近使ったブックやフォルダーを非表示にする

「ファイル」タブの「ホーム」「開く」「名前を付けて保存」などの画面には、最近使ったブックやフォルダーのリストが表示されます。それらを非表示にしたい場合は、「Excelのオプション」ダイアログボックスで「最近使ったブックの一覧に表示するブックの数」と「最近使ったフォルダーの一覧から固定表示を解除するフォルダーの数」のそれぞれに「0」を設定します。また、「[ファイル]タブのコマンド一覧に表示する、最近使ったブックの数」にチェックを入れている場合は、オフにしましょう。

1 「詳細設定」を選択 **2** 設定

3 非表示になる

Column **タスクバーのジャンプリストを非表示にするには**

タスクバーのExcelのボタンにもブックの使用履歴が表示されます。これを非表示にするには、デスクトップを右クリックして「個人用設定」を選択します。設定画面が開いたら左欄から「スタート」を選択し、右欄で「スタートメニューまたはタスクバーのジャンプリストとエクスプローラーのクイックアクセスに最近開いた項目を表示する」をオフにします。

アドインを使用できるようにする

　アドインとは、Excel に組み込んで使用する追加機能のことです。もとから Excel に付属しているアドインや Microsoft のサイトから入手するアドイン、VBA を使用して自分でプログラムを組んだアドインなど、さまざまなアドインが存在します。ここでは、Excel に付属する「ソルバー」というアドインを例に、アドインを使用できるようにする方法を紹介します。

1 「アドイン」を選択

2 アドインの種類（ここでは「Excel アドイン」）を選択

3 「設定」をクリック

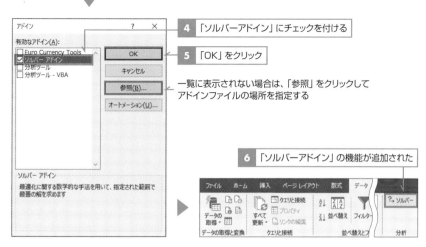

4 「ソルバーアドイン」にチェックを付ける

5 「OK」をクリック

一覧に表示されない場合は、「参照」をクリックしてアドインファイルの場所を指定する

6 「ソルバーアドイン」の機能が追加された

マクロウィルスを防ぐセキュリティの設定

　Excelには、操作を自動実行するための「マクロ」というプログラムを作成・実行する機能が備わっています。便利な機能ですが、その一方で「マクロウィルス」への備えも必要です。マクロウィルスとは、パソコンやファイルに害を与えることを目的に悪意を持って作成されたマクロのことです。メールなどを介してマクロウィルスを含むブックがパソコンに入り込み、うっかりそのブックを開いたときにマクロが実行されて、ファイルが破壊されるなどしては大変です。自分ではマクロを作ったり使ったりしない場合でも、感染を防ぐためにセキュリティの設定を確認しておきましょう。

▶セキュリティの設定を確認する

　マクロのセキュリティ設定には次の４つのオプションがあります。マクロウィルスを防ぎつつ、自分で作成したマクロや社内で配布されたマクロを実行したい場合は、既定値の「警告を表示してすべてのマクロを無効にする」のままにしておきましょう。

・警告を表示せずにすべてのマクロを無効にする

　このオプションを選択するとマクロを一切実行できないので、セキュリティは強固です。

・警告を表示してすべてのマクロを無効にする

　既定値のオプションです。マクロを含むブックを開くと、いったんマクロが無効にされ、メッセージバーに「セキュリティの警告」が表示されます。開いたブックに見覚えがなかった場合、そのままブックを閉じればマクロウィルスの実行を防げるというわけです。自分で作成したブックや信頼できるところから配布されたブックなど、安全なブックの場合は、「コンテンツの有効化」をクリックするとマクロを実行できる状態になります。

マクロを含むブックを開くとセキュリティの警告が表示される

見覚えのないブックの場合は、そのまま閉じる

安全なブックの場合は、「コンテンツの有効化」をクリックするとマクロが有効になる

・デジタル署名されたマクロを除き、すべてのマクロを無効にする

　デジタル署名が追加されているブックのマクロ以外は実行できないので、セキュリティは強固です。

・すべてのマクロを有効にする

　このオプションが選択されている場合、マクロウィルスが実行されてしまう危険性があるので、初期設定に戻すことをお勧めします。

05 マクロの作成と実行の基礎

マクロに関する基本用語

　「マクロ」は、Excel の作業の効率化に欠かせない機能です。この節ではマクロの作成や実行の方法を解説します。目標は、「マクロの記録という機能を使用してマクロを作成できるようになる」「ネットや書籍などで見つけたマクロを自分のブックで入力して実行できるようになる」の 2 つです。まずはここで、マクロに関する基本用語を紹介しておきます。

・マクロ
　Excel の処理を自動実行するためのプログラム。マクロのプログラムには Excel に対する命令文が並んでいる。
・VBA（Visual Basic for Applications）
　プログラミング言語。マクロは VBA という言語で記述する。
・VBE（Visual Basic Editor）
　VBA によるプログラムを作成・編集するための Excel 付属のソフト。
・コード
　VBA の単語や単語の集まりのこと。
・マクロの記録
　手動で行った Excel の操作をもとに自動でマクロを作成する機能。

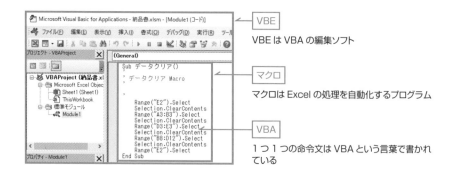

VBE は VBA の編集ソフト

マクロは Excel の処理を自動化するプログラム

1 つ 1 つの命令文は VBA という言葉で書かれている

「開発」タブを表示する

　マクロを作成・実行するための機能は、「開発」タブに集められています。マクロを使用する場合は、リボンに「開発」タブを表示しておきましょう。

1 「Excelのオプション」ダイアログボックスの「リボンのユーザー設定」(→ P51)を表示しておく

2 「開発」にチェックを付ける

3 クリック

4 「開発」タブが表示された

マクロの記録や実行、VBAの編集に関するボタンが並んでいる

手順**2**のチェックを外すと、「開発」タブを非表示にできる。

「マクロの記録」を利用してマクロを作成する

　Excel には、手動で行った操作を記録しながら自動でマクロを作成できる「マクロの記録」という機能が用意されています。例えば、グラフを作成して印刷する操作を記録すれば、「グラフを作成して印刷する」というマクロを作成でき、次回からはマクロを実行するだけでグラフを作成して印刷できます。

　マクロの記録のメリットは、VBA の知識がなくても、マクロで作業を自動化できることです。工夫次第でさまざまな作業を自動化できます。この節ではマクロ記録の実例を 3 つ紹介します（本項、P82、P87）。実際に手を動かして Excel の操作を記録し、マクロを作成するコツをつかんでください。

「マクロの記録」の基礎知識

　マクロの記録を行う際は、次の点に注意してください。

・マクロ名の付け方

　マクロを記録する際にマクロ名を付ける必要があります。マクロ名には、日本語とアルファベットを使用できます。2 文字目以降には、数字とアンダースコア「_」も使用できます。

・マクロの保存先

　マクロはブックの中に保存されます。保存先のブックが開いていないとマクロを実行できないので、特定のブックで使用するマクロはそのブックに保存します。あらゆるブックで使用するマクロは、「個人用マクロブック」に保存します（→ P100）。ほかのパソコンに配布して使う場合は、アドインとして保存する方法もあります（→ P102）。

・設定結果が記録される

　リボンのタブを切り替えたり、ダイアログボックスや作業ウィンドウを開いたり、日本語入力モードを切り替えたりする操作は記録されません。設定した内容や入力したデータなどが記録されます。

・絶対参照と相対参照の使い分け

マクロの記録方法には、セル番号が記録される絶対参照と、基準のセルからの距離が記録される相対参照の2種類があります。デフォルトは絶対参照です。いつも同じセルを対象にマクロを実行したい場合は絶対参照、操作対象のセルを柔軟に切り替えてマクロを実行したい場合は相対参照という具合に使い分けます。詳しくはP82で解説します。

・ゆっくり落ち着いて記録する

操作を間違えると、間違えた操作も記録されます。「元に戻す」ボタンで記録を取り消せる場合もありますが、一部間違った記録が残ることもあります。記録するときは、事前に操作手順をメモに書き留めるなどして、間違えないように操作しましょう。操作時間は記録されないので、ゆっくり落ち着いて操作してください。

マクロを記録する

「マクロの記録」の例として、次ページの図のような納品書からデータをクリアするマクロを作成します。記録する操作は以下のとおりです。間違えずに操作できるように、記録する操作を確認してから記録を開始しましょう。

1. セルE2（納品番号）を選択して [Delete] キーを押す。
2. セルA3～B3（顧客名）を選択して [Delete] キーを押す。
3. セルD3～E3（日付）を選択して [Delete] キーを押す。
4. セルB8～D12（納品データ）を選択して [Delete] キーを押す。
5. セルE2（納品番号）を選択する

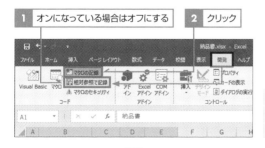

納品書を開いておく。「開発」タブの「相対参照で記録」をオフにして、「マクロの記録」をクリックする。

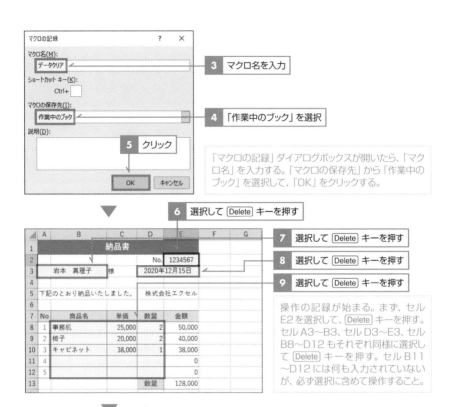

3 マクロ名を入力

4 「作業中のブック」を選択

5 クリック

「マクロの記録」ダイアログボックスが開いたら、「マクロ名」を入力する。「マクロの保存先」から「作業中のブック」を選択して、「OK」をクリックする。

6 選択して Delete キーを押す

7 選択して Delete キーを押す

8 選択して Delete キーを押す

9 選択して Delete キーを押す

操作の記録が始まる。まず、セルE2を選択して、Delete キーを押す。セルA3〜B3、セルD3〜E3、セルB8〜D12もそれぞれ同様に選択してDelete キーを押す。セルB11〜D12には何も入力されていないが、必ず選択に含めて操作すること。

11 「開発」タブの「記録終了」ボタンをクリックすると、記録が終了する

10 選択

Memo

マクロの記録中に操作を間違えたときは、記録を終了します。同じマクロ名で記録をやり直すと、既存のマクロを置き換えることができます。記録したマクロがうまく動作しない場合も、同じマクロ名で記録し直しましょう。

マクロを実行する

　テスト用のデータを入力して、記録したマクロを実行してみましょう。なお、ここで記録したマクロの保存方法は次ページで紹介します。また、より便利な実行方法を P78 で紹介します。

1 テストデータを入力しておく

2 「マクロ」をクリック

納品書にテストデータを適当に入力し、「開発」タブの「マクロ」ボタンをクリックする。もしくは Alt キーを押しながら F8 キーを押してもよい。

3 選択

4 クリック

5 データが削除された

「マクロ」ダイアログボックスが開くので、マクロ名を選択して「実行」をクリックする。

マクロが実行されてデータが削除される。セル E2 が選択されるので、すぐに新しいデータの入力を開始できる。

▶ショートカットキー

　「マクロ」ダイアログボックスの表示：Alt ＋ F8 キー

マクロを含むブックを保存して開く

　マクロを含むブックは、通常の Excel ブック形式（拡張子「.xlsx」）には保存できません。Excel マクロ有効ブック形式（拡張子「.xlsm」）で保存します。ファイル形式が異なることで、拡張子やファイルアイコンを見ればブックにマクロが含まれるかどうかが一目瞭然となり、マクロウィルスへの警戒ができるわけです。

▶マクロを含むブックを保存する

1 「名前を付けて保存」ダイアログボックスを表示しておく

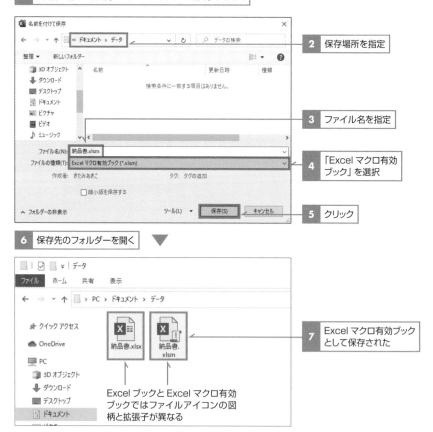

2 保存場所を指定

3 ファイル名を指定

4 「Excel マクロ有効ブック」を選択

5 クリック

6 保存先のフォルダーを開く

7 Excel マクロ有効ブックとして保存された

Excel ブックと Excel マクロ有効ブックではファイルアイコンの図柄と拡張子が異なる

　マクロを含むブックを開くと、いったんマクロが無効になり、メッセージバーにセキュリティの警告が表示されます。自分で作成したブックなど、安全が確認されている場合は「コンテンツの有効化」をクリックすると、マクロが実行できる状態になります。一度有効にすると、次回以降開くときにセキュリティの警告は表示されません。ただし、ブックの場所を変えたり、ブック名を変えたりすると、再度表示されます。

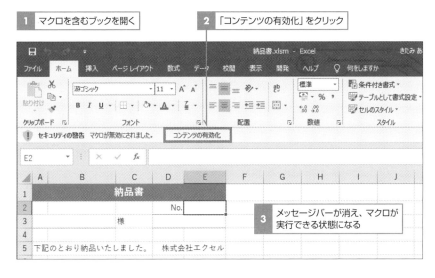

1 マクロを含むブックを開く　　　**2** 「コンテンツの有効化」をクリック

3 メッセージバーが消え、マクロが実行できる状態になる

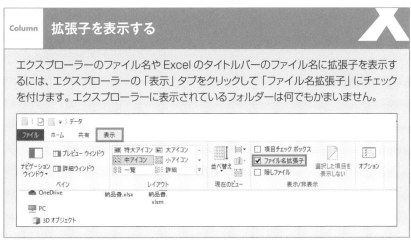

Column　拡張子を表示する

エクスプローラーのファイル名や Excel のタイトルバーのファイル名に拡張子を表示するには、エクスプローラーの「表示」タブをクリックして「ファイル名拡張子」にチェックを付けます。エクスプローラーに表示されているフォルダーは何でもかまいません。

マクロをより簡単に実行する

P75 で「マクロ」ダイアログボックスからマクロを実行する方法を紹介しましたが、ここではより簡単に実行できる方法を紹介します。

ショートカットキーで実行する

マクロにショートカットキーを割り当てておくと、キーを押すだけで素早く実行できます。Ctrl＋アルファベットキー、または Ctrl ＋ Shift ＋アルファベットキーを割り当てられます。Ctrl ＋ C など、Excel のショートカットキーと同じキーを割り当てるとマクロが優先され、本来のショートカットキーは無効になります。ここでは「データクリア」マクロに Ctrl ＋ M キーを割り当てます。

「開発」タブの「マクロ」ボタンをクリックする。もしくは Alt キーを押しながら F8 キーを押してもよい。

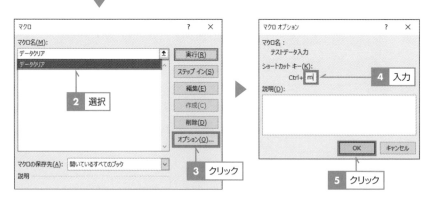

「マクロ」ダイアログボックスが開いたら、「データクリア」マクロを選択して「オプション」をクリックし、「ショートカットキー」欄に小文字の「m」を入力する。「OK」をクリックし、「マクロ」ダイアログボックスで「キャンセル」をクリックする。以上で設定完了。納品書にテストデータを入力して Ctrl ＋ M キーを押すと、マクロが実行されてテストデータが削除される。

Chapter 1

Chapter 2

Chapter 3

Chapter 4

Chapter 5

Chapter 6

付録

Memo

前ページの手順 4 の「ショートカットキー」欄に小文字で「m」と入力した場合は Ctrl + M キー、大文字で「M」と入力した場合は Ctrl + Shift + M キーがマクロ実行のためのショートカットキーとなります。

シートにボタンを配置して実行する

特定のシートで実行するマクロの場合、そのシートにマクロ実行用のボタンを配置しておくと、誰でもわかりやすくマクロを実行できます。図形を描くのと同じ要領でボタンを配置できます。ここでは「データクリア」マクロを実行するための「クリア」ボタンを配置します。

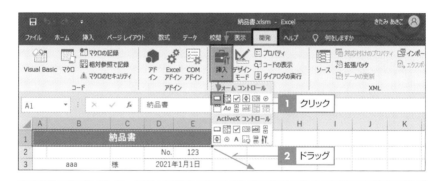

「開発」タブ→「コントロールの挿入」→「ボタン（フォームコントロール）」をクリックして、シート上をドラッグする。

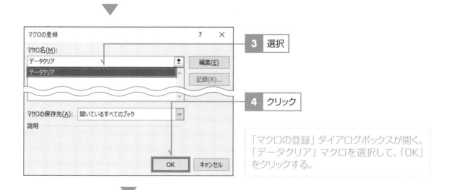

「マクロの登録」ダイアログボックスが開く。「データクリア」マクロを選択して、「OK」をクリックする。

5 ボタン名を変更

ボタンが選択された状態でクリックすると、カーソルが表示されるので、ボタン名を変更する。

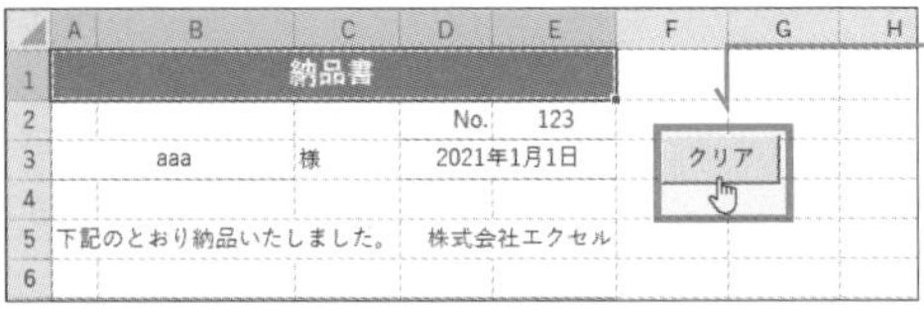

6 クリックしてマクロを実行

セルを選択してボタンの選択を解除する。ボタンをクリックすると、マクロが実行される。

Memo

ボタンを選択するには、Ctrl キーを押しながらボタンをクリックします。Ctrl キーを押さないとマクロが実行されてしまうので注意してください。

クイックアクセスツールバーに登録して実行する

クイックアクセスツールバーにマクロ実行用のボタンを配置することができます。複数のシートで共通に使用するマクロの場合、この実行方法が便利です。

ここでは「データクリア」マクロの実行用のボタンを配置します。マクロは保存先のブック（ここでは「納品書 .xlsm」）が開いていないと実行できないので、「納品書 .xlsm」のクイックアクセスツールバーにだけ実行用のボタンが表示されるようにします。

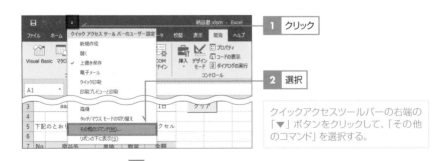

1 クリック

2 選択

クイックアクセスツールバーの右端の「▼」ボタンをクリックして、「その他のコマンド」を選択する。

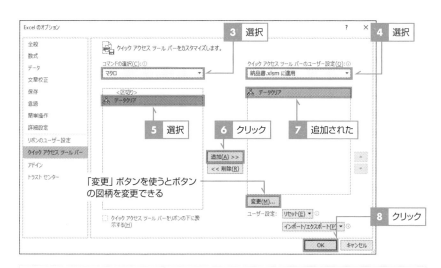

「コマンドの選択」欄で「マクロ」を選択し、「クイックアクセスツールバーのユーザー設定」欄で「納品書.xlsm に適用」を選択する。左のボックスから「データクリア」を選択して「追加」をクリックして右のボックスに追加されたら「OK」をクリックする。

クイックアクセスツールバーにボタンが追加された。ボタンをクリックすると、マクロが実行される。

Column　マクロの実行が終わらないときは

マクロの内容や実行環境によっては、いわゆる無限ループに陥って、マクロの実行が終わらないことがあります。そのようなときは、Esc キーを押すか、Ctrl + Break キーを押してマクロを強制中断し、表示されるダイアログボックスで「終了」をクリックすると実行を終了できます。

▶ショートカットキー

　　マクロの中断：Esc キーまたは Ctrl + Break キー

マクロを記録する

「マクロの記録」には、絶対参照で記録する方法と相対参照で記録する方法があります。違いを理解して使い分けることが大切です。

絶対参照の記録と相対参照の記録の違い

絶対参照でセル C1 を選択する操作を記録すると、マクロに「セル C1 を選択する」という命令文が追加されます。マクロの実行前にどのセルが選択されている場合でも、マクロを実行するとセル C1 が選択されます。

それに対して相対参照の場合は、記録前にどのセルが選択されているかが重要です。例えば、セル A1 を選択してから記録を開始し、セル C1 を選択すると、マクロに「選択セルの 2 つ右のセルを選択する」という命令文が追加され、セル B3 を選択してマクロを実行すると、セル B3 の 2 つ右のセル D3 が選択されます。

▶絶対参照でマクロを記録して実行する

絶対参照で「セル C1 を選択する」という操作を記録すると、「セル C1 を選択する」というマクロが作成される。記録前や実行前にどのセルが選択されているかに左右されない。

▶相対参照でマクロを記録して実行する

セル A1 を選択してから「セル C1 を選択する」という操作を相対参照で記録すると、「選択セルの 2 つ右のセルを選択する」というマクロが作成される。マクロを実行すると、実行前に選択されていたセルの 2 つ右のセルが選択される。

Chapter 1

Chapter 2

Chapter 3

Chapter 4

Chapter 5

Chapter 6

付録

相対参照でマクロを記録する

　ここでは、下図の売上表に行を挿入して四半期計を求めるマクロを作成します。

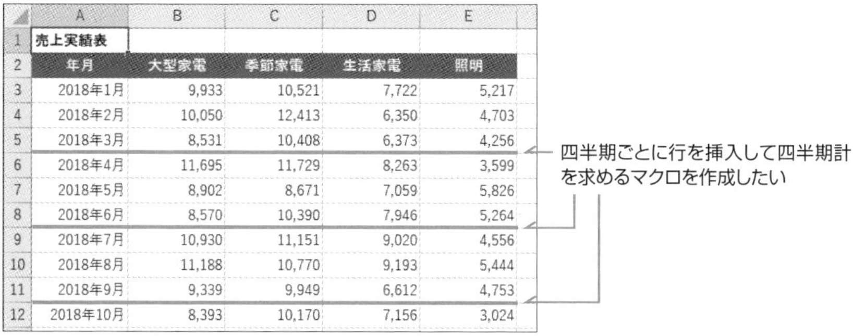

	A	B	C	D	E
1	売上実績表				
2	年月	大型家電	季節家電	生活家電	照明
3	2018年1月	9,933	10,521	7,722	5,217
4	2018年2月	10,050	12,413	6,350	4,703
5	2018年3月	8,531	10,408	6,373	4,256
6	2018年4月	11,695	11,729	8,263	3,599
7	2018年5月	8,902	8,671	7,059	5,826
8	2018年6月	8,570	10,390	7,946	5,264
9	2018年7月	10,930	11,151	9,020	4,556
10	2018年8月	11,188	10,770	9,193	5,444
11	2018年9月	9,339	9,949	6,612	4,753
12	2018年10月	8,393	10,170	7,156	3,024

四半期ごとに行を挿入して四半期計を求めるマクロを作成したい

　表には48カ月分のデータが入力されており、3行ごとに合計16回の行挿入をするわけですが、16回分の操作を記録するわけではありません。最初の1回分を記録し、あとの15回は記録したマクロを実行します。絶対参照で記録すると操作対象が固定されてしまうので、相対参照で記録します。

　ポイントは、最初の挿入行であるセルA6を選択してから記録を開始し、四半期計行を挿入する操作を記録し、次の挿入行のセルを選択してから記録を終了することです。そうすることで、「選択されているセルの位置に四半期計の行を挿入して、次の挿入行のセルを選択する」というマクロが作成されます。その結果、マクロを15回実行する際に、対象のセルを選択する手間を省けます。

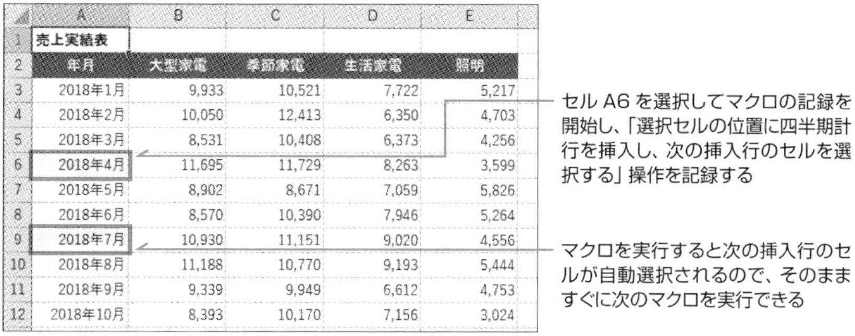

	A	B	C	D	E
1	売上実績表				
2	年月	大型家電	季節家電	生活家電	照明
3	2018年1月	9,933	10,521	7,722	5,217
4	2018年2月	10,050	12,413	6,350	4,703
5	2018年3月	8,531	10,408	6,373	4,256
6	2018年4月	11,695	11,729	8,263	3,599
7	2018年5月	8,902	8,671	7,059	5,826
8	2018年6月	8,570	10,390	7,946	5,264
9	2018年7月	10,930	11,151	9,020	4,556
10	2018年8月	11,188	10,770	9,193	5,444
11	2018年9月	9,339	9,949	6,612	4,753
12	2018年10月	8,393	10,170	7,156	3,024

セルA6を選択してマクロの記録を開始し、「選択セルの位置に四半期計行を挿入し、次の挿入行のセルを選択する」操作を記録する

マクロを実行すると次の挿入行のセルが自動選択されるので、そのまますぐに次のマクロを実行できる

記録する操作は以下のとおりです。

セル A6 を選択して、相対参照でマクロの記録を開始する。
1. 6行目に行を挿入する。
2. セル A6 を選択して「四半期計」と入力する。
3. セル B6 を選択して「=SUM(B3:B5)」と入力する。
4. セル B6 の数式をセル E6 までコピーする。
5. セル A6〜E6 を選択して塗りつぶしの色を設定する。
6. セル A6 を選択して中央揃えを設定する。
7. セル A10 を選択する。

記録されるマクロは大まかに次のようになります。

1. 選択セルの位置に行を挿入する。
2. 挿入した行の1つ目のセルを選択して「四半期計」と入力する。
3. 選択セルの1つ右のセルを選択して「=SUM(B3:B5)」と入力する。
4. 選択セルを始点として3列右のセルまでオートフィルを実行する。
5. 選択セルの1つ左のセルから5列分のセルを選択して色を設定する。
6. 選択範囲の1つ目のセルを選択して中央揃えを設定する。
7. 選択セルの4つ下のセルを選択する。

相対参照でマクロを記録するには、「相対参照で記録」ボタンをオンにします。ここでは、マクロを素早く実行できるように、ショートカットキーも割り当てます。

▶相対参照でマクロを記録する

	A	B	C	D	E	F	G
1	売上実績表						
2	年月	大型家電	季節家電	生活家電	照明		
3	2018年1月	9,933	10,521	7,722	5,217		
4	2018年2月	10,050	12,413	6,350	4,703		
5	2018年3月	8,531	10,408	6,373	4,256		
6	2018年4月	11,695	11,729	8,263	3,599		
7	2018年5月	8,902	8,671	7,059	5,826		
8	2018年6月	8,570	10,390	7,946	5,264		

1 セル A6 を選択

セル A6 を選択する。

Chapter 1-05　マクロの作成と実行の基礎

Chapter 1

Chapter 2

Chapter 3

Chapter 4

Chapter 5

Chapter 6

付録

2 「相対参照で記録」をオンにする　　**3** 「マクロの記録」をクリック

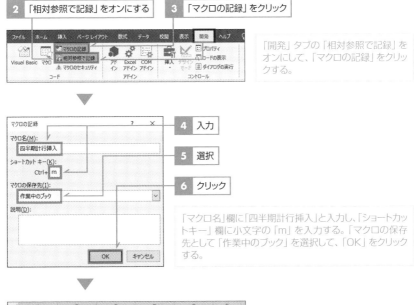

「開発」タブの「相対参照で記録」を
オンにして、「マクロの記録」をクリッ
クする。

4 入力

5 選択

6 クリック

「マクロ名」欄に「四半期計行挿入」と入力し、「ショートカッ
トキー」欄に小文字の「m」を入力する。「マクロの保存
先として「作業中のブック」を選択して、「OK」をクリック
する。

7 右クリック

8 選択

6行目の列番号を右クリックして「挿
入」を選択する。

9 入力

10 入力

11 数式をコピー

新しいセル A6 に「四半期計」と入
力し、セル B6 に「=SUM(B3:B5)」
と入力する。セル B6 の数式をオー
トフィルでセル E6 までコピーする。

| 12 | 色を設定 | 13 | 中央揃えを設定 |

	A	B	C	D	E	F
1	売上実績表					
2	年月	大型家電	季節家電	生活家電	照明	
3	2018年1月	9,933	10,521	7,722	5,217	
4	2018年2月	10,050	12,413	6,350	4,703	
5	2018年3月	8,531	10,408	6,373	4,256	
6	四半期計	28,514	33,342	20,445	14,176	
7	2018年4月	11,695	11,729	8,263	3,599	
8	2018年5月	8,902	8,671	7,059	5,826	
9	2018年6月	8,570	10,390	7,946	5,264	
10	2018年7月	10,930	11,151	9,020	4,556	
11	2018年8月	11,188	10,770	9,193	5,444	

セル A6～E6 に任意の塗りつぶしの色を設定し、セル A6 を中央揃えにする。最後にセルA10を選択して、「開発」タブの「記録終了」ボタンをクリックする。以上でマクロが作成される。

| 14 | セル A10 を選択 | 15 | 「記録終了」をクリック |

マクロを実行して動作を確認する

　現在、セル A10 が選択されています。その状態で Ctrl + M キーを押すと、10 行目に四半期計行が挿入され、4 行下のセルが選択されます。自動で4 行下のセルが選択されるので、そのまま Ctrl + M キーを何度か押せば、四半期計行を次々と挿入していけます。

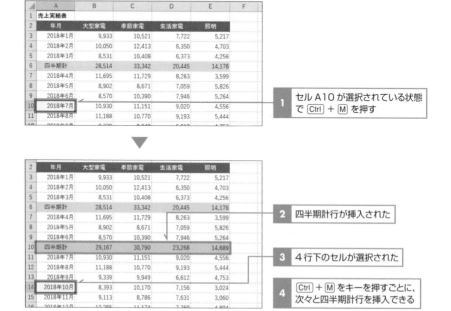

	A	B	C	D	E	F
1	売上実績表					
2	年月	大型家電	季節家電	生活家電	照明	
3	2018年1月	9,933	10,521	7,722	5,217	
4	2018年2月	10,050	12,413	6,350	4,703	
5	2018年3月	8,531	10,408	6,373	4,256	
6	四半期計	28,514	33,342	20,445	14,176	
7	2018年4月	11,695	11,729	8,263	3,599	
8	2018年5月	8,902	8,671	7,059	5,826	
9	2018年6月	8,570	10,390	7,946	5,264	
10	2018年7月	10,930	11,151	9,020	4,556	
11	2018年8月	11,188	10,770	9,193	5,444	

1 セル A10 が選択されている状態で Ctrl + M を押す

2	年月	大型家電	季節家電	生活家電	照明	
3	2018年1月	9,933	10,521	7,722	5,217	
4	2018年2月	10,050	12,413	6,350	4,703	
5	2018年3月	8,531	10,408	6,373	4,256	
6	四半期計	28,514	33,342	20,445	14,176	
7	2018年4月	11,695	11,729	8,263	3,599	
8	2018年5月	8,902	8,671	7,059	5,826	
9	2018年6月	8,570	10,390	7,946	5,264	
10	四半期計	29,167	30,790	23,268	14,689	
11	2018年7月	10,930	11,151	9,020	4,556	
12	2018年8月	11,188	10,770	9,193	5,444	
13	2018年9月	9,339	9,949	6,612	4,753	
14	2018年10月	8,393	10,170	7,156	3,024	
15	2018年11月	9,113	8,786	7,631	3,060	
16	2018年12月	12,385	11,174	7,760	4,894	

2 四半期計行が挿入された

3 4 行下のセルが選択された

4 Ctrl + M をキーを押すごとに、次々と四半期計行を挿入できる

絶対参照と相対参照を組み合わせてマクロを記録する

　マクロの記録中に、必要に応じて絶対参照と相対参照を切り替えてもかまいません。ここでは、「○月」シートの表のデータを「年間」シートの新しい行にコピーするマクロを作成します。

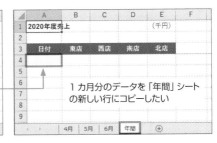

1 カ月分のデータを「年間」シートの新しい行にコピーしたい

ショートカットキーで対象のセルを選択する

　今回の記録では、「4月」シートの表の範囲と「年間」シートの表の末尾の行をショートカットキーで自動選択します。

　表の範囲を自動選択するには、表内のセルを選択して Ctrl + Shift + : キー、または Ctrl + テンキーの * キーを押します。このショートカットキーで選択できるのは、最初に選択したセルを含む、空白行と空白列で囲まれたデータの入力範囲です。表の中に空白行や空白列がなく、表に隣接するセルに何も入力されていなければ、このショートカットキーで表全体を選択できます。表の中に空白セルがあるのは問題ありません。マクロの記録時にセル範囲をドラッグで選択すると操作対象のセル範囲の大きさが固定されてしまいますが、このショートカットキーを押す操作を記録すれば、マクロ実行時点での表全体を選択できます。

表の新しい行のセルを自動選択するには、まず、対象の列の末尾のセルを選択して [Ctrl] + [↑] キーを押します。すると、表の末尾のセルが選択されるので、[↓] キーを押して 1 行下のセルに移動します。

　上図の操作を記録する際、A 列の最下行のセル A1048576 を選択する操作は絶対参照で指定します。[Ctrl] + [↑] キーを押す操作はどちらでもかまいませんが、[↓] キーを押す操作は必ず相対参照で記録してください。[↓] キーを押す操作を相対参照で記録すると「1 つ下のセルを選択」という動作が記録されますが、絶対参照で記録すると「セル A4 を選択」という動作が記録されてしまうからです。なお、「年間」シートの 1〜3 行目は、「ウィンドウ枠の固定」機能を使用して固定表示してあります。

絶対参照と相対参照を組み合わせてマクロを記録する

　それでは記録を開始しましょう。記録する操作は以下のとおりです。

「4 月」シートを表示して、絶対参照でマクロの記録を開始する。
1. セル A3 を選択して [Ctrl] + [Shift] + [:] キーを押す。
2. コピーを実行する。
3. 「年間」シートに切り替える。
4. セル A1048576（A 列の最下行のセル）を選択する。
5. [Ctrl] + [↑] キーを押す。
6. 相対参照に切り替えて [↓] キーを押す。
7. 貼り付けを実行する。
8. 貼り付けた範囲の 1 行目を削除する。
9. 貼り付けた範囲の先頭セルを選択する。

▶マクロを記録する

1 「4月」シートを表示

2 「相対参照で記録」をオフにする　　**3** 「マクロの記録」をクリック

「4月」シートを表示しておく。「開発」タブの「相対参照で記録」をオフにして、「マクロの記録」をクリックする。

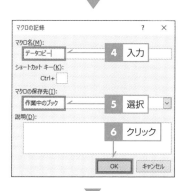

4 入力

5 選択

6 クリック

「マクロ名」欄に「データコピー」と入力する。「マクロの保存先」欄で「作業中のブック」を選択して「OK」をクリックする。

	A		C	D	E	F
1	4月売上	**7** 選択			(千円)	
2						
3	日付	東店	西店	南店	北店	
4	4月1日	1,975	1,530	2,581	1,381	
5	4月2日	2,905	2,295	2,594	2,662	
6	4月3日	1,311	2,127	2,973	2,981	
7	4月4日	2,448	1,655	1,773	1,631	
8	4月	**8** Ctrl + Shift + : キーを押す				
9	4月					

4月　5月　6月　年間　⊕

表の先頭のセルであるセル A3 を選択して、Ctrl + Shift + : キーを押す。

	A	**9** 表全体が選択された				F
1	4月売上					
2						
3	日付	東店	西店	南店	北店	
4	4月1日	1,975	1,530	2,581	1,381	
5	4月2日	2,905	2,295	2,594	2,662	
6	4月3日	1,311	2,127	2,973	2,981	
7	4月4日	2,448	1,655	1,773	1,631	
8	4月	**10** Ctrl + C キーを押す			1,934	
9	4月	2,751	1,002	2,029	1,811	

4月　5月　6月　年間　⊕

表全体 (ここではセル A3〜E33) が選択される。Ctrl + C キーを押して、このセル範囲をコピーする。

「年間」シートに切り替えて、名前ボックスに「A1048576」（A列の最下行のセル番号）と入力して Enter キーを押す。

A列の最下行のセルが選択されるので、Ctrl + ↑ キーを押す。このキーをシートの最下行で押すと、そこから一番近い入力済みのセル、つまり表の末尾行のセルにジャンプする。

表の末尾行のセル（ここではセル A3）が選択された。「開発」タブの「相対参照で記録」をオンにして、↓ キーを押す。この操作により、「表のA列の末尾のセルの1つ下のセルを選択する」という操作が記録される。

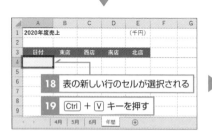

表のA列の新しい行のセルが選択されるので、Ctrl + V キーを押す。

手順10でコピーした表が貼り付けられた。

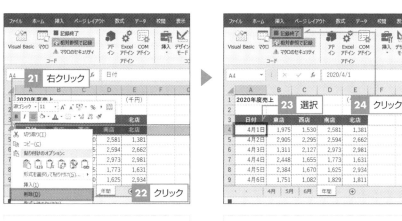

貼り付けた範囲の 1 行目の見出しは不要なので削除したい。まず、4 行目の行番号を右クリックして「削除」を選ぶ。

見出しが削除された。セル A4 を選択して、「開発」タブの「記録終了」をクリックする。

📘 マクロを実行して動作を確認する

　マクロを作成できたら、クイックアクセスツールバーに登録しておくと（→ P80）、複数のシートから素早く実行できます。「5 月」シートを表示してマクロを実行すると、5 月のデータが「年間」シートの 4 月のデータの下にコピーされます。続いて、「6 月」シートでも実行します。

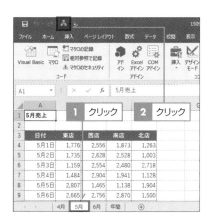

「5 月」シートを表示して、「データコピー」マクロを実行する。

「年間」シートの 4 月のデータの下に 5 月のデータが追加される。

VBE を起動してマクロを確認する

VBE を起動すると、マクロの内容を確認したり、編集したりできます。また、新しいマクロを一から入力して作成することもできます。

VBE を起動してマクロを表示する

VBE を起動して、P73 で作成した「データクリア」マクロの内容を確認してみましょう。

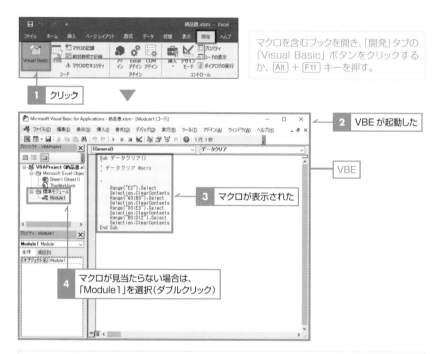

マクロを含むブックを開き、「開発」タブの「Visual Basic」ボタンをクリックするか、[Alt] + [F11] キーを押す。

VBE が起動し、マクロが表示される。表示されない場合は、左上にある「プロジェクトエクスプローラー」で「標準モジュール」→「Module1」をダブルクリックすると表示できる。プロジェクトエクスプローラーも表示されない場合は、「表示」メニューから「プロジェクトエクスプローラー」を選択すると表示できる。

▶ショートカットキー

VBE の起動・Excel と VBE の切り替え：[Alt] + [F11] キー

マクロの構成を確認する

　下図を見てください。「Sub データクリア()」から「End Sub」までが「デー
タクリア」という名前のマクロです。2行目以降にある「'」(シングルクォー
テーション)で始まる文は「コメント」と呼ばれ、覚書を入力するためのも
のです。コメントは緑色で表示されます。コメントは命令文ではないのでマ
クロの動作に影響しません。

　その下のコードが動作を指示するための命令文です。命令文は半角スペー
ス4つ分だけ字下げされていますが、この字下げはコードを見やすくするた
めのものです。字下げの有無や半角スペースの数は、マクロの動作に影響し
ません。

▶コード

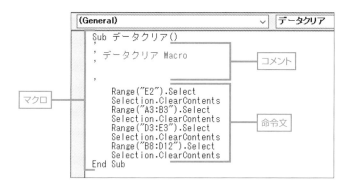

　VBAの単語は英単語がもとになっています。「Range」は英語で「範囲」
の意味で、「Range("E2")」はセルE2を表します。「Range("E2").Select」は、「セ
ルE2を選択する」という意味の命令文です。1、2行目の命令文の意味は以
下のとおりです。

VBE で一からマクロを作成する

　Excel の操作をネットで検索すると、解決策として VBA のコードがヒットすることがあります。そのようなコードを自分のブックで使用するには、マクロ作成の基礎知識が必要です。そこで、マクロを一から作成する体験をしてみましょう。

標準モジュールを挿入する

　「標準モジュール」とは、マクロを入力する白いシートのことです。マクロの記録を実行すると自動で「Module1」のような名前の標準モジュールが作成されますが、新しいブックで一からマクロを作成する場合は自分で標準モジュールを挿入する必要があります。ここでは、ブックに標準モジュールを挿入する方法を紹介します。

新規ブックを作成し、VBE を起動しておく。「挿入」メニューの「標準モジュール」を選択する。

画面に新しい標準モジュールが表示された。プロジェクトエクスプローラーにも新しい標準モジュールの名前が表示される。

Memo

プロジェクトエクスプローラーが表示されていない場合は、「表示」メニュー→「プロジェクトエクスプローラー」をクリックすると表示できます。

Column　標準モジュールを削除するには

標準モジュールを削除するには、プロジェクトエクスプローラー上でモジュール名を右クリックして、「Module1 の解放」をクリックします。すると、標準モジュールをエクスポートするかどうかの確認画面が開きます。エクスポートとは、標準モジュールを別ファイルとして保存することです。エクスポートの必要に応じて「はい」または「いいえ」をクリックすると、標準モジュールが削除されます。

マクロを入力する

　ここではマクロ作成の例として、選択されているセルに「123」を入力する「数値入力」という名前のマクロと、「ABC」を入力する「文字入力」という名前のマクロを作成します。VBE では入力補助機能が働くので、効率よく入力できます。

| 1 | コメントを入力して Enter キーを押す |

「'」（シングルクォーテーション）を入力して、マクロの説明を入力する。このコメントは覚書のために入れるもので、マクロの動作には影響しない。

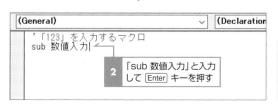

| 2 | 「sub 数値入力」と入力して Enter キーを押す |

次行に「sub マクロ名」を入力して Enter キーを押す。「sub」は大文字でも小文字でもかまわない。

| 3 | マクロの骨格が自動作成される |

「sub」の頭文字が自動で大文字に変わり、マクロの骨格が自動作成され、中央の行にカーソルが表示される。ここに命令文を入力していく。

命令文は通常字下げして入力する。[Tab] キーを押すと半角スペースが4つ入るので、続けて命令文を入力すればよい。命令文の大文字／小文字も自動調整される。

4 [Tab] キーを押して「Selection.Value = 123」を入力

▼

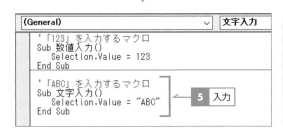

「文字入力」マクロを入力する。VBAではワープロ感覚で編集できる。「数値入力」マクロをコピーして必要な部分を修正すると効率よく入力できる。なお、「"ABC"」は自動調整されないので最初から大文字で入力すること。

5 入力

```
1   '「123」を入力するマクロ
2   Sub 数値入力()
3       Selection.Value = 123
4   End Sub
5
6   '「ABC」を入力するマクロ
7   Sub 文字入力()
8       Selection.Value = "ABC"
9   End Sub
```

マクロを入力できたら、P75を参考にマクロを実行してみましょう。

▶動作確認

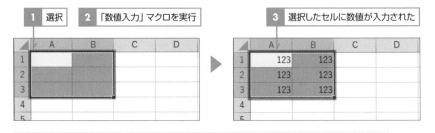

1 選択　**2** 「数値入力」マクロを実行　**3** 選択したセルに数値が入力された

任意のセルを選択して「数値入力」マクロを実行すると、選択したセルに数値が入力される。

Chapter 1

Chapter 2

Chapter 3

Chapter 4

Chapter 5

Chapter 6

付録

Column　マクロを削除するには

標準モジュールでマクロのコードを
選択して [Delete] キーを押すと、マク
ロを削除できます。どこからどこまで
を選択すればよいのか不安な場合は、
「マクロ」ダイアログボックスでマク
ロを選択して「削除」をクリックして
も、標準モジュールからマクロを削除
できます。

Column　複数の標準モジュールを切り替えるには

ブックには標準モジュールを複数挿入できます。
マクロは、どの標準モジュールに入力してもかま
いません。
VBE の画面に表示される標準モジュールを切
り替えるには、プロジェクトエクスプローラーで
表示したい標準モジュールをダブルクリックしま
す。

Column　信頼できるマクロを利用する

ネット上には、数多くの便利なマクロが公開されています。そのようなマクロを利用すれ
ば、効率よく操作を自動化できます。信頼できるサイトかどうかを見極めたうえで利用し
ましょう。万が一の不具合に備えて、必ずブックをバックアップしてからマクロを入力・実
行してください。

オリジナルの関数を自作する

VBA を使用すると、「ユーザー定義関数」と呼ばれるオリジナルの関数を自作できます。自作した関数は、Excel の関数と同様にセルに入力して使用できます。

ユーザー定義関数を作成する

マクロは「Sub マクロ名」で始まって「End Sub」で終わりますが、関数は「Function 関数名」で始まって「End Function」で終わります。

▶ユーザー定義関数の構造

```
Function 関数名 (引数 1,引数 2,…)
    関数名 = 戻り値
End Sub
```

ここでは、「金額」と「消費税率」の 2 つの引数から税込金額を求める関数 ZEIKOMI を作成します。ユーザー定義関数の作成方法の解説が目的なので、コードを簡潔にするために端数処理は行わないものとします。P94 を参考に標準モジュールを挿入し、以下のコードを入力してください。

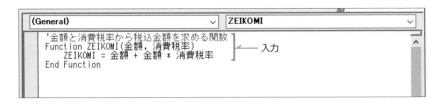

▶コード

```
1 | '金額と消費税率から税込金額を求める関数
2 | Function ZEIKOMI( 金額 , 消費税率 )
3 |     ZEIKOMI = 金額 + 金額 * 消費税率
4 | End Function
```

ユーザー定義関数を使用する

　ユーザー定義関数は、セルに入力して使用できます。下図では「関数の挿入」ダイアログボックスから入力していますが、セルに直接手入力してもかまいません。

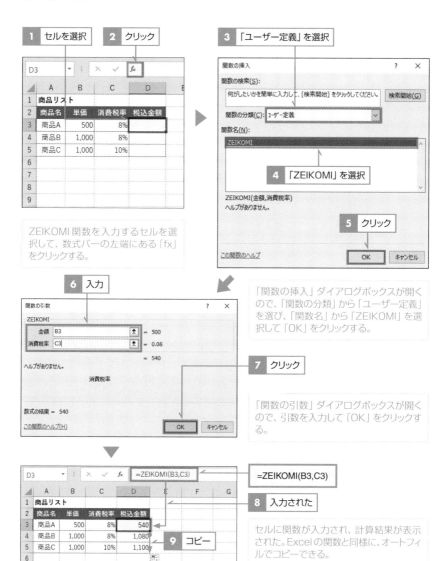

ZEIKOMI 関数を入力するセルを選択して、数式バーの左端にある「fx」をクリックする。

「関数の挿入」ダイアログボックスが開くので、「関数の分類」から「ユーザー定義」を選び、「関数名」から「ZEIKOMI」を選択して「OK」をクリックする。

「関数の引数」ダイアログボックスが開くので、引数を入力して「OK」をクリックする。

=ZEIKOMI(B3,C3)

セルに関数が入力され、計算結果が表示された。Excelの関数と同様に、オートフィルでコピーできる。

個人用マクロブックに保存して常に実行できるようにする

「個人用マクロブック」にマクロを保存すると、Excel の起動中、あらゆるブックからマクロを実行できるようになります。

個人用マクロブックの作成

マクロの記録を行う際に「マクロの保存先」欄で「個人用マクロブック」を選択すると、「PERSONAL.XLSB」というブックにマクロが保存されます。「PERSONAL.XLSB」は、初めて個人用マクロブックにマクロを記録するときに自動で作成されます。

なお、「マクロの保存先」を変更すると、次回の記録時も同じ選択肢がデフォルトになるので注意してください。

個人用マクロブックの保存

個人用マクロブックにマクロを記録した場合、Excel を終了するときに個人用マクロブックの保存確認のメッセージが表示されるので「保存」をクリックして保存します。

個人用マクロブックは、ユーザースタートアップの「XLSTART」フォルダーに保存されます。「XLSTART」フォルダーの中のブックは Excel の起動時に自動で開かれるので、個人用マクロブックのマクロは Excel の起動中、常に実行できるわけです。なお、個人用マクロブックは非表示の状態で開かれるので、通常はユーザーの目に触れることはありません（「表示」タブ→「再表示」から表示することは可能、表示後は非表示に戻すこと）。

個人用マクロブックの削除

個人用マクロブックが不要になったときは、「XLSTART」フォルダーから「PERSONAL.XLSB」を削除します。「XLSTART」フォルダーの場所の確認方法は、P62 を参照してください。ちなみに「PERSONAL.XLSB」の

削除後に個人用マクロブックにマクロを記録すれば、再度「PERSONAL.XLSB」が自動作成されます。

個人用マクロブックのマクロの編集

　個人用マクロブックのマクロを編集したり、新しいマクロを追加入力したい場合は、VBE を起動します。プロジェクトエクスプローラーで「VBAProject(PERSONAL.XLSB)」の下位にある標準モジュールを開いて編集し、上書き保存してください。「PERSONAL.XLSB」の標準モジュールを選択した状態で「上書き保存」ボタンをクリックすれば、個人用マクロブックが上書き保存されます。

「上書き保存」ボタン

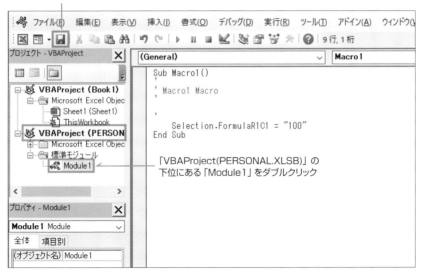

「VBAProject(PERSONAL.XLSB)」の
下位にある「Module1」をダブルクリック

Column　個人用マクロブックとユーザー定義関数

個人用マクロブックにユーザー定義関数を入力することもできますが、ブックで使用する際に「=PERSONAL.XLSB! 関数名 (引数)」と入力しなければならず面倒です。あらゆるブックで使用する関数は、次項で紹介するアドインファイルに保存した方が関数を簡単に使用できます。

アドインファイルに保存してマクロや関数を配布する

　マクロを入力したブックを「Excel アドイン」形式（拡張子「.xlam」）で保存すると、自分のパソコンや配布先で簡単にマクロを利用できます。

アドインファイルに保存する

　マクロやユーザー定義関数を入力したブックを保存する際に「ファイルの種類」として「Excel アドイン」を選択すると、アドインファイルとして保存できます。アドインファイルを自分で使用する場合は、「名前を付けて保存」ダイアログボックスにデフォルトで表示される「AddIns」フォルダーに保存しておくと、Excel に組み込む操作が簡単になります。配布する場合は、このアドインファイルを配布します。

アドインを Excel に組み込む

　アドインを Excel に組み込む方法は、P67で紹介したとおりです。「AddIns」フォルダーに保存したアドインは「アドイン」ダイアログボックスに自動表示されますが、ほかから配布されたアドインファイルの場合は「参照」ボタンを使用してファイルの場所を指定してください。

アドインの関数やマクロの使用方法

　アドインに含まれるユーザー定義関数は、Excel の関数と同様にセルに「= 関数名 (引数)」と入力して使用できます。

　アドインに含まれるマクロは「マクロ」ダイアログボックスに表示されませんが、「マクロ名」欄に直接マクロ名を入力すれば実行できます。より簡単に実行するには、クイックアクセスツールバーに登録しておくとよいでしょう。

すぐに役立つ！
表作成の効率化

第 **2** 章

01　入力の効率化を図る

入力時のカーソルの挙動を制御する

　セル内でカーソルを移動させようと ← キーを押したら、アクティブセルが左に移動してしまい、戸惑ったことはないでしょうか。戸惑うのは、← キーを押したときにセル内でカーソルが動くケースもあるからです。

　実は、セルに入力するときの状態には「入力」モードと「編集」モードがあります。セルを選択してそのまま入力するときが入力モードで、入力済みのセルをダブルクリックして編集するときが編集モードです。矢印キーを押したときの各モードの挙動は以下のようになります。

・入力モード：矢印キーを押すと、入力が確定してアクティブセルが移動す
　　　　　　　る（数式の入力中は、矢印キーでセル参照が入力される）
・編集モード：矢印キーを押すと、セル内でカーソルが移動する

　現在のモードはステータスバーで確認できます。F2 キーを押すことでモードの切り替えも可能です。入力モード中にデータを修正したくなったときは、F2 キーを押して編集モードに切り替えてから ← キーを押せば、セル内でカーソルを移動できるというわけです。

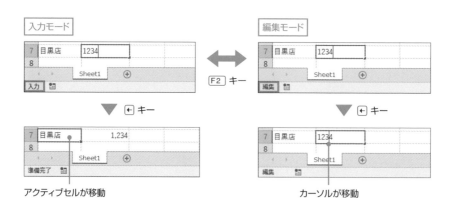

　モードの切り替えは「条件付き書式」や「入力規則」などのダイアログボックスでも有効です。入力モードの場合、式を編集しようとして ⬅ キーを押すと、「+$A$2」のような余計なセル参照が入力されて式が崩れてしまいます。事前に F2 キーを押して編集モードに切り替えておけば、矢印キーで入力欄の中を自由に移動して式を編集できます。

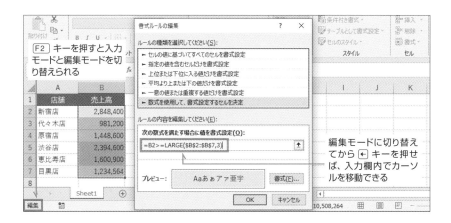

▶ショートカットキー

　入力モードと編集モードの切り替え： F2 キー（トグル）

Column　選択範囲の拡張モードと Scroll Lock モードにも注意

矢印キーの挙動に悩まされるケースはほかにもあります。例えば、誤って F8 キーを押すと「選択範囲の拡張」モードになり、矢印キーで選択範囲が広がってしまいます。また、Scroll Lock キーを押すと「Scroll Lock」モードになり、矢印キーで画面がスクロールしてしまいます。いずれの場合もステータスバーにモード名が表示されるので、挙動がおかしい場合は確認するようにしましょう。再度 F8 キーや Scroll Lock キーを押せば、各モードを解除できます。

▶ショートカットキー

　「選択範囲の拡張」モードの切り替え： F8 キー（トグル）
　「Scroll Lock」モードの切り替え： Scroll Lock キー（トグル）

勝手に変化するデータたち

　Excel は、入力したデータを適宜整えてセルに表示します。例えば、「1-2」と入力すると「1 月 2 日」と表示されます。日付を入力するつもりなら便利ですが、枝番号や「1 丁目 2 番地」の意味で「1-2」と入れたのなら困りものです。ここでは、データを目的どおりに入力する方法を紹介します。

▶入力したとおりに表示されないデータの例

	入力	セルの表示	説明
1	1-2	1 月 2 日	日付と見なされる
2	1/2	1 月 2 日	日付と見なされる
3	1/2/3	2001/2/3	日付と見なされる
4	(1)	-1	「( )」で囲んだ数値はマイナスの数値と見なされる
5	0001	1	数値と見なされて先頭の「0」が省略される
6	3E-2	3.00E-02	指数の数値と見なされる（「3.00E-02」は「$3×10^{-2}$」)
7	@ 渋谷	（エラー）	「その関数は正しくない」というエラーが表示される
8	/100	（入力不可）	1 文字目の「/」を入力できない
9	(c)	©	オートコレクト機能による自動修正

📖 文字列として入力すれば入力したとおりに表示できる

　上の表の 1〜7 のデータは、文字列として入力すれば入力したとおりにセルに表示できます。文字列として入力する方法は 2 つあります。1 つは先頭に「'」（シングルクォーテーション）を付けて入力する方法、もう 1 つはあらかじめセルに「文字列」の表示形式を設定してから入力する方法です。データを 1 つだけ入力する場合は前者の方法、表の 1 列丸ごと番地を入力する場合などは後者の方法、という具合に使い分けるとよいでしょう。

▶先頭に「'」を付けて入力

▶あらかじめ「文字列」の表示形式を設定

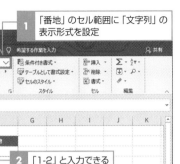

「1/2」を分数として入力したいなら

「1/2」を日付や文字列ではなく分数の「1/2」（0.5のこと）として入力したい場合は、「0 1/2」（「0」と「1/2」の間に半角スペースを入れる）と入力すると、セルに「1/2」と表示できます。もしくは、「分数」の表示形式を設定してから「1/2」と入力してもよいでしょう。この「1/2」は、数値の「0.5」として計算に使用することが可能です。

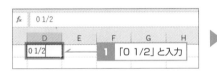

「/100」を入力するには

「/」で始まるデータを入力しようと ／ キーを押すと、リボンをキーボードで操作するモードになってしまいセルに入力できません。「/」で始まるデータを入力するには、セルをダブルクリックするか、F2 キーを押してセルの中にカーソルを表示してから入力します。

ただし大量に入力する場合は、いちいちダブルクリックで入力を始めるのは面倒です。そんなときは「ファイル」タブの「オプション」をクリックして「Excelのオプション」ダイアログボックスを表示し、「詳細設定」→「Microsoft Excelメニューキー」欄から「/」を削除しましょう。そうすれば、セルに直接「/」で始まるデータを入力できます。 ／ キーを無効にしても Alt キーを使えばリボンのキーボード操作が可能です。

▶常に 1 文字目の「/」を入力できるようにするにはオプションを設定

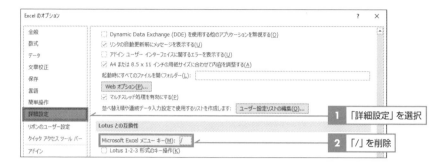

1 「詳細設定」を選択

2 「/」を削除

Column **1 文字目の「@」は関数の入力の始まり**

「@ 渋谷」「@100」などと入力して確定すると、「関数が正しくない」「数式に問題がある」のようなエラーメッセージが表示されます。1 文字目の [@] は、関数の入力の始まりを表す記号だからです。試しにセルに「@SUM(1,2)」と入力してみましょう。合計結果の「3」が表示されるはずです。文字列として入力すれば、「@ 渋谷」「@ 100」を入力できます。

Column **要注意、カード番号の 16 桁目が「0」になる**

桁数の多い「123456789」や小数の「1.23456789」を列幅の狭いセルに入力すると、指数の「1E+08」や四捨五入された「1.2346」のように表示されます。十分に列幅を広げれば、入力したとおりに表示できます。

なお、12 桁以上あるような大きな数値は列幅を広げても指数表示のままです。その場合は「数値」の表示形式を設定すると、大きな数値をそのまま表示できます。ただし Excel の有効桁数は 15 桁なので、16 桁以上の数値を入力すると 16 番目以降の桁は「0」に変わってしまいます。例えば、16 桁のクレジットカードの番号などは、下 1 桁が「0」に変わってしまうのです。計算には使えませんが、文字列として入力すれば 16 桁の数字をセルに表示できます。

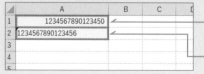

表示形式を「数値」にすれば指数表示を解除できる。ただし 16 桁目は「0」になる

表示形式を「文字列」にすれば 16 桁目以降も表示できる。ただし計算には使用できない

日本語入力モードの自動切り替えで入力の効率化

　住所録のような表の入力では、「郵便番号」列は「半角英数」、「都道府県」列は「ひらがな」、という具合に列ごとに入力モードが自動で切り替わるように設定しておくと、時短効果を期待できます。

▶入力モードの自動切り替えを設定する

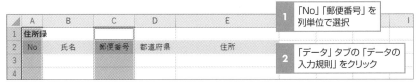

| | 1 | 「No」「郵便番号」を列単位で選択 |
| 2 | 「データ」タブの「データの入力規則」をクリック |

入力モードを「半角英数」にする「No」「郵便番号」列を選択して、「データ」タブの「データの入力規則」をクリックする。

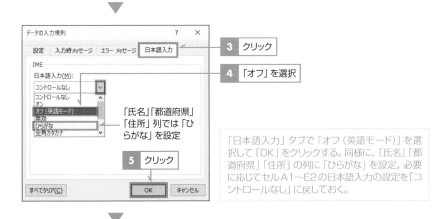

3　クリック

4　「オフ」を選択

「氏名」「都道府県」「住所」列では「ひらがな」を設定

5　クリック

「日本語入力」タブで「オフ（英語モード）」を選択して「OK」をクリックする。同様に、「氏名」「都道府県」「住所」の列に「ひらがな」を設定。必要に応じてセルA1～E2の日本語入力の設定を「コントロールなし」に戻しておく。

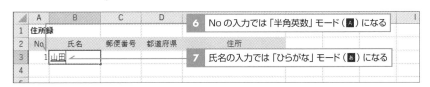

6　No の入力では「半角英数」モード（A）になる

7　氏名の入力では「ひらがな」モード（あ）になる

「No」欄のセルを選択すると、入力モードが自動で「半角英数」になる。「氏名」欄のセルを選択すると、自動で「ひらがな」に切り替わる。

2つの入力リストを連動させて階層型のリストにする

「データの入力規則」を使用すると、セルにデータを入力する際にリストから選択入力できます。ここでは入力リストの設定方法と、2つの入力リストを連動させる方法を紹介します。

📑 入力リストを設定する

社員名簿の「所属部」欄に入力リストを設定します。入力リストに表示する項目は、「部署一覧」シートから引っ張ります。

▶所属部を入力するための入力リストを設定する

「部署一覧」シート

	A	B	C	D	E	F	G	H	I	J
1	管理部	経営戦略部	営業部	生産部		入力リストに表示するデータ				
2	法務課	経営企画課	営業第1課	製造部						
3	購買課	人材戦略課	営業第2課	生産技術部						
4	総務人事課		営業第3課	品質管理部						
5			海外営業部							

「部署一覧」シートのセルA1～D1に入力されている部名を、入力リストの一覧に表示したい。

▼

「社員名簿」シート　**1** 「所属部」の列全体を選択

2 「データ」タブの「データの入力規則」をクリック

「社員名簿」シートの「所属部」欄に入力リストを設定していく。まず「所属部」の列全体を選択して、「データ」タブの「データの入力規則」をクリックする。なお、特定のセル範囲だけに入力リストを設定する場合は、設定対象のセル範囲だけを選択すればよい。

▼

Chapter 2-01　入力の効率化を図る

Chapter 1
Chapter 2
Chapter 3
Chapter 4
Chapter 5
Chapter 6
付録

3 「リスト」を選択

4 「= 部署一覧 !$A$1:$D$1」と入力

「データの入力規則」ダイアログボックスが開く。「設定」タブで「入力値の種類」から「リスト」を選択する。「元の値」欄にカーソルを置いて、「部署一覧」シートのセル A1〜D1 をドラッグする。「= シート名 ! セル番号 : セル番号」が絶対参照で入力されたら、「OK」をクリックする。なお、手順 **5** では「管理部 , 経営戦略部 , 営業部 , 生産部」のように項目をカンマで区切って直接入力することも可能。

5 入力リストを解除しておく

6 入力リストを設定できた

セル D1〜D2 を選択して「データの入力規則」ダイアログボックスを開き、「設定」タブの「入力値の種類」から「すべての値」を選択すると、入力リストを解除できる。セル D3 以降のセルを選択すると、「▼」ボタンが現れ、入力リストからデータ入力できる。

■ 連動する入力リストを設定する

　社員名簿の「所属課」欄に、所属部に応じた入力リストが表示されるように設定します。入力リストに表示する課名のセル範囲に、名前として部名を設定しておくことが、2つの入力リストを連携させるポイントです。

▶所属課を入力するための入力リストを設定する

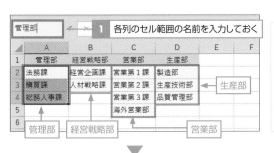

1 各列のセル範囲の名前を入力しておく

「部署一覧」シートを開く。セル A2〜A4 を選択して「名前」ボックスに「管理部」と入力し、「Enter」キーを押す。これでセル A2〜A4 に「管理部」という名前が付く。同様に、「経営戦略部」「営業部」「生産部」の名前も設定しておく。

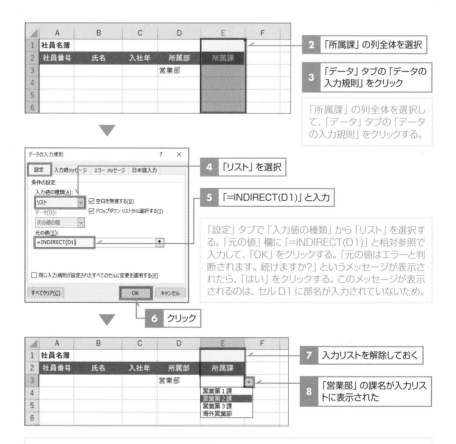

2 「所属課」の列全体を選択

3 「データ」タブの「データの入力規則」をクリック

「所属課」の列全体を選択して、「データ」タブの「データの入力規則」をクリックする。

4 「リスト」を選択

5 「=INDIRECT(D1)」と入力

「設定」タブで「入力値の種類」から「リスト」を選択する。「元の値」欄に「=INDIRECT(D1)」と相対参照で入力して、「OK」をクリックする。「元の値はエラーと判断されます。続けますか?」というメッセージが表示されたら、「はい」をクリックする。このメッセージが表示されるのは、セルD1に部名が入力されていないため。

6 クリック

7 入力リストを解除しておく

8 「営業部」の課名が入力リストに表示された

セルE1～E2の入力リストを解除しておく。「所属部」欄で選択した部名に対応する課名が「所属課」欄の入力リストに表示される。

=INDIRECT(参照文字列 , [参照形式])　　　　　　　　　　　　→ P233

| Column | **課名の追加と削除** | |

課名の追加や削除があった場合は、P46を参考に名前の参照範囲を変更します。追加や削除が頻繁に起こる場合は、各部のセル範囲をテーブルに変換し、テーブル名として部名を設定しておくと参照範囲を変更する手間を省けて便利です。今回の例では、「部署一覧」シートのセルA1～A4を選択してP134を参考にテーブルに変換し、「管理部」というテーブル名を設定します。同様にほかの部もテーブルに変換しておきます。あとはこのページの手順**2**以降を実行します。

自動読み上げ機能を利用して効率よく入力チェック

　画面を原稿と照らし合わせながらデータチェックするのは大変です。Excel の隠れ機能である「セルの読み上げ」を利用しましょう。Excel がセルのデータを音声で読み上げてくれるので、それを耳で聞きながらラクに原稿をチェックできます。

1　P48 を参考にクイックアクセスツールバーにボタンを追加する

①	セルの読み上げ
②	セルの読み上げ - セルの読み上げを停止
③	セルを 1 行ずつ読み上げ
④	セルを 1 列ずつ読み上げ

クイックアクセスツールバーに「セルの読み上げ」ボタンを追加する。必要に応じて②～④のボタンも追加する。②のボタンは読み上げを中止するためのボタン。③④は読み上げの方向を切り替えるためのボタン。③④を追加しない場合、1 行ずつ読み上げられる。

2　読み上げる範囲を選択

3　「セルを 1 行ずつ読み上げ」をオンにする

4　「セルの読み上げ」をクリック

5　選択範囲のセルが行方向の順番で読み上げられる

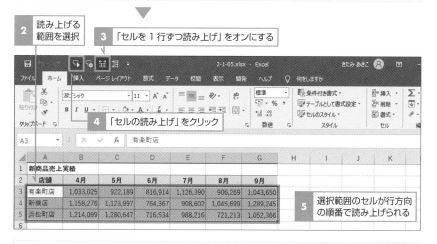

セル A3～G5 を選択し、「セルを 1 行ずつ読み上げ」をオンにして「セルの読み上げ」をクリックすると、セル A3 から右に向かって読み上げが始まる。セル G3 まで読み上げられると次行が読み上げられる。セル G5 まで読み上げられると読み上げが終了する。途中で終了したい場合は、「セルの読み上げ - セルの読み上げを停止」をクリックするか [Esc] キーを押す。なお、漢字は正確に読み上げられない場合がある。

Excel 2

02 コントロールを利用して ラクラク入力

コントロールを配置するには

Excel には、スピンボタンやチェックボックスといった Windows 操作でお馴染みの入力部品（コントロール）が用意されています。標準では表示されない「開発」タブ（→ P71）にボタンがあるので気が付きづらい機能ですが、入力の効率化や処理の自動化などに重宝するので使わない手はありません。

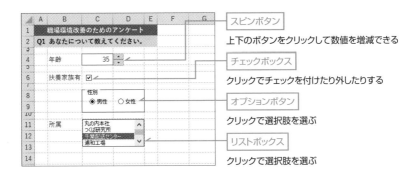

コントロールを配置するには、「開発」タブの「コントロールの挿入」の「フォームコントロール」欄から種類を選び、図形を描く要領でシート上をドラッグします。移動やサイズ変更の方法も図形と同じです。コントロールの選択方法は図形と異なり、[Ctrl] キー＋クリックとなります。

スピンボタンを利用してクリックで数値を増減する

スピンボタンを使用すると、「▲」や「▼」ボタンのクリックでセルの数値を増減できます。入力するデータに応じて、最小値や最大値、1回のクリックあたりの増減値を設定しておくと、使い勝手が上がります。ここでは、セルC4に年齢を「18〜100」の範囲で入力できるように設定します。

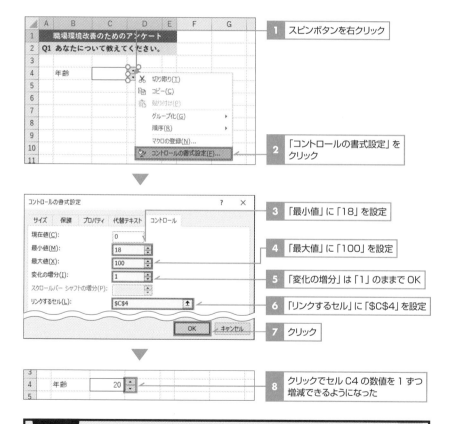

	説明
1	スピンボタンを右クリック
2	「コントロールの書式設定」をクリック
3	「最小値」に「18」を設定
4	「最大値」に「100」を設定
5	「変化の増分」は「1」のままでOK
6	「リンクするセル」に「$C$4」を設定
7	クリック
8	クリックでセルC4の数値を1ずつ増減できるようになった

Memo

上図のスピンボタンで入力できるのは「18〜100」の範囲の数値ですが、セルに直接入力する場合は範囲外のデータも入力できてしまいます。別途セルに入力規則（→ P38）を設定して、入力できるデータを制限しておくとよいでしょう。

チェックボックスを利用して Yes/No を表現する

チェックボックスは、チェックの有無で真偽を表現するコントロールです。チェックを付けると「TRUE（真）」、外すと「FALSE（偽）」となり、その値はリンクするセルに表示されます。反対に、リンクするセルからチェックボックスを操作することも可能です。リンクするセルに「TRUE」を入力するとチェックが付き、「FALSE」を入力するとチェックが外れます。

ここでは、会員の場合は送料が無料、会員でない場合は送料が500円として、チェックの有無で請求書に表示される送料が切り替わるように設定します。リンクするセルはセルF9とします。送料欄にIF関数を入力して、リンクするセルF9の値が「TRUE」の場合に「0」、そうでない場合に「500」を表示させます。

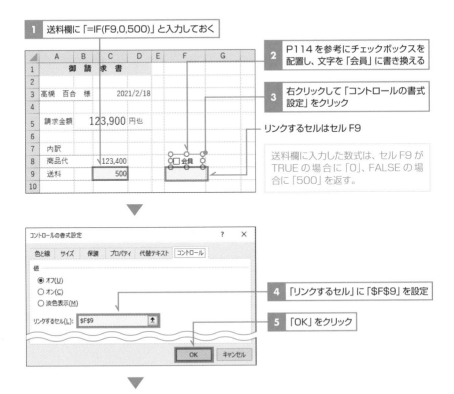

1 送料欄に「=IF(F9,0,500)」と入力しておく

2 P114を参考にチェックボックスを配置し、文字を「会員」に書き換える

3 右クリックして「コントロールの書式設定」をクリック

リンクするセルはセルF9

送料欄に入力した数式は、セルF9がTRUEの場合に「0」、FALSEの場合に「500」を返す。

4 「リンクするセル」に「$F$9」を設定

5 「OK」をクリック

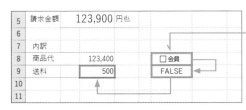

6 チェックを付けるとリンクするセルの値が「TRUE」となり、送料欄に「0」が表示される

7 チェックを外すとリンクするセルの値が「FALSE」となり、送料欄に「500」が表示される

=IF(論理式 , 真の場合 , 偽の場合)　　　　　　　　　　　　　→ P185

Memo

「開発」タブの「コントロールの挿入」の一覧には「フォームコントロール」と「ActiveX コントロール」があります。ActiveX コントロールはVBAで操作することを前提とした高度なコントロールです。本書では VBA と連携しなくても利用できる「フォームコントロール」を扱います。

Column　チェックボックスを淡色表示にする

チェックボックスの値には、オフとオンのほかに「淡色表示」があります。チェックボックスの初期値をオフにした場合、入力漏れか意図的なオフかがはっきりしません。一方、初期値を淡色表示にすれば、入力漏れなら淡色表示のままなので、意図的なオフとの区別が付きます。淡色表示の場合、リンクす

☐ チェック 1	FALSE	オフ
☑ チェック 2	TRUE	オン
■ チェック 3	#N/A	淡色表示

るセルには「#N/A」（使用できる値がないことを意味するエラー値）が表示されます。チェックボックスを淡色表示にするには、前ページの手順 **4** の画面で「値」欄から「淡色表示」を選択するか、またはリンクするセルに「=NA()」と入力します。NA 関数は、エラー値「# N/A」を返す関数です。

オプションボタンを利用してデータを選択入力する

　オプションボタンは、黒丸の有無で選択状態を表すコントロールです。シートに複数のオプションボタンを配置すると、その中から1つしか選択できない状態になり、1つをオンにすると残りはすべて自動でオフになります。オプションボタンには作成順に「1、2、3」の番号が割り振られ、選択したオプションボタンの番号がリンクするセルに表示されます。反対に、リンクするセルに数値を入力すると、その数値に対応するオプションボタンが選択されます。リンクするセルに「0」を入力すると、すべてのオプションボタンの選択を解除できます。

　ここでは、月会費の領収書の金額欄が会員種別に応じて自動で切り替わる仕組みを作成します。オプションボタンを3つ配置し、リンクするセルはセルF5とします。金額欄にCHOOSE関数を入力して、リンクするセルF5の値が「1」の場合に9000円、「2」の場合に7000円、「3」の場合に4000円という月会費を表示させます。

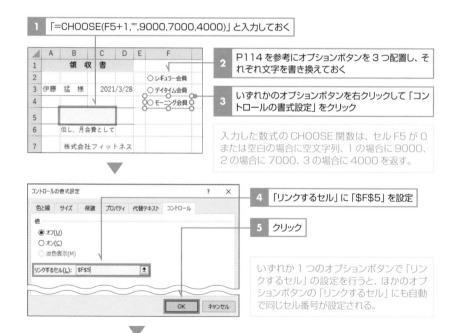

1 「=CHOOSE(F5+1,"",9000,7000,4000)」と入力しておく

2 P114を参考にオプションボタンを3つ配置し、それぞれ文字を書き換えておく

3 いずれかのオプションボタンを右クリックして「コントロールの書式設定」をクリック

入力した数式のCHOOSE関数は、セルF5が0または空白の場合に空文字列、1の場合に9000、2の場合に7000、3の場合に4000を返す。

4 「リンクするセル」に「$F$5」を設定

5 クリック

いずれか1つのオプションボタンで「リンクするセル」の設定を行うと、ほかのオプションボタンの「リンクするセル」にも自動で同じセル番号が設定される。

6 選択した内容に応じて金額が変わる

「デイタイム会員」は 2 番目に配置されて
いるので、これを選択した場合のセル F5
の値は「2」になる。セル F5 が「2」の場合、
金額欄には「7000」が表示される。

=CHOOSE(インデックス , 値 1, [値 2] …)

　インデックス…何番目の「値」を返すのかを指定
　値…返す値を指定。
「インデックス」で指定した番号の「値」を返す。「値」は 254 個まで指定可能。

Memo

CHOOSE 関数は、引数「インデックス」の値が 1 のときに「値 1」、2 のときに「値 2」、3 のときに「値
3」…を返します。
オプションボタンが何も選択されていない初期状態では、セル F5 は空白（「0」と等価）です。つまり、
セル F5 の値は「0、1、2、3」の 4 とおりが考えられます。CHOOSE 関数の引数「インデックス」
に指定できるのは「1 以上」の数値なので、手順**1**の数式ではセル F5 に 1 を加えて調整しました。

Column　**グループ化して 1 つずつ選択できるようにする**

グループボックスを作成してその中にオプションボタンを配置すると、オプションボタン
が自動的にグループ化されます。グループボックスを複数用意すれば、グループボックス
ごとにオプションボタンを 1 つずつ選択できます。

1 グループボックスを配置

4 各グループボックスの中にオプション
ボタンを配置

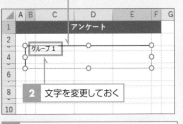

2 文字を変更しておく

3 同様にグループボックスを複数配置して
おく

5 グループボックスごとに 1 つのオプション
ボタンを選択できる

リストボックスを利用してデータを選択入力する

　リストボックスを使用すると、選択肢の中からクリックでデータを選べます。「データの入力規則」を使用してもリストから選択する仕組みを作成できますが、リストボックスでは選択肢が常に見えているので、ワンクリックで選択できる点がメリットです。

　リストボックスで選択肢を選ぶと、上から数えた番号がリンクするセルに入力されます。何も選択されていないときの番号は「0」になります。反対にリンクするセルに番号を入力して、リストボックスの選択肢を選んだり、選択を解除することも可能です。

　ここではリストボックスで選択したデータが見積書の担当欄に表示される仕組みを作成します。

1 担当欄に「=IF(F5=0,"",INDEX(H2:H5,F5))」と入力しておく

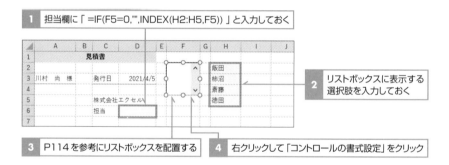

2 リストボックスに表示する選択肢を入力しておく

3 P114を参考にリストボックスを配置する

4 右クリックして「コントロールの書式設定」をクリック

担当欄に入力した数式は、セルF5の数値に応じてセルH2〜H5からデータを返す。ただし、セルF5が「0」の場合には空文字列を返す。例えばセルF5の値が「2」の場合、セルH2〜H5の中で上から2番目の「柿沼」が返される。

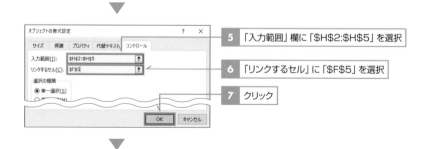

5 「入力範囲」欄に「$H$2:$H$5」を選択

6 「リンクするセル」に「$F$5」を選択

7 クリック

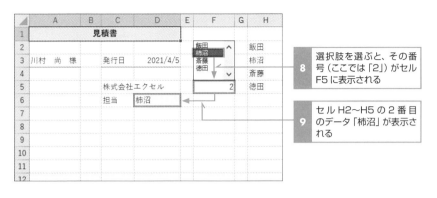

=IF (論理式 , 真の場合 , 偽の場合) ➡ P185

=INDEX (参照 , 行番号 , [列番号], [領域番号]) ➡ P235

Memo

INDEX 関数は、引数「参照」のセル範囲から、「行番号」目のデータを返します。
リストボックスで何も選択されていない初期状態では、セル F5 は空白（「0」と等価）です。そこで、ここでは IF 関数と INDEX 関数を組み合わせて、セル F5 が「0」の場合は空文字列、それ以外の場合は INDEX 関数の戻り値が担当欄に表示されるようにしました。

Column　他シートのデータを選択肢に指定できる

リストボックスに表示する選択肢として、別のシートのセル範囲を指定することもできます。その場合、手順 5 の「入力範囲」欄に「Sheet1!$H$2:$H$5」のようにシート名付きでセル範囲を指定します。「入力範囲」欄にカーソルを置いた状態でシートを切り替えてセル範囲をドラッグすれば、自動で「Sheet1!$H$2:$H$5」を入力できます。また、INDEX 関数の引数も「Sheet1!H2:H5」のようにシート名を付けて指定してください。

Column　印刷範囲の設定

ここで紹介した見積書を印刷すると、リストボックスやリンクするセルの値なども印刷されます。見積書だけが印刷されるように設定するには、印刷したいセル範囲を選択して、「ページレイアウト」タブの「印刷範囲」→「印刷範囲の設定」をクリックします。

VBA コントロールの入力内容を別シートに転記する

コントロールは便利な入力手段ですが、データベースタイプの表の入力には不向きです。コントロールを表の全セル分用意するのは非現実的だからです。表の入力用に使いたい場合は、表の1行分のデータを入力するためのコントロールを用意し、マクロを使用して表に転記します。

作成する処理のイメージ

ここでは、回収したアンケート用紙1枚分の回答を入力するためのコントロールを「入力」シートに配置し、そこで入力したデータを「表」シートに転記する仕組みを作成します。

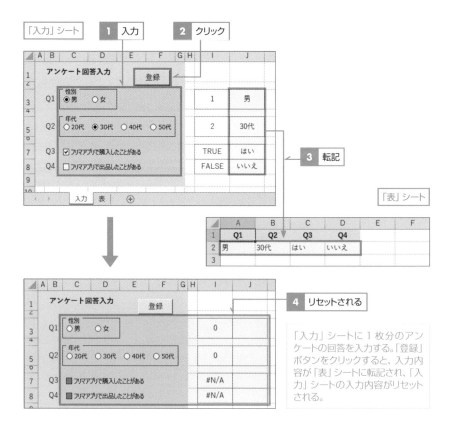

「入力」シートに1枚分のアンケートの回答を入力する。「登録」ボタンをクリックすると、入力内容が「表」シートに転記され、「入力」シートの入力内容がリセットされる。

▤「入力」シートの作成

　「入力」シート上のコントロールには、それぞれ下表のように表示文字列、値、リンクするセルが設定してあります。また、J列のセルには、リンクするセルの値から実際のデータ（「男」「20代」「はい」など）を求めるための数式が入力されています。

▶コントロールの設定

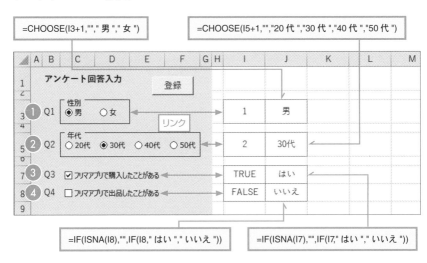

コントロール		表示文字列	値	リンクするセル
❶	グループボックス	性別	—	—
	オプションボタン	男	オフ	$I$3
	オプションボタン	女	オフ	
❷	グループボックス	年代	—	—
	オプションボタン	20代	オフ	$I$5
	オプションボタン	30代	オフ	
	オプションボタン	40代	オフ	
	オプションボタン	50代	オフ	
❸	チェックボックス	フリマアプリで購入したことがある	淡色表示	$I$7
❹	チェックボックス	フリマアプリで出品したことがある	淡色表示	$I$8

転記用マクロの作成

「入力」シートの入力内容を「表」シートに転記するマクロを作成します。
P94 を参考に VBE で標準モジュールを挿入して、以下のマクロを入力して、
「登録」ボタンに割り付けてください。

▶コード

```
1   Sub 登録()
2       '「入力」シートの内容を「表」シートに転記する
3       With Worksheets("表")
4           n = .Range("A1").CurrentRegion.Rows.Count + 1
5           .Cells(n, 1).Value = Range("J3").Value
6           .Cells(n, 2).Value = Range("J5").Value
7           .Cells(n, 3).Value = Range("J7").Value
8           .Cells(n, 4).Value = Range("J8").Value
9       End With
10
11      '「入力」シートの入力内容をリセットする
12      Range("I3").Value = 0
13      Range("I5").Value = 0
14      Range("I7").Formula = "=NA()"
15      Range("I8").Formula = "=NA()"
16  End Sub
```

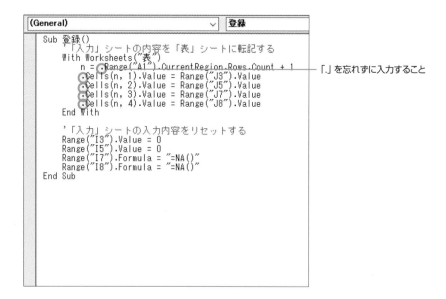

「.」を忘れずに入力すること

簡単にコードの解説をしておきます。

・3行目のコード

3行目では、転記先のシートを指定しています。

・4行目のコード

「.Range("A1").CurrentRegion.Rows.Count」は、セルA1を含むアクティブセル領域（空白行と空白列で囲まれたセル範囲）の行数を求めるコードです。ここでは表の行数を求めるために使用しています。表の行数に「1」を加えることで、「表」シートの新規入力行の行番号を求め、求めた行番号を「n」に代入しています。つまり、「n」は転記先の行番号を表します。表の周りに余分なデータを入力すると、表の行数を正しく認識できなくなるので注意してください。

・5~8行目のコード

データの転記を行うコードです。「.Cells(n, 1)」は転記先の「表」シートのセルの位置を「n行1列目」の形式で指定します。また、「Range("J3")」は転記元の「入力」シートのセル番号を指定します。

・12~13行目のコード

オプションボタンの「リンクするセル」に「0」を入力しています。それにより、すべてのオプションボタンの選択が解除されます。

・14~15行目のコード

チェックボックスの「リンクするセル」に「=NA()」という数式を入力しています。それにより、チェックボックスが淡色表示になります。

Memo

ここで紹介したマクロは、「入力」シートが表示されている状態で実行することを前提として作成しています。ほかのシートを選択して実行すると、正しく動作しないので注意してください。

03 セルの書式設定と編集を極める

ユーザー定義の表示形式を利用してデータの表示を操る

　表示形式とは、セルに入力したデータの見た目を設定する機能です。「ホーム」タブには「通貨表示形式」や「桁区切りスタイル」などよく使う表示形式のボタンが用意されていますが、自分で独自の表示形式を定義することもできます。ここでは、自分で定義する「ユーザー定義の表示形式」の設定方法やルールを説明します。

📖 ユーザー定義の表示形式の基礎

　ユーザー定義の表示形式では、「書式記号」と呼ばれる記号を使用して表示形式を定義します。例えば「#,##0" 人 "」という表示形式を設定すると、数値の「1234」を「1,234 人」と表示できます。セルに直接「1,234 人」と入力すると文字列と見なされて計算に使えませんが、数値の「1234」に表示形式を使って「人」を表示した場合は計算が可能です。

▶数値を 3 桁区切りにして末尾に「人」を付けて表示する

| ファイル | ホーム | 挿入 | ページ レイアウト | 数式 | データ | 校閲 | 表示 | 開発 | ヘルプ | ♀ 何をしますか |

	A	B	C	D	E	F	G	H	I	J	K	L	M
1	セール期間来場者数調査												
2	日付	曜日	人数										
3	5月3日	月	1234										
4	5月4日	火	987										
5	5月5日	水	1485										
6	合計		3706										
7													

1 選択　　**2** クリック

表示形式を設定するセルを選択して、「ホーム」タブの「数値」グループの右下隅にある小さいボタンをクリックする。

▼

「セルの書式設定」ダイアログボックスの「表示形式」タブが開く。「分類」欄で「ユーザー定義」を選び、「種類」欄に「#,##0 人」と入力する。「人」を囲む「"」はあとで自動で付加される。「OK」をクリックすると、数値が 3 桁区切りになり、「人」が付いて表示される。計算結果も維持される。

　数値の主な書式記号には下表の種類があります。P420 の「書式記号一覧」も併せて参考にしてください。

▶数値の主な書式記号

書式記号	説明
#	1 桁の数字を表す
0	1 桁の数字を表す。「0」の桁より数値の桁が少ない場合「0」を補う
?	1 桁の数字を表す。「?」の桁より数値の桁が少ない場合スペースを補う

※数値の整数部の桁が書式記号の数より多い場合、数値はすべて表示されます

▶書式記号の使用例

表示形式	セルの値	セルの表示	説明
#.# 0.0 ?.?	1234.56	1234.6	いずれの表示形式の場合も、整数部分の数値はすべて表示され、小数部は四捨五入される
#,###	123456789	123,456,789	セルの値が 3 桁区切りで表示される。セルの値が「0」の場合は何も表示されない
	0		
#,##0	123456789	123,456,789	セルの値が 3 桁区切りで表示される。セルの値が「0」の場合は「0」が表示される
	0	0	
#,##0,,	123456789	123	末尾の「,」1 つにつき数値の下 3 桁が省略される
0.??	12.34	12.34	セルの値の小数部が 2 桁未満の場合にスペースを補って、小数点の位置が揃えられる
	12.3	12.3	

■ ユーザー定義の表示形式を細かく設定する

ユーザー定義の表示形式では、次のように最大4つのセクションを「;」（セミコロン）で区切って指定できます。

正数の書式;負数の書式;0の書式;文字列の書式

セクションを省略した場合、省略したセクションには第1セクションの書式が適用されます。例えば「表示形式1;表示形式2」のように2つのセクションを指定した場合、正数、0、文字列に表示形式1が、負数に表示形式2が適用されます。

Column	表示形式を利用してデータを非表示にする

表を印刷するときに、一時的に一部のセルの値を非表示にしたいことがあります。色のないセルであればフォントを白にする方法もありますが、複数の色のセルが混在する場合は、ユーザー定義の表示形式として「;;;」を指定すると、セルの値を一気に非表示にできます。

■ 表示形式を使用してフォントの色を変更する

表示形式を定義する際に、色名を半角の角カッコ「[ ]」で囲んでフォントの色を指定できます。指定できる色名は「[黒][白][赤][黄][水][青][紫][緑]」の8色です。例えば、数値のセルに

[青]0;[赤]-0;[黒]0

を設定すると、正数は青、負数は赤、0は黒で表示されます。

Memo

より多くの中から色を選びたい場合は、Excel 2003のカラーパレットの56色を「[色1]～[色56]」の形式で指定する方法もあります。色番号と色の対応を調べるには、「Excel 2003　色　インデックス番号」などのキーワードでネットを検索するとよいでしょう。

■ 条件によって表示形式を変えるには

　ユーザー定義の表示形式では、条件に応じて表示形式を切り替えることができます。条件は比較演算子と値を半角の角カッコ「[ ]」で囲んで指定します。指定できる条件は2つまでです。例えば、

[青][>=80]0;[赤][<=40]0;[黒]0

と指定した場合、80以上の数値が青、40以下の数値が赤、それ以外の数値が黒で表示されます。

Column	表示形式の色指定や条件指定の使いどころ

条件に応じてフォントの色や表示形式を変えるには、条件付き書式を使用する方法もあります。条件付き書式の方が指定できる条件の数や色の種類が豊富ですし、わかりやすく設定できます。ただしグラフでは条件付き書式を使えないので、ユーザー定義の表示形式の一択となります。右図ではグラフに省略を示す波線を入れるために、数値軸に「[=700]"0";[=750] ;#,##0」(「[750]」と「;」の間にスペースを入れること)という表示形式を設定して、目盛の「700」を「0」、「750」をスペースに置き換えています。このほか目標売上の上下で目盛の数値の色を変えるなど、ユーザー定義の表示形式を使用してさまざまな工夫が凝らせます。

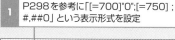

1 P298を参考に「[=700]"0";[=750] ;#,##0」という表示形式を設定

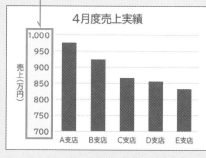

2 「700」が「0」、「750」がスペースに置き換えられる

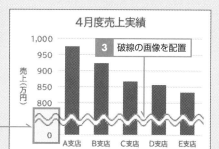

3 破線の画像を配置

「10日」「11日」を縦中横で表示する

　「10日」と入力したセルに縦書きの設定をすると、「1」と「0」も縦に並んでしまいます。「10」は横書きのまま「10」と「日」を縦に並べる「縦中横」で表示するには、セルに数値だけを入力します。書式記号の「0日」の「0」と「日」の間に改行を入れた表示形式を設定し、「折り返して全体を表示する」を設定すると、縦中横で表示できます。

▶「10日」「11日」を縦中横で表示する

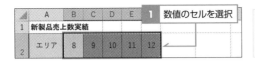

数値のセルを選択して、「セルの書式設定」ダイアログボックスの「表示形式」タブの「ユーザー定義」の画面を開く。

「種類」欄に「0日」と入力し、「0」と「日」の間をクリックしてカーソルを表示する。Ctrl + J キーを押すと改行が入り、「0」だけが見える状態になる。「OK」をクリックする。

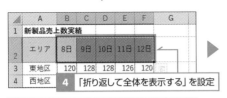

数値の末尾に「日」が付く。数値のセルを選択したまま、「ホーム」タブの「折り返して全体を表示する」をクリックする。

表示形式に入れた改行が有効になり、縦中横で表示される。

▶ショートカットキー

　改行を表す制御文字を入力：Ctrl ＋ J キー

後々の操作を減らす罫線設定のコツ

　複数の線種を使った表でオートフィルを実行したら、罫線がぐちゃぐちゃになってしまった……。誰にでもある経験ではないでしょうか。オートフィルオプションで「書式なしコピー」を選ぶ方法もありますが、罫線が元に戻ると同時に表示形式など必要な書式まで消えてしまうことがあります。

▶引き方によってはオートフィルで罫線が崩れることがある

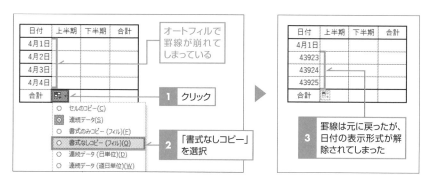

　そこでここでは、表の編集時にできるだけ状態を保てるような罫線設定のコツを紹介します。

📖 外側の罫線と内側の罫線の挙動の違いを知ろう

　まずは、罫線の特徴を知っておきましょう。下図は「セルの書式設定」ダイアログボックスの「罫線」タブのプレビュー欄の図です。罫線は、引く位置に応じて外側（上下左右）の罫線（ここでは外罫線と呼ぶ）と、内側の罫線（ここでは内罫線と呼ぶ）に分類されます。外罫線と内罫線では、所属するセルに違いがあります。外罫線は、設定した側のセルだけに属します。

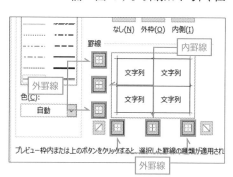

例えばセルB1を選択して設定した下罫線はあくまでセルB1に属する罫線で、セルB2の上罫線ではありません。そのためセルB2を起点とした下方向へのオートフィルで、罫線はコピーされません。セルB2を移動した場合も、罫線はついてきません。

　一方内罫線は、隣り合う2つのセルのどちらにも所属します。例えばセルD1〜D2を選択して内罫線を引くと、セルD1の下とセルD2の上に罫線が引かれます。セルD2を起点としたオートフィルで、罫線がコピーされます。また、セルD2を移動すると罫線も一緒についていきますが、元の位置にも残ります。

▶外罫線（下罫線、上罫線）と内罫線の比較（オートフィル）

セルB1の下罫線　　セルD1〜D2の内罫線　　セルF2の上罫線

セルB1に下罫線、セルD1〜D2に内罫線、セルF2に上罫線を設定した。見た目はすべて同じだが、「4月1日」のセルをそれぞれコピーすると……。

セルB1の下罫線はコピーされないが、セルD1〜D2の内罫線やセルF2の上罫線はコピーされる。

罫線はコピーされない　　　罫線はコピーされる　　　罫線はコピーされる

▶外罫線（下罫線、上罫線）と内罫線の比較（移動）

セルB1に下罫線、セルD1〜D2に内罫線、セルF2に上罫線を設定し、「4月1日」のセルをそれぞれドラッグして移動する。

セルB1の下罫線は移動しない。セルD1〜D2の内罫線は、セルD1の下とセルD2の上に引かれていたので、2本に分かれる。セルF2の上罫線は移動する。

罫線は移動せずに残る　　　罫線は移動し、かつ元の位置にも残る　　　罫線は移動する

Column	消すときはどちら側からでも OK

罫線の仕組みは複雑です。どのセルを選択してどの位置に引いたかによって罫線がどの
セルに属するかが決まり、それによってオートフィルや移動時の挙動が変わります。しか
し、消すときはどちら側からでも消すことが可能です。例えば、セル B1 を選択して引い
た下罫線は、セル B2 を選択して消すことができます。

オートフィルに強い罫線の引き方

　話を冒頭のオートフィルに戻します。見出し行、データ行、集計行からな
る表で「見出し行とデータ行を区切る線」と「データ行と集計行を区切る線」
をデータ行側から引くと、P131 の図のように罫線が崩れてしまいます。オー
トフィルを実行したときに崩れないように罫線を引くには、「見出し行とデー
タ行を区切る線は見出し行側から引く」「データ行と集計行を区切る線は集
計行側から引く」の 2 点に留意して操作します。

▶区切り線を見出し行側と集計行側からそれぞれ引けば OK

1 セル B2〜E7 の外側に太罫線、内側に細線を引い
ておく

2 見出し行（セル B2〜E2）を選択して太
い下罫線を引く

3 集計行（セル B7〜E7）を選択して太い
上罫線を引く

4 オートフィルを実行する

5 罫線が崩れない

テーブルを利用して表の書式設定を省力化

「テーブル」はExcelのデータベース機能の1つですが、表の書式設定用に使用することもできます。クロス集計表など、データベース形式ではない表にも使えます。60種類のデザインの中から選択するだけで簡単に表全体の書式を設定できるので便利です。

テーブルに変換した表のセルを選択すると、リボンにデザインタブが表示され、テーブルのデザインの調整を行えます。「範囲に変換」ボタンを使うと、テーブルを解除できます。

▶表にテーブルを設定する

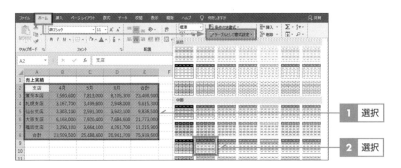

1 選択

2 選択

表のセル範囲を選択する。データベース形式の表（→ P342）の場合は、表内のセルを1つ選択するだけでもよい。「ホーム」タブの「テーブルとして書式設定」の一覧からデザインを選択する。

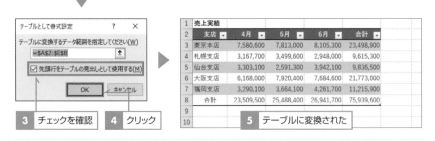

3 チェックを確認　　**4** クリック

5 テーブルに変換された

「先頭行をテーブルの見出しとして使用する」にチェックが付いていることを確認して「OK」をクリックすると、表がテーブルに変換されてデザインが適用される。なお、セルにあらかじめ色やフォントなどの書式が設定されていた場合、その設定は維持される。

▶デザインを調整する

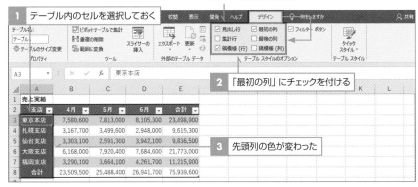

デザインの調整用の機能

1 テーブル内のセルを選択しておく

2 「最初の列」にチェックを付ける

3 先頭列の色が変わった

テーブル内のセルを選択し、「デザイン」タブの「最初の列」にチェックを付けると、先頭列が強調表示される。このほかに「見出し行」「縞模様」「最後の列」なども書式のオン／オフを切り替えられる。なお「集計行」は最下行の書式を切り替える機能ではなく、最下行に集計行を追加する機能なので注意すること。

Column # テーブルのデザインを変更／解除するには

テーブルのセルを選択し、「デザイン」タブの「クイックスタイル」をクリックすると、デザインの一覧が表示され、デザインを変更できます。一覧から「なし」を選択すると、テーブルのデザインを解除できます。

▶テーブルを解除する

1 「デザイン」タブの「範囲に変換」をクリック

1	売上実績			
2	支店	4月	5月	6月	合計
3	東京本店	7,580,600	7,813,000	8,105,300	23,498,900
4	札幌支店	3,167,700	3,499,600	2,948,000	9,615,300
5	仙台支店	3,303,100	2,591,300	3,942,100	9,836,500
6	大阪支店	6,168,000	7,920,400	7,684,600	21,773,000
7	福岡支店	3,290,100	3,664,100	4,261,700	11,215,900
8	合計	23,509,500	25,488,400	26,941,700	75,939,600
9				
10				

2 テーブルが解除される

テーブルとしての機能を利用しない場合は、テーブルを解除しておく。テーブル内のセルを選択し、「デザイン」タブの「範囲に変換」をクリックすれば解除できる。テーブルを解除しても、テーブルの書式は維持される。

列幅の異なる表を上下にきれいに並べるワザ

　2つの表を上下に並べて印刷したいことがあります。2つの表の列幅が同じであれば簡単に作成できますが、列幅が異なる場合は厄介です。セル結合を利用して列幅を調整する方法も考えられますが、調整後にどちらかの表の列幅を変更する必要が生じたときに、結合の解除や再結合など面倒な作業を繰り返さなければなりません。

　そのようなときは、2つの表を別々のシートに作成します。ほかの表に縛られることなく、自由な列幅で作成できます。一方の表をコピーし、もう一方の表の下に図としてリンク貼り付けします。図として貼り付けるので、貼り付け先の列幅に左右されずに、列幅の異なる表をきれいに配置できます。また、リンク貼り付けなので、もとの表の色やデータを修正した場合、即座にコピー先にも反映されます。

▶表を図としてリンク貼り付けする

コピーするセル範囲を選択し、「ホーム」タブの「コピー」ボタンをクリックする。

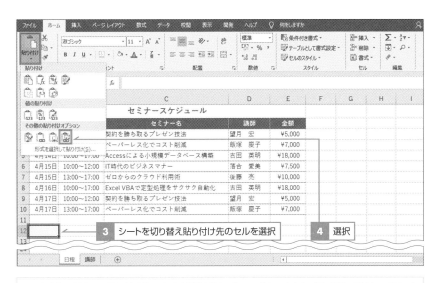

シートを切り替えて、貼り付け先のセルを選択する。続いて「ホーム」タブの「貼り付け」→「リンクされた図」をクリックする。

コピーした表が図として貼り付けられた。もとのシートで表の編集を行うと、貼り付け先の表に反映される。貼り付けた表は図なのでドラッグで拡大・縮小できるが、その場合は図内の文字のサイズも拡大・縮小される。表全体のサイズを調整したい場合はもとのシートで調整した方がきれいに仕上がる。

VBA 値の貼り付けをショートカットキーで実行する

　よく使う機能にショートカットキーの割り当てがない場合、マクロを作成してそのマクロにショートカットキーを割り当てると素早く実行できるようになります。ここでは「値の貼り付け」を例に、マクロの作成方法とショートカットキーの割り当て方法を紹介します。

個人用マクロブックを用意する

　ショートカットキーをあらゆるブックで使用できるようにするために、マクロを「個人用マクロブック（PERSONAL.XLSB）」（→P100）に作成します。個人用マクロブックを使用したことがない場合は、「マクロの記録」を利用して空のマクロを記録すると作成できます。

▶個人用マクロブックが存在するかどうかを確認する

個人用マクロブックが存在するかどうかを確認するには、「開発」タブの「Visual Basic」ボタンをクリックして VBE を起動する。なお、リボンに「開発」タブがない場合は P71 を参考に表示すること。

VBE の左端にあるプロジェクトエクスプローラーに「VBAProject (PERSONAL.XLSB)」が表示されている場合は、個人用マクロブックが存在するので P140 に進む。表示されていない場合は次ページの手順を実行して個人用マクロブックを作成する。なお、プロジェクトエクスプローラーが見当たらない場合は、「表示」メニューの「プロジェクトエクスプローラー」をクリックする。

Chapter 2-03 セルの書式設定と編集を極める

Chapter 1

Chapter 2

Chapter 3

Chapter 4

Chapter 5

Chapter 6

付録

▶個人用マクロブックを作成する

個人用マクロブックを作成するには、Excel の画面に切り替え、「開発」タブの「マクロの記録」ボタンをクリックする。

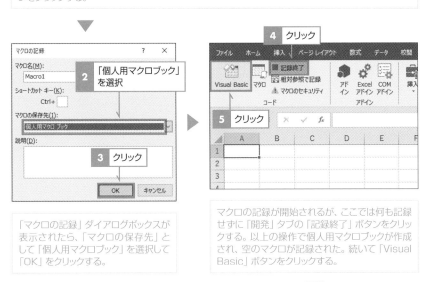

「マクロの記録」ダイアログボックスが表示されたら、「マクロの保存先」として「個人用マクロブック」を選択して「OK」をクリックする。

マクロの記録が開始されるが、ここでは何も記録せずに「開発」タブの「記録終了」ボタンをクリックする。以上の操作で個人用マクロブックが作成され、空のマクロが記録された。続いて「Visual Basic」ボタンをクリックする。

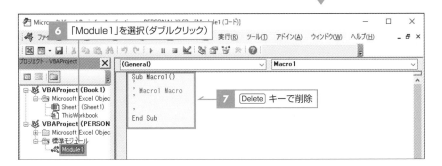

VBE が起動したら、プロジェクトエクスプローラーに「VBAProject (PERSONAL.XLSB)」が存在することを確認する。「VBAProject (PERSONAL.XLSB)」→「標準モジュール」を展開して「Module1」をダブルクリックすると、記録で作成したマクロが表示される。このマクロは不要なので、文字をドラッグして選択し、Delete キーを押して削除しておく。

📘 マクロを作成してショートカットキーを割り当てる

　個人用マクロブックを用意できたら、マクロを入力してショートカットキーを割り当てます。作成するマクロの名前は「値の貼り付け」とします。ここでは既存の「Module1」に入力しますが、P94を参考に新しい標準モジュールを追加して入力してもかまいません。

▶値の貼り付けを実行するマクロを作成する

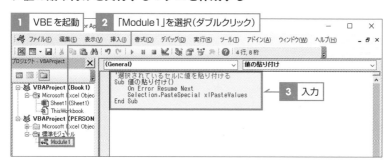

▶コード

```
1    ' 選択されているセルに値を貼り付ける
2    Sub 値の貼り付け ()
3        On Error Resume Next
4        Selection.PasteSpecial xlPasteValues
5    End Sub
```

Excelの「開発」タブの「Visual Basic」ボタンをクリックしてVBEを起動する。「VBAProject（PERSONAL.XLSB）」→「標準モジュール」を展開して「Module1」をダブルクリックする。標準モジュールが表示されたら、図のコードを入力する。

　上記の4行目にある「Selection.PasteSpecial」は、「ホーム」タブの「貼り付け」→「形式を選択して貼り付け」を実行するコードです。その次の「xlPasteValues」が、「値」を貼り付けるためのオプションです。事前にコピーが実行されていない状態で値の貼り付けを行うとエラーが発生しますが、3行目のコードはそのようなエラーを回避するためのものです。

　マクロを入力できたら、Excelの画面に切り替えてショートカットキーを設定します。ここでは Ctrl + Shift + V キーを割り当てます。

▶マクロにショートカットキーを割り当てる

1 Excel の画面に切り替え、「開発」タブの「マクロ」ボタンをクリック

2 「値の貼り付け」マクロを選択

3 クリック

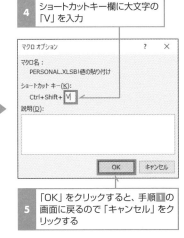

4 ショートカットキー欄に大文字の「V」を入力

5 「OK」をクリックすると、手順**1**の画面に戻るので「キャンセル」をクリックする

6 Excel を終了 **7** クリック

図のように操作してショートカットキーを登録する（詳細は P78 参照）。ここでは [Ctrl] + [Shift] + [V] キーを割り当てた。いったん Excel を終了する。すると、個人用マクロブックの保存確認のメッセージが表示されるので、「保存」をクリックして保存しておく。

ショートカットキーを利用する

　個人用マクロブックは Excel の起動と同時に非表示の状態で開きます。そこに保存したマクロは、そのパソコンのあらゆるブックで利用できます。

▶ショートカットキーを使用する

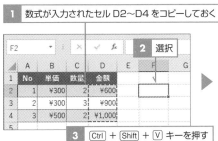

1 数式が入力されたセル D2〜D4 をコピーしておく

2 選択

3 [Ctrl] + [Shift] + [V] キーを押す

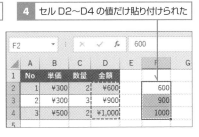

4 セル D2〜D4 の値だけ貼り付けられた

編集操作や書式設定のマクロの作成例

　標準モジュールには複数のマクロを入力できます。以下に編集操作や書式設定用のマクロを紹介するので、気になる処理があれば利用してください。いずれも対象のセルを選択してから実行します。さまざまなエラーを回避するために、「On Error Resume Next」を入れてあります。なお、これらのマクロで実行した操作は、クイックアクセスツールバーの「元に戻す」ボタンで戻せないことを覚えておきましょう。

▶コード

```
1    ' 選択されているセルに書式を貼り付ける
2    Sub 書式の貼り付け ()
3        On Error Resume Next
4        Selection.PasteSpecial xlPasteFormats
5    End Sub
6
7    ' 選択されているセルに列幅を貼り付ける
8    Sub 列幅の貼り付け ()
9        On Error Resume Next
10       Selection.PasteSpecial xlPasteColumnWidths
11   End Sub
12
13   ' 選択されているセルのデータに合わせて列幅を自動調整する
14   Sub セル幅の自動調整 ()
15       On Error Resume Next
16       Selection.Columns.AutoFit
17   End Sub
18
19   ' 選択されているセルを含む列の幅を自動調整する
20   Sub 列幅の自動調整 ()
21       On Error Resume Next
22       Selection.EntireColumn.AutoFit
23   End Sub
24
25   ' 選択されているセルに左揃えを設定する
26   Sub 左揃え ()
27       On Error Resume Next
28       Selection.HorizontalAlignment = xlLeft
29   End Sub
30
31   ' 選択されているセルに中央揃えを設定する
32   Sub 中央揃え ()
33       On Error Resume Next
34       Selection.HorizontalAlignment = xlCenter
35   End Sub
36
```

```
37   ' 選択されているセルに右揃えを設定する
38   Sub 右揃え ()
39       On Error Resume Next
40       Selection.HorizontalAlignment = xlRight
41   End Sub
42
43   ' 選択されているセルのフォントを 1 ポイント拡大する
44   Sub フォントサイズを 1 ポイント拡大 ()
45       On Error Resume Next
46       Selection.Font.Size = Selection.Font.Size + 1
47   End Sub
48
49   ' 選択されているセルのフォントを 1 ポイント縮小する
50   Sub フォントサイズを 1 ポイント縮小 ()
51       On Error Resume Next
52       Selection.Font.Size = Selection.Font.Size - 1
53   End Sub
```

Memo

Excel の機能にショートカットキーを割り当てる方法には、P54 で紹介したアクセスキーを活用する方法もあります。

Excel

04 セルの書式設定の自動化

条件付き書式を思い通りに操るセル参照の使い分け

「条件付き書式」機能を使用すると、条件に応じた書式設定を行えます。「100より大きい」「平均より上」など、条件によってはメニューから選ぶだけで簡単に指定できますが、メニューにない条件は自分で数式を立てて指定する必要があります。条件を正確に指定するためには、相対参照、絶対参照、複合参照の使い分けが重要です。

 条件式の相対参照はセルの位置に応じて自動変化する

まずは単純な例で条件付き書式の設定方法を押さえておきましょう。下図では、セル B3～C8 の中で値が 100 以上のセルに塗りつぶしの色を表示します。条件付き書式自体はセル B3～C8 にまとめて設定しますが、条件は先頭のセル B3 に対する論理式「=B3>=100」を指定します。

▶売上数が 100 以上のセルに色を付ける

条件付き書式を設定するセル B3～C8 を選択し、「ホーム」タブの「条件付き書式」→「新しいルール」を選択する。

▼

Chapter 1

Chapter 2

Chapter 3

Chapter 4

Chapter 5

Chapter 6

付録

3 クリック

4 入力

=B3>=100

5 クリック

「新しい書式ルール」ダイアログ
ボックスが開く。「数式を使用して、
書式設定するセルを決定」を選択
すると、数式の入力欄が現れるの
で図の数式を入力する。「書式」ボタ
ンをクリックする。

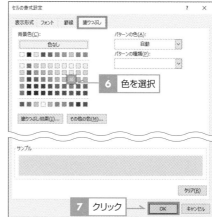

6 色を選択

7 クリック

「セルの書式設定」ダイアログボックスが開く。
条件付き書式では、表示形式、フォント、罫線、
塗りつぶしを設定できる。ここでは塗りつぶし
の色を選択する。「OK」をクリックすると、「新
しい書式ルール」ダイアログボックスに戻るので
「OK」をクリックする。

100 以上のセルに
色が付いた

　指定した論理式「=B3>=100」は、先頭のセル B3 に対する条件となり
ます。「B3」が相対参照なので、右隣のセルの論理式は列番号が 1 つ増え
て「=C3>=100」となり、すぐ下のセルの論理式は行番号が 1 つ増えて
「=B4>=100」となります。論理式の結果が「TRUE」となるセルが塗りつ
ぶされます。

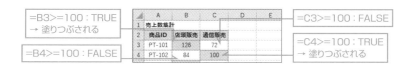

=B3>=100：TRUE
→ 塗りつぶされる

=B4>=100：FALSE

=C3>=100：FALSE

=C4>=100：TRUE
→ 塗りつぶされる

P144では「セル範囲に条件付き書式を設定するときは、先頭セルに対する条件を指定する」と説明しましたが、厳密にいえば「アクティブセルに対する条件を指定する」です。セル範囲をドラッグして選択するとドラッグの始点のセルだけ色が白くなりますが、その白いセルがアクティブセルです。

下図ではセル範囲を選択するときに、右下から左上に向かってドラッグしており、セルC8がアクティブセルになっています。この状態で条件付き書式を設定すると、塗りつぶされるセルがおかしなことになります。

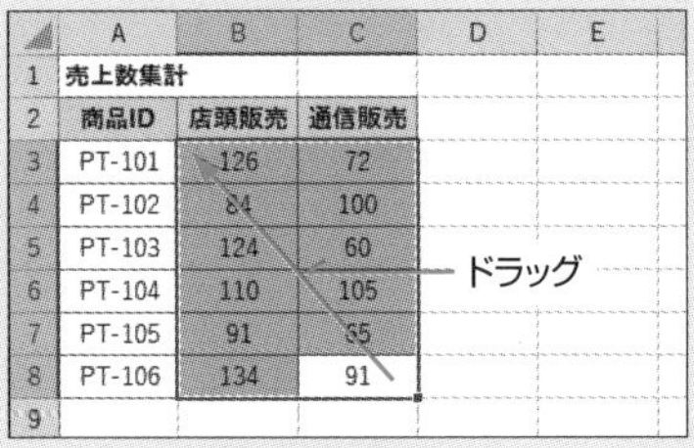

	A	B	C	D	E
1	売上数集計				
2	商品ID	店頭販売	通信販売		
3	PT-101	126	72		
4	PT-102	84	100		
5	PT-103	124	60		
6	PT-104	110	105		
7	PT-105	91	65		
8	PT-106	134	91		
9					

← ドラッグ

	A	B	C	D	E
1	売上数集計				
2	商品ID	店頭販売	通信販売		
3	PT-101	126	72		
4	PT-102	84	100		
5	PT-103	124	60		
6	PT-104	110	105		
7	PT-105	91	65		
8	PT-106	134	91		
9					

色が付くセルが間違っている

セルC8からセルB3までドラッグで選択して「=B3>=100」を条件に条件付き書式を設定する。

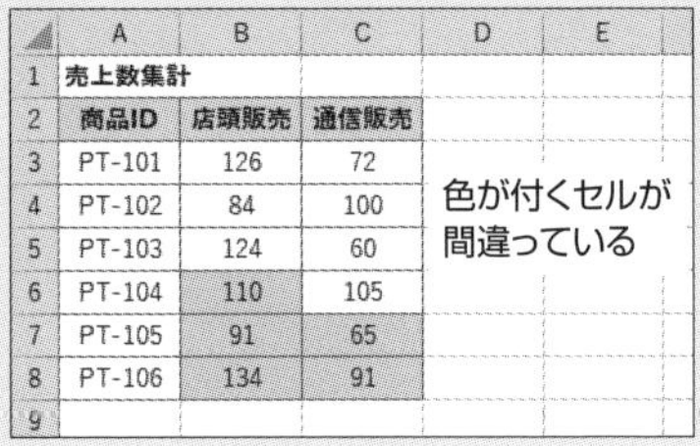

100以上のセルに色を付けたつもりなのに、結果がおかしい。

論理式の「=B3>=100」は、アクティブセルC8に対する条件と見なされます。つまり、セルC8を塗りつぶすかどうかは、セルB3の値によって決まるのです。セルB3の値は100以上なので、セルC8には色が付きます。

論理式中の「B3」は相対参照なので、各セルの論理式の「B3」の部分は相対的に変わります。例えば、セルB6の論理式は「=A1>=100」となります。セルA1に入力されているのは文字列ですが、文字列は数値より大きいと見なされて、セルB6にも色が付きます。

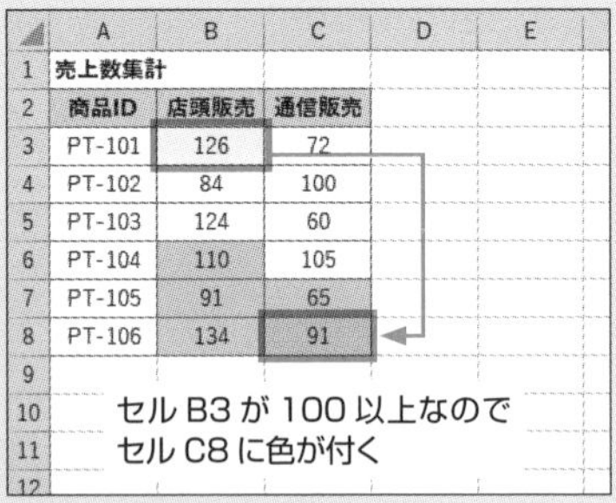

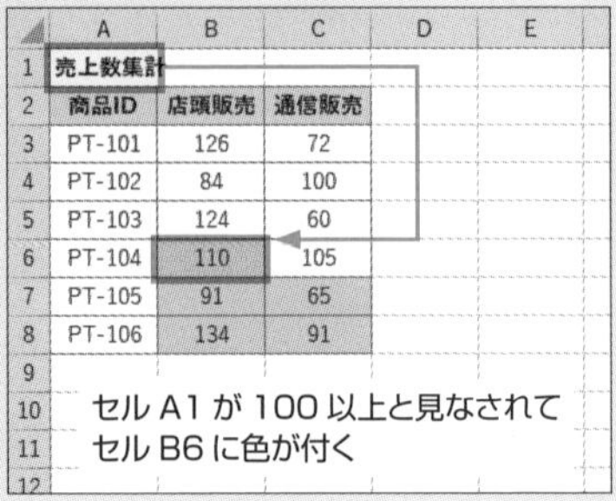

	A	B	C	D	E
1	売上数集計				
2	商品ID	店頭販売	通信販売		
3	PT-101	126	72		
4	PT-102	84	100		
5	PT-103	124	60		
6	PT-104	110	105		
7	PT-105	91	65		
8	PT-106	134	91		
9					
10	セル B3 が 100 以上なので				
11	セル C8 に色が付く				
12					

	A	B	C	D	E
1	売上数集計				
2	商品ID	店頭販売	通信販売		
3	PT-101	126	72		
4	PT-102	84	100		
5	PT-103	124	60		
6	PT-104	110	105		
7	PT-105	91	65		
8	PT-106	134	91		
9					
10	セル A1 が 100 以上と見なされて				
11	セル B6 に色が付く				
12					

Chapter 1

Chapter 2

Chapter 3

Chapter 4

Chapter 5

Chapter 6

付録

論理式の「B3」は上に向かって「B3 → B2 → B1」とずれていき、「B1」の上にセルがないので末尾のセル B1048576 にずれます。試しにセル B1048576 に「999」と入力してみると、セル C5 が塗りつぶされるというおもしろい結果になります。ドラッグの方向 1 つでこんなにも結果が変わるのです。

ちなみに、セル C8 がアクティブセルの状態で条件を「=C8>=100」と指定すれば、きちんと 100 以上のセルに色を表示できます。

▶各セルの条件判定の対象セル

	B 列	C 列
3 行	A1048574	B1048574
4 行	A1048575	B1048575
5 行	A1048576	B1048576
6 行	A1	B1
7 行	A2	B2
8 行	A3	B3

セル C5 はセル B1048576 の値によって色が付くかどうか決まる

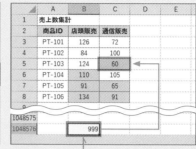

試しにセル B1048576 に「999」と入力するとセル C5 に色が付く

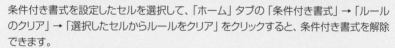

Column　**条件付き書式を解除／設定変更するには**

条件付き書式を設定したセルを選択して、「ホーム」タブの「条件付き書式」→「ルールのクリア」→「選択したセルからルールをクリア」をクリックすると、条件付き書式を解除できます。

また、条件付き書式を設定したセルを選択して、「ホーム」タブの「条件付き書式」→「ルールの管理」をクリックし、表示される画面で「ルールの編集」ボタンをクリックすると、条件式や書式の再設定を行えます。

1 編集する条件付き書式を選択　**2** 「ルールの編集」をクリック

3 「書式ルールの編集」ダイアログボックスが開き、条件式や書式を編集できる

絶対参照と複合参照を使い分け

条件付き書式の論理式では、表に数式を入力するときと同様に、セル参照をずらしたい場合は相対参照、固定したい場合は絶対参照で指定します。行と列のどちらか一方を固定したい場合は複合参照にします。下図では、売上数が平均以上の行全体に色を付けています。条件判定の対象は B 列に固定されているので複合参照の「$B3」、平均を求めるセル範囲は固定されているので絶対参照の「$B$3:$B$8」と指定します。

▶売上数が平均以上の行に色を付ける

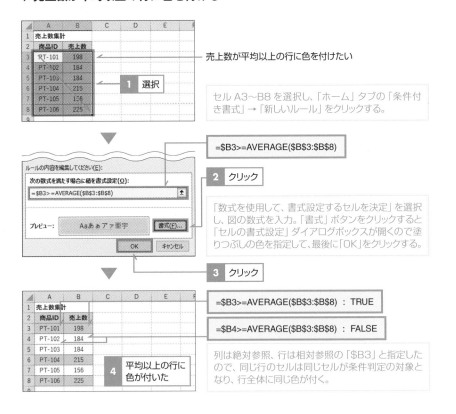

売上数が平均以上の行に色を付けたい

> セル A3〜B8 を選択し、「ホーム」タブの「条件付き書式」→「新しいルール」をクリックする。

=$B3>=AVERAGE($B$3:$B$8)

2 クリック

> 「数式を使用して、書式設定するセルを決定」を選択し、図の数式を入力。「書式」ボタンをクリックすると「セルの書式設定」ダイアログボックスが開くので塗りつぶしの色を指定して、最後に「OK」をクリックする。

3 クリック

=$B3>=AVERAGE($B$3:$B$8) ： TRUE

=$B4>=AVERAGE($B$3:$B$8) ： FALSE

> 列は絶対参照、行は相対参照の「$B3」と指定したので、同じ行のセルは同じセルが条件判定の対象となり、行全体に同じ色が付く。

=AVERAGE(数値 1, [数値 2]……)

数値…平均値を求める数値やセル範囲を指定
指定した「数値」の平均値を返す。「数値」は 255 個まで指定できる。

ワイルドカードを使用して条件を指定する

住所が「東京都○○区××」の行に色を付けたい……。そんなときは、任意の文字を表すワイルドカード「*」（→ P176）を使用して、条件を「" 東京都 * 区 *"」と表します。ただし、比較演算子と値からなる単純な論理式ではワイルドカードを使えません。ワイルドカードを使用するには、COUNTIF 関数のようなワイルドカードに対応する関数を利用します。

COUNTIF 関数は「COUNTIF(条件範囲 , 条件)」の形式で、条件範囲の中から条件に合うセルの数を求める関数です。「条件範囲」に住所のセル、「条件」に「" 東京都 * 区 *"」を指定すると、住所が「" 東京都 * 区 *"」に該当する場合は「1」、該当しない場合は「0」が返されます。つまり条件として「=COUNTIF(住所のセル ," 東京都 * 区 *")=1」と指定すればいいのです。

なお、論理値を数値として扱う場合、「TRUE」は「1」、「FALSE」は「0」と見なされますが、反対に数値を論理値として扱う場合、「0」は「FALSE」、「0でない数値」は「TRUE」と見なされます。したがって上記の論理式の「=1」を割愛して COUNTIF 関数だけを指定しても OK です。

▶住所が「東京都○○区××」の行に色を付ける

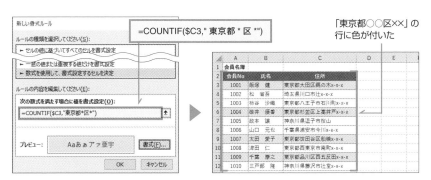

=COUNTIF($C3," 東京都 * 区 *")

「東京都○○区××」の
行に色が付いた

条件付き書式を設定するセル（ここではセル A3〜C12）を選択し、P144 を参考に条件付き書式を設定する。図の数式ではセル C3〜12 の値が「東京都 * 区 *」に該当すれば「1」が返り、「TRUE」と見なされて色が付く。

=COUNTIF(条件範囲 , 条件)　　　　　→　 P247

データが重複する行に色を塗る

「ホーム」タブの「条件付き書式」→「セルの強調表示ルール」→「重複する値」を使用すると列内の重複値を簡単に探せますが、複数の列の重複は探せません。複数の列の重複を探すには、COUNTIFS関数を使用して条件を指定します。

▶氏名と所属が同時に重複する行に色を付ける

=COUNTIFS($B$3:$B$12,$B3,$C$3:$C$12,$C3)>1

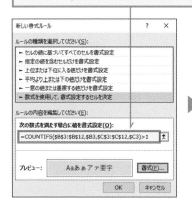

氏名と所属が
重複する行に
色が付いた

条件付き書式を設定するセル（ここではセルA3〜C12）を選択し、P144を参考に条件付き書式を設定する。図の数式は、氏名（セルB3〜B12）が「市川　瞳」（セルB3）、かつ、所属（セルC3〜C12）が「営業部」（セルC3）という条件に合致するデータ数が1より大きい、という意味の論理式。氏名欄と所属欄は絶対参照、「$B3」「$C3」は列固定の複合参照で指定すること。

=COUNTIFS(条件範囲1, 条件1, [条件範囲2, 条件2]…)　　　　→　P249

Column　**2件目以降の行に色を付けるには**　

重複データの1件目はそのまま、2件目以降にだけ色を付けるには、COUNTIFS関数の引数を以下のように変えます。上の表の場合、受付Noが「1」「3」の色が消え、「8」「10」だけに色が付きます。

=COUNTIFS($B$3:$B3,$B3,$C$3:$C3,$C3)>1

自動で 1 行おきに色を塗る

　条件付き書式を使用して奇数行または偶数行だけに色が付くように設定しておくと、行を削除したり入れ替えたりしたときに縞模様が崩れません。ここでは奇数行だけに色を設定します。現在行を求める ROW 関数と、割り算の余りを求める MOD 関数を使用して、「=MOD(ROW(),2)=1」という式を立てます。この式は、「現在行の行番号を 2 で割った余りが 1 に等しい」という意味の論理式です。

　なお、奇数行の条件付き書式を設定したあと、「=MOD(ROW(),2)=0」という論理式で条件付き書式を設定すれば、偶数行に別の色を付けることができます。

▶奇数行に色を付ける

=MOD(ROW(),2)=1

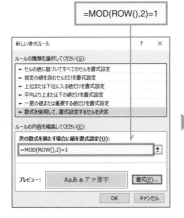

奇数行に色が付いた

条件付き書式を設定するセル（ここではセル A3〜H10）を選択し、P144 を参考に条件付き書式を設定する。

奇数行に色が付いた。行を削除したり入れ替えたりしても、奇数行に色が適用し直される。

=MOD(数値 , 除数)

　　数値…割られる数を指定
　　除数…割る数を指定
「数値」を「除数」で割ったときの剰余を求める。

=ROW([参照])　　　　　　　　　　　　　　　　→　P237

入力行に自動で罫線を引き 5 行おきに線種を変える

　条件付き書式を使用して、データを追加するごとに自動で罫線が表示されるようにすると便利です。ここではセル A3 を始点とする 7 列の表で、データが入力された行に点線の下線を引き、5 行おきに点線が実線に変わるようにします。列全体を対象に点線の条件付き書式、実線の条件付き書式を順に設定して、あとから 1～2 行目の条件付き書式を解除するという手順で操作を進めます。同じセルに複数の条件付き書式を設定するときは、優先順位の低い条件から順に設定することがポイントです。

データの入力行に自動で罫線を引く

　まず、B～H 列全体に点線の下罫線を引く設定を行います。条件は先頭のセル B1 に対する論理式を指定します。OR 関数を使用して列固定で「=OR($B1:$H1<>"")」としてください。

▶少なくとも 1 つデータが入力されている行に罫線を引く

見出し行（セル B2～H2）にはあらかじめ実線の罫線が引いてある

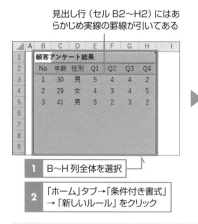

設定効果を見やすくするために上図ではセルの枠線を非表示にしてある。まず、B～H 列を選択し、「ホーム」タブ→「条件付き書式」→「新しいルール」をクリックすると、「新しい書式ルール」ダイアログボックスが開く。「数式を使用して、書式設定するセルを決定」を選択し、図の数式を入力。この数式は、「セル B1～H1 の少なくとも 1 つのセルが空ではない」という意味の論理式。続いて「書式」ボタンをクリックする。

6 選択

7 選択

8 プレビュー欄の下罫線が点線に変わる

「セルの書式設定」ダイアログボックスが表示される。「罫線」タブで「点線」を選択して「下罫線」を選択する。プレビュー欄で下罫線が点線に変わったことを確認して「OK」をクリックする。すると「新しい書式ルール」ダイアログボックスに戻るので「OK」をクリックする。

9 クリック

---

10 入力行に点線の下罫線が表示された

11 入力

データの入力行に罫線が表示される。見出し行に実線が設定してあったが、条件付き書式により点線が表示される。

12 追加した行にも下罫線が表示される

新しい行にデータを追加すると、自動で新しい行全体に罫線が表示される。次の操作に備えてデータを数行入力しておく。

=OR(論理式 1, [論理式 2], …)   → P185

5 行おきに罫線を実線に変える

　続いてもう１つ条件付き書式を使用して、5 行おきに罫線を実線に変えます。同じセルに設定した複数の条件付き書式が競合する場合、あとから設定した書式が優先されます。「点線」「実線」の順に条件付き書式を設定することで、両方の条件に当てはまるセルにはあとから設定した実線が表示されます。ここでは 7、12、17…行目に実線の下罫線を引きたいので、「行番号を 5 で割った余りが 2 に等しい」という条件を指定します。

1 P152 の手順 **1**〜**3** を実行

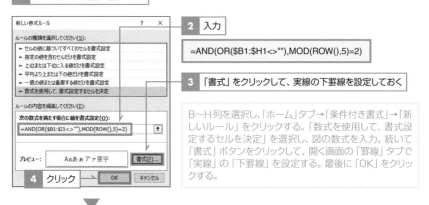

2 入力

=AND(OR($B1:$H1<>""),MOD(ROW(),5)=2)

3 「書式」をクリックして、実線の下罫線を設定しておく

B〜H列を選択し、「ホーム」タブ→「条件付き書式」→「新しいルール」をクリックする。「数式を使用して、書式設定するセルを決定」を選択し、図の数式を入力。続いて「書式」ボタンをクリックして、開く画面の「罫線」タブで「実線」の「下罫線」を設定する。最後に「OK」をクリックする。

4 クリック

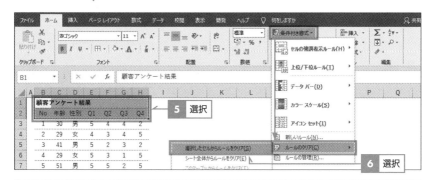

5 選択

6 選択

1〜2 行目の下罫線は不要なので、セル B1〜H2 を選択して、「条件付き書式」→「ルールのクリア」→「選択したセルからルールをクリア」を選択して条件付き書式を解除する。

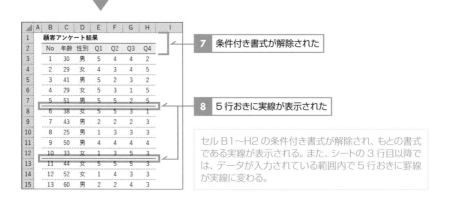

7 条件付き書式が解除された

8 5 行おきに実線が表示された

セル B1〜H2 の条件付き書式が解除され、もとの書式である実線が表示される。また、シートの 3 行目以降では、データが入力されている範囲内で 5 行おきに罫線が実線に変わる。

=MOD(数値 , 除数)　　　　　　　　　　　　　　　　　➡ P151

=ROW([参照])　　　　　　　　　　　　　　　　　　　➡ P237

Column　手動で引いた罫線を残すか消すか 上書きするか指定する

罫線のプレビュー欄には、あらかじめ 4 辺にグレーの網目線が表示されます。この網目線を消した場合、条件が成立するセルに設定されている罫線を非表示にすることができます。網目線をそのままにした場合、条件が成立するセルにもとから設定されていた罫線はそのまま変更されません。

網目線をそのまま残した場合
条件が成立するセルにもとから設定されている罫線は変更されない

網目線を消した場合
条件が成立するセルにもとから設定されている罫線は非表示にされる

網目線をほかの線種で上書きした場合
条件が成立するセルに指定した線種の罫線が表示される

Column　条件の優先順位を変更するには

条件付き書式を設定したセルを選択して、「ホーム」タブの「条件付き書式」→「ルールの管理」をクリックすると、下図のような画面に複数の条件付き書式が並んで表示されます。優先順位は上の行ほど高くなります。条件を選択して、「▲」や「▼」をクリックすると、条件の優先順位を変更できます。

1　条件付き書式を選択

2　優先順位を変更

日程表を土曜日と日曜祝日で色分けする

　条件付き書式を使用して、日程表の土曜日が青、日曜祝日が赤で表示されるようにします。土曜日と日曜日は重なることがないのでどちらを先に設定してもかまいません。祝日は最後に設定することで、祝日と土曜日が重なる場合に祝日が優先されて赤色になります。

▶土曜日を薄い青、日曜日と祝日を薄い赤で塗りつぶす

1 休日リストを作成しておく

2 選択

3 「ホーム」タブ→「条件付き書式」→「新しいルール」をクリック

準備として、祝日などの休日を入力したリストを作成しておく。図ではスケジュール表と休日リストの日付を「〇月〇日」形式で表示しているが、両者に同じ2021年の日付が入力されているものとする。セルA3～C32を選択し、「ホーム」タブ→「条件付き書式」→「新しいルール」をクリックして、「新しい書式ルール」ダイアログボックスを開く。

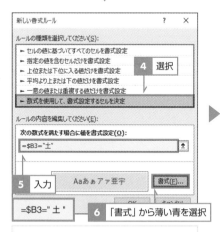

4 選択

5 入力

=$B3=" 土 "

6 「書式」から薄い青を選択

「数式を使用して、書式設定するセルを決定」を選択し、図の数式を入力。曜日のセルB3は列のみ固定の複合参照で指定すること。「書式」ボタンをクリックして塗りつぶしの色（薄い青）を選択して、「OK」をクリックする。

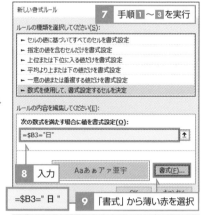

7 手順 **1** ～ **3** を実行

8 入力

=$B3=" 日 "

9 「書式」から薄い赤を選択

手順 **1** ～ **3** を実行し、図の数式を入力。「書式」ボタンをクリックして塗りつぶしの色（薄い赤）を選択し、「OK」をクリックする。

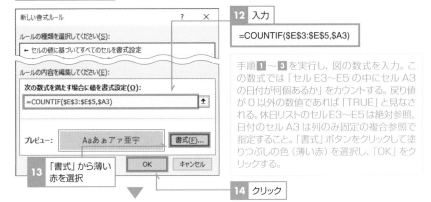

10 土曜日が薄い青、日曜日が薄い赤で塗りつぶされた

土曜日、日曜日に指定の色が付く。

11 手順 1 〜 3 を実行

12 入力

=COUNTIF($E$3:$E$5,$A3)

手順 1 〜 3 を実行し、図の数式を入力。この数式では「セル E3〜E5 の中にセル A3 の日付が何個あるか」をカウントする。戻り値が 0 以外の数値であれば「TRUE」と見なされる。休日リストのセル E3〜E5 は絶対参照、日付のセル A3 は列のみ固定の複合参照で指定すること。「書式」ボタンをクリックして塗りつぶしの色（薄い赤）を選択し、「OK」をクリックする。

13 「書式」から薄い赤を選択

14 クリック

15 休日リストの日付が薄い赤で塗りつぶされた

16 土曜日より休日リストの日付が優先されて、薄い赤に変化した

土曜日は薄い青、日曜日と休日は薄い赤で塗りつぶされる。土曜日と休日が重なる場合は、あとから設定した休日の条件付き書式が優先されて、薄い赤になる。

=COUNTIF(条件範囲 , 条件)　→ P247

書式設定する条件をリストボックスで切り替える

　下図の売上表の「注文経路」欄には「店舗」「ネット」「ファックス」の3項目が入力されています。この3項目と「(解除)」の文字をリストボックスに一覧表示して、選択されたデータを条件として書式が設定されるようにします。

▶リストボックスで選択したデータの行に色を付ける

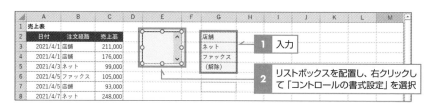

準備として、リストボックスに表示するデータをセルに入力しておく。P114を参考にリストボックスを配置し、右クリックして「コントロールの書式設定」を選択する。

3 「入力範囲」欄に「$G$2:$G$5」を設定

4 「リンクするセル」に「$G$7」を設定

5 クリック

「入力範囲」欄に手順 **1** のセル範囲を設定し、「リンクするセル」欄にセルG7を設定して「OK」をクリックする。

6 選択した項目の番号が表示される

リストボックスに選択肢が表示される。クリックして選択すると、選択肢を上から数えた番号がリンクするセルに表示される。

8 「ホーム」タブ→「条件付き書式」
→「新しいルール」をクリック

セル A3～C32 を選択し、「ホーム」タ
ブ→「条件付き書式」→「新しいルール」
をクリックして、「新しい書式ルール」ダ
イアログボックスを開く。

9 クリック

「数式を使用して、書式設定するセルを決定」を選択し、図
の数式を入力。セル B3 は列のみ固定の複合参照で指定す
ること。「INDEX($G$2:$G$5,$G$7)」は、セル G2～
G5 の中から 2（セル G7）番目のデータを返す。続いて「書
式」ボタンをクリックして塗りつぶしの色を選択し、「OK」を
クリックする。

10 入力　=$B3=INDEX($G$2:$G$5,$G$7)

11 色を選択

12 クリック

「ネット」を選択

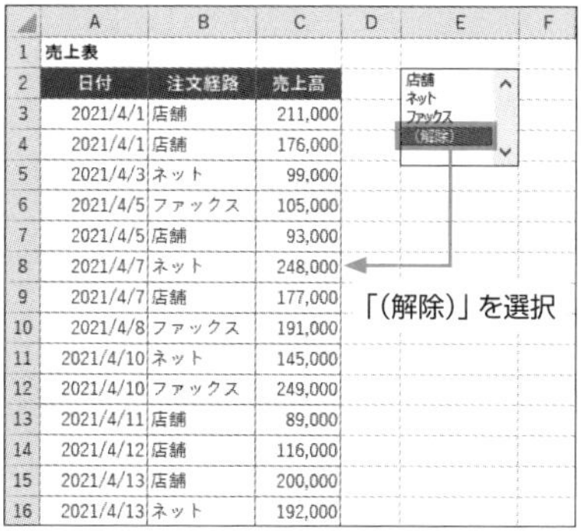

「（解除）」を選択

設定が済んだら、G 列の列番号を右クリッ
クし、「非表示」を選択して G 列を非表示に
しておく。リストボックスで「店舗」「ネット」
「ファックス」のいずれかを選ぶと、該当行
に色が付く。

リストボックスで「（解除）」を選ぶと、条件
付き書式が解除される。実際には「注文履
歴」欄に「（解除）」に該当するセルがないの
で条件付き書式が適用されないだけで、解
除したわけではない。

=INDEX(参照 , 行番号 , [列番号], [領域番号])　　P235

リストボックスで指定した項目を含むセルに色を付ける

リストボックスで選択した項目を含むセルの行全体に色を付ける方法を紹介します。含むかどうかの判定にはFIND関数を使用します。ここではスケジュール表から「会議」や「出張」などの日程をわかりやすく探すための仕組みを作ります。

▶リストボックスで選択したデータを含むセルの行に色を付ける

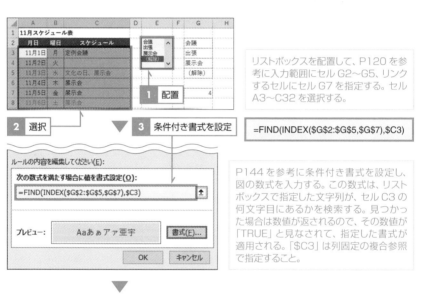

リストボックスを配置して、P120を参考に入力範囲にセルG2〜G5、リンクするセルにセルG7を指定する。セルA3〜C32を選択する。

1 配置

2 選択

3 条件付き書式を設定

`=FIND(INDEX($G$2:$G$5,$G$7),$C3)`

P144を参考に条件付き書式を設定し、図の数式を入力する。この数式は、リストボックスで指定した文字列が、セルC3の何文字目にあるかを検索する。見つかった場合は数値が返されるので、その数値が「TRUE」と見なされて、指定した書式が適用される。「$C3」は列固定の複合参照で指定すること。

ルールの内容を編集してください(E):

次の数式を満たす場合に値を書式設定(O):

`=FIND(INDEX($G$2:$G$5,$G$7),$C3)`

プレビュー: Aaあぁアァ亜宇 書式(F)...

OK キャンセル

4 選択

5 色が付く

例えばリストボックスで「会議」を選択すると、スケジュール欄に「会議」の文字を含む行全体に色が付く。

`=FIND(検索文字列,対象,[開始位置])` → P219

チェックボックスで条件付き書式のオン／オフを切り替え

　チェックボックスのチェックの有無で、条件付き書式のオンとオフを切り替えられるようにします。例えば、「ゴールド会員」にチェックを付けると会員名簿のゴールド会員の行に色が付き、チェックを外すとゴールド会員の色が解除されます。

▶こんな仕組みを作る

	A	B	C	D	E
1	会員名簿				
2	会員No	氏名	会員種別		☑ゴールド会員
3	1001	飯塚　健	ゴールド		□シルバー会員
4	1002	松　省吾	ブロンズ		□ブロンズ会員
5	1003	柿谷　沙織	ブロンズ		
6	1004	碓井　優香	シルバー		
7	1005	政本　譲	ブロンズ		
8	1006	山口　元也	ブロンズ		
10	1007	太田　愛子	シルバー		
10	1008	津田　仁	シルバー		
11	1009	千葉　康之	ゴールド		
12	1010	三戸部　隆	ブロンズ		

「ゴールド会員」にチェックを付けると、会員種別がゴールドの行に色が付く。

	A	B	C	D	E
1	会員名簿				
2	会員No	氏名	会員種別		☑ゴールド会員
3	1001	飯塚　健	ゴールド		☑シルバー会員
4	1002	松　省吾	ブロンズ		□ブロンズ会員
5	1003	柿谷　沙織	ブロンズ		
6	1004	碓井　優香	シルバー		
7	1005	政本　譲	ブロンズ		
8	1006	山口　元也	ブロンズ		
9	1007	太田　愛子	シルバー		
10	1008	津田　仁	シルバー		
11	1009	千葉　康之	ゴールド		
12	1010	三戸部　隆	ブロンズ		

「シルバー会員」にチェックを付けると、会員種別がシルバーの行にも色が付く。

	A	B	C	D	E
1	会員名簿				
2	会員No	氏名	会員種別		□ゴールド会員
3	1001	飯塚　健	ゴールド		□シルバー会員
4	1002	松　省吾	ブロンズ		□ブロンズ会員
5	1003	柿谷　沙織	ブロンズ		
6	1004	碓井　優香	シルバー		
7	1005	政本　譲	ブロンズ		
8	1006	山口　元也	ブロンズ		
9	1007	太田　愛子	シルバー		
10	1008	津田　仁	シルバー		
11	1009	千葉　康之	ゴールド		
12	1010	三戸部　隆	ブロンズ		

チェックを外すと、書式が解除される。

▶チェックボックスを配置して条件付き書式を設定する

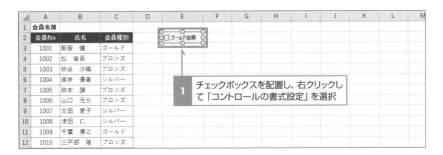

P114を参考にチェックボックスを配置して、「ゴールド会員」と入力する。右クリックして「コントロールの書式設定」を選択する。

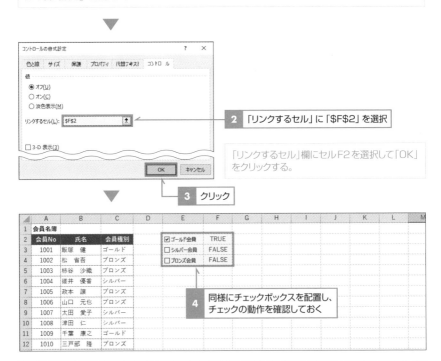

2 「リンクするセル」に「$F$2」を選択

「リンクするセル」欄にセルF2を選択して「OK」をクリックする。

3 クリック

同様に「シルバー会員」「ブロンズ会員」のチェックボックスを配置して、それぞれリンクするセルとしてセルF3、セルF4を設定する。設定できたら、各チェックボックスをクリックして、リンクするセルに「TRUE」「FALSE」が表示されることを確認しておく。

6 「ホーム」タブ→「条件付き書式」→「新しいルール」を選択

セル A3〜C12 を選択し、「ホーム」タブ→「条件付き書式」→「新しいルール」をクリックして、「新しい書式ルール」ダイアログボックスを開く。

5 選択

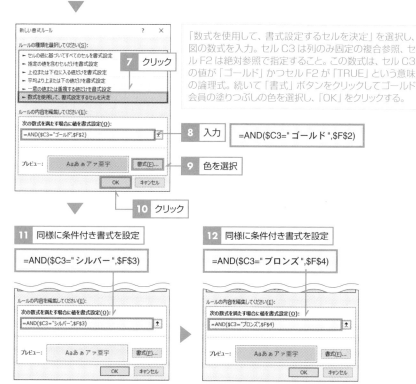

「数式を使用して、書式設定するセルを決定」を選択し、図の数式を入力。セル C3 は列のみ固定の複合参照、セル F2 は絶対参照で指定すること。この数式は、セル C3 の値が「ゴールド」かつセル F2 が「TRUE」という意味の論理式。続いて「書式」ボタンをクリックしてゴールド会員の塗りつぶしの色を選択し、「OK」をクリックする。

7 クリック

8 入力　=AND($C3="ゴールド",$F$2)

9 色を選択

10 クリック

11 同様に条件付き書式を設定
=AND($C3="シルバー",$F$3)

12 同様に条件付き書式を設定
=AND($C3="ブロンズ",$F$4)

手順 **5**〜**7** を実行して、シルバー会員とブロンズ会員の数式と書式を設定する。F 列の列番号を右クリックして「非表示」を選択して設定完了。チェックの有無で書式のオン／オフが切り替わることを確認する。

=AND(論理式 1, [論理式 2], …)　　→ P185

05 表やデータを保護する

シートが誤編集されないようにロックする

「シートの保護」を実行するとセルがロックされ、誤操作によりデータや
数式が変更されるのを防げます。保護する際に、ユーザーに許可する操作や
パスワードを設定できます。初期設定ではセルの選択のみが許可されます。
パスワードを設定した場合、パスワードを知っている人だけがシートの保護
を解除して編集操作を行えます。

1 「校閲」タブの「シートの保護」をクリック

2 必要に応じてパスワードを入力

3 「シートとロックされたセルの内容を保護する」にチェックが付いていることを確認

4 ユーザーに許可する操作を選択（通常はこのままでOK）

5 「OK」をクリックするとシートが保護される

6 シートの内容を変更しようとすると、メッセージが出て変更できない

シートを編集するには、「校閲」タブの「シート保護の解除」を
クリックしてシートの保護を解除する。手順 **2** でパスワードを
指定した場合は、解除するのにパスワードが必要。

保護したシートで一部のセルを編集できるようにする

　シートを保護すると、すべてのセルの編集ができなくなります。保護したシートで一部のセルを編集できるようにするには、シートを保護する前に、編集を許可するセルのロックを外します。初期設定ではすべてのセルがロックされています。見出しや数式のセルはロックしたまま、入力欄だけロックを外しましょう。

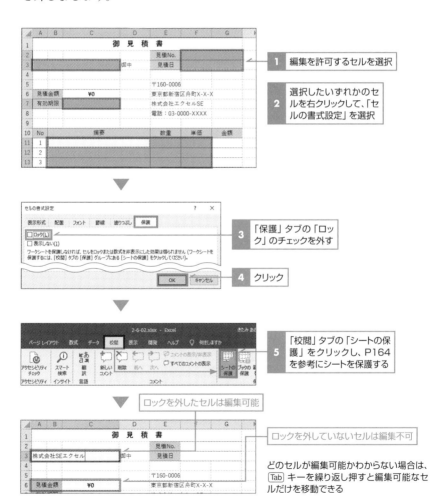

1 編集を許可するセルを選択

2 選択したいずれかのセルを右クリックして、「セルの書式設定」を選択

3 「保護」タブの「ロック」のチェックを外す

4 クリック

5 「校閲」タブの「シートの保護」をクリックし、P164を参考にシートを保護する

ロックを外したセルは編集可能

ロックを外していないセルは編集不可

どのセルが編集可能かわからない場合は、Tab キーを繰り返し押すと編集可能なセルだけを移動できる

パスワードを知っている人だけが編集できるようにする

　「範囲の編集を許可する」という機能を使用すると、保護したシートの特定のセルに対してパスワードを知っている人だけが編集できる、という状態を作れます。誰が編集してもかまわないセルはあらかじめロックを外す、特定の人だけに編集させたいセルはロックをしたまま「範囲の編集を許可する」を設定する、としたうえでシートを保護します。

単価は担当者だけが編集できるようにしたい　　在庫数はみんなが編集できるようにしたい

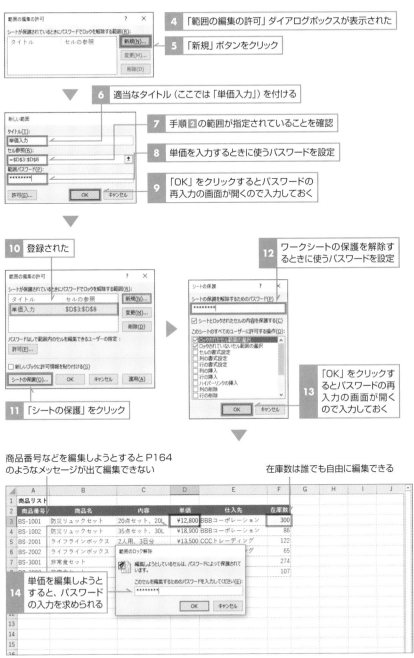

4 「範囲の編集の許可」ダイアログボックスが表示された

5 「新規」ボタンをクリック

6 適当なタイトル（ここでは「単価入力」）を付ける

7 手順 **2** の範囲が指定されていることを確認

8 単価を入力するときに使うパスワードを設定

9 「OK」をクリックするとパスワードの再入力の画面が開くので入力しておく

10 登録された

12 ワークシートの保護を解除するときに使うパスワードを設定

11 「シートの保護」をクリック

13 「OK」をクリックするとパスワードの再入力の画面が開くので入力しておく

商品番号などを編集しようとすると P164 のようなメッセージが出て編集できない

在庫数は誰でも自由に編集できる

14 単価を編集しようとすると、パスワードの入力を求められる

シート構成を変更されないようにする

「ブックの保護」機能を使用すると、誤操作によりシート構成が変更されることを防げます。シートの挿入と削除、移動とコピー、表示と再表示の設定、名前の変更などが禁止されます。ブックの保護を設定／解除するには、「校閲」タブの「ブックの保護」ボタンをクリックします。設定するときにパスワードを指定しておくと、パスワードを知っている人しかブックの保護を解除できなくなります。

1 「校閲」タブの「ブックの保護」をクリック

2 必要に応じてパスワードを設定

3 「シート構成」にチェックが付いていることを確認

4 「OK」をクリックするとパスワードの再入力の画面が開くので入力しておく

5 シート見出しを右クリック

6 シート構成の変更に関するメニューが使えないことを確認

自由に計算する！
数式と関数のテクニック

第**3**章

01 数式と関数の基礎

数式に使用できるデータやセル参照

数式や関数では、下表のようなデータを指定できます。

▶数式に指定できるデータと指定例

データ		指定例
セル参照	セル	セル番号を指定する （例）=SUM(A2,A4,A6)
	セル範囲	始点のセル番号と終点のセル番号を「:」（コロン）で区切って指定する （例）=SUM(A1:A6)
	構造化参照	テーブル名や列名を使用してテーブル内のセルを参照する（→ P174）。 （例）=VLOOKUP(G3, テーブル 1,2,FALSE)
定数	数値	数値はそのまま指定する。パーセント記号付きの数値も指定可能 （例）=ROUND(A1*15%,2)
	文字列	文字列を「"」（ダブルクォーテーション）で囲んで指定する （例）=SUBSTITUTE(A1," 東京都 ","")
	論理値	TRUE（真の意味）または FALSE（偽の意味）と指定する（→ P31） （例）=COUNTIF(A1:A6,TRUE)
	エラー値	エラー値（→ P183）を指定する。一般的にはエラー値そのものを指定するより、セルに入力した数式の結果がエラーかどうかを調べるためにエラー値が入力されているセルのセル参照を指定することが多い （例）=ISERROR(#DIV/0!)
	配列定数	データの並びを「{ }」（中カッコ）で囲んで指定する。列は「,」（カンマ）、行は「;」（セミコロン）で区切る（→ P177） （例）=SUM(A1:D1*{1,2,3,4})
名前		セルやセル範囲、定数に付けた名前（→ P45）を指定する （例）=SUM(売上高)
数式		数式を指定する。関数の引数に数式を指定すると、数式が先に計算される （例）=IF(A1>100,B1+C1,B1+D1)
関数		関数を指定する。関数の引数に関数を指定すると内側の関数から順に計算される （例）=ROUND(AVERAGE(A1:A5),0)

演算子の種類と優先順位

「+」「-」のような計算に使用する記号を「演算子」と呼びます。数値計算に使用する算術演算子をはじめ、Excel にはさまざまな演算子が用意されています。

▶算術演算子

演算子	意味	使用例	説明
＋（プラス）	加算	A1+A2	セル A1 の値とセル A2 の値を足す
-（マイナス）	減算	A1-A2	セル A1 の値からセル A2 の値を引く
*（アスタリスク）	乗算	A1*A2	セル A1 の値とセル A2 の値を掛ける
/（スラッシュ）	除算	A1/A2	セル A1 の値をセル A2 の値で割る
^（キャレット）	べき乗	A1^3	セル A1 の値を 3 乗（A1×A1×A1）する
%（パーセント）	パーセント	A1*30%	セル A1 の値に 30%（0.3）を掛ける

▶文字列連結演算子

演算子	意味	使用例	説明
&（アンパサンド）	文字列連結	A1&" 様 "	セル A1 の値と「様」を連結する。セル A1 に「佐藤」が入力されている場合、演算結果は「佐藤様」となる

▶比較演算子

演算子	意味	使用例	説明
=	等しい	A1=B1	セル A1 の値とセル B1 の値が等しい場合は TRUE、そうでない場合は FALSE となる
<>	等しくない	A1<>B1	セル A1 の値とセル B1 の値が等しくない場合は TRUE、そうでない場合は FALSE となる
>	より大きい	A1>100	セル A1 の値が 100 より大きい場合は TRUE、そうでない場合は FALSE となる
>=	以上	A1>=100	セル A1 の値が 100 以上の場合は TRUE、そうでない場合は FALSE となる
<	より小さい	A1<100	セル A1 の値が 100 より小さい場合は TRUE、そうでない場合は FALSE となる
<=	以下	A1<=100	セル A1 の値が 100 以下の場合は TRUE、そうでない場合は FALSE となる

▶参照演算子

演算子	意味	使用例	説明
： （コロン）	セル範囲	A1:C5	セル A1〜C5 の範囲のすべてのセル
， （カンマ）	複数のセル	A1,C5	セル A1 とセル C5
（半角空白）	セル範囲の共通部分	A2:C2 B1:B3	セル A2〜C2 とセル B1〜B3 の共通部分を求める。求められるのはセル B2
# （シャープ）	スピル範囲演算子	C2#	動的配列数式が入力された範囲全体（動的配列数式の入力先であるセル C2 とセル C2 の数式が自動入力されたゴーストのセル範囲）（→ P261）
@ （アットマーク）	暗黙的なインターセクション演算子	@A1:A3	数式の共通部分を示す（→ P263）。テーブルの構造化参照にも使用される（→ P174）

📖 演算子の優先順位

数式の中で複数の演算子を使用する場合、次表の順序で計算が実行されます。優先順位が同じ演算子の場合は、左から右に向かって計算が行われます。なお、以下のようにカッコを使うと計算の順序を制御できます。

・=1+2*3 　→ 「2*3」が先に計算されて結果は「7」になる
・=(1+2)*3 　→ 「1+2」が先に計算されて結果は「9」になる

▶演算子の優先順位

優先順位	演算子	説明
1	： ， （半角空白）	参照演算子
2	-	マイナス記号（-1 などの記号）
3	%	パーセンテージ
4	^	べき乗
5	* /	乗算、除算
6	+ -	加算、減算
7	&	文字列連結
8	= <> > >= < <=	比較演算子

別のシートや別のブックの参照

　別のシートや別のブックのセルの値を数式で使用したいことがあります。別シートのセル参照は、「シート名!セル番号」の形式で入力します。シート名が数字で始まる場合やシート名にスペースが含まれる場合は、半角のシングルクォーテーションで囲みます。数式の入力中にシートを切り替えて目的のセルをクリックすれば、別シートのセル参照を入力できます。

別シートの参照

=SUM(集計!B2:B6)

「集計」シートのセル B2 ～ B6 の合計を求める

別シートの参照

=SUM('4月'!B2:B6)

「4月」シートのセル B2 ～ B6 の合計を求める

　別ブックのセル参照は、「[ブック名.拡張子]シート名!セル番号」の形式で入力します。数式の入力中にブックを切り替えて目的のセルをクリックすれば、別ブックのセル参照を入力できます。

別ブックの参照

=SUM([売上.xlsx]集計!$B$2:$B$6)

「売上.xlsx」ブックの「集計」シートのセル B2 ～ B6 の合計を求める

　別ブックのセル参照を含むブックを開くと、セキュリティを警告するメッセージが表示されますが、「コンテンツの有効化」や「更新する」をクリックすると、データを更新できます。

　リンク先のブックの保存場所を変更した場合は、「ファイル」タブの「情報」の画面にある「ファイルへのリンクの編集」からリンクの張り直しをしたり、リンクを解除したりできます。リンクを解除すると、値が数式の結果で置き換わります。

構造化参照って何？

　「構造化参照」とは、テーブル名や列名（列見出しのこと）を使用してテーブル（→P134）内のセルやセル範囲を参照する参照方式です。テーブルのデータ数が増減したときに参照先のセルも自動で変更されるので、構造化参照を使うとメンテナンス不要の数式を作成できます。

　テーブル名は、テーブルのセルを選択すると表示される「デザイン」タブの「テーブル名」欄で確認・変更できます。

▶テーブル

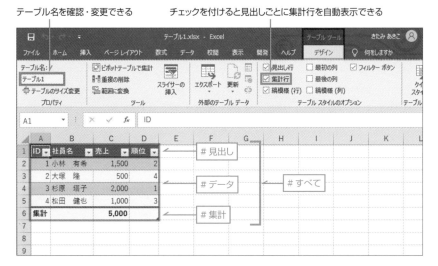

テーブル名を確認・変更できる　　　チェックを付けると見出しごとに集計行を自動表示できる

▶特殊項目指定子

特殊項目指定子	説明	上図の対応するセル
#すべて	テーブルのすべてのセル	セルA1〜D6
#見出し	見出し行	セルA1〜D1
#データ	データのセル	セルA2〜D5
#集計	集計行	セルA6〜D6
@	この行	---

　テーブルの列は、列名を角カッコで囲んで表します。例えば、「売上」列は「[売上]」と表します。テーブルの外のセルから参照する場合は、先頭にテーブル名を付けて「テーブル 1[売上]」とします。「C2:C5」のようなセル参照の場合、表の行数が増減したときにセル参照を修正する必要がありますが、「[売上]」と入力すれば常にテーブル内の「売上」列全体を参照できるので便利です。

　同じ行のセルは列名の前に「@」を付けて「[@ 売上]」と表せます。例えばセル D2 に入力した「[@ 売上]」は、セル D2 と同じ行の「売上」列のセルを表します。「[売上]」や「[@ 売上]」などの構造化参照は、参照先のセルをドラッグまたはクリックすれば簡単に入力できます。

▶構造化参照の例

指定例	説明	対応するセル
テーブル 1	テーブルのデータのセル範囲	セル A2～C5
テーブル 1[売上]	売上列のデータのセル	セル C2～C5
テーブル 1[@ 売上]	売上列の現在行のセル	セル C2（現在行が 2 の場合）
テーブル 1[[# すべて],[売上]]	売上列のすべてのセル	セル C1～C6
テーブル 1[[# 見出し],[売上]]	売上列の見出しのセル	セル C1
テーブル 1[[# 集計],[売上]]	売上列の集計行のセル	セル C6
テーブル 1[[# 見出し],[# データ],[売上]]	売上列の見出しとデータのセル	セル C1～C5
テーブル 1[[ID]:[売上]]	ID 列から売上列までのデータのセル	セル A2～C5

▶構造化参照の使用例

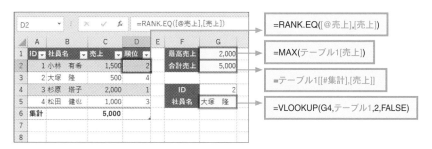

ワイルドカードって何？

　Excel には引数に検索条件を指定する関数が複数あります。「○○を含む文字列」のような条件で検索したいときは、「ワイルドカード文字」を使用します。ワイルドカードとは、トランプのジョーカーのようなものです。ジョーカーがあらゆる札の代用にできるのと同様、ワイルドカード文字はあらゆる文字の代用として指定できます。

▶ワイルドカード文字

ワイルドカード文字	説明
＊（アスタリスク）	0 文字以上の任意の文字列
？（疑問符）	任意の 1 文字
～（チルダ）	次に続くワイルドカード文字を文字として扱う （日本語入力をオフにして [Shift] キーを押しながらひらがなの「へ」のキーを押して入力する）

　例えば「＊県」という条件は「0 文字以上の文字列＋県」という意味なので、「県で終わる文字列」と解釈できます。「＊県」の条件でデータを検索した場合、「三重県」「和歌山県」のように末尾に県が付く文字列がヒットします。「???県」という条件の場合は、「3 文字＋県」という意味なので、「和歌山県」はヒットしますが「三重県」は対象外となります。

▶ワイルドカード文字の使用例

（※「県、近県、三重県、和歌山県、県境、県立、県議会、三重県庁、＊県」から検索）

使用例	意味	該当データ
＊県	「県」で終わる文字列	県、近県、三重県、和歌山県、＊県
??県	2 文字＋「県」の文字列	三重県
県＊	「県」で始まる文字列	県、県境、県立、県議会
県？	「県」＋1 文字の文字列	県境、県立
＊県＊	「県」を含む文字列	県、近県、三重県、和歌山県、県境、県立、県議会、三重県庁、＊県
～＊県	「＊県」に一致する文字列 （1 文字目が「＊」、2 文字目が「県」）	＊県

配列定数って何？

「配列定数」とは、値を並べた仮想的な表のことです。列をカンマ「,」、行をセミコロン「;」で区切り、全体を中カッコ「{}」で囲んで指定します。

指定例	説明
{1,2,3,4}	1行4列の配列定数
{1;2;3;4}	4行1列の配列定数
{1,2,3,4;10,11,12,13}	2行4列の配列定数

関数の中には、引数にセル範囲を指定する代わりに配列定数を指定できるものがあります。下図では、VLOOKUP関数の2番目の引数に配列定数を指定しています。わざわざシートに引数用の表を作成したくないときに、配列定数で済ませることができます。

| C3 | ▼ | × ✓ fx | =VLOOKUP(B3,{"総務部",7701;"営業部",7702;"企画部",7703},2,FALSE) |

	A	B	C	D	E	F	G	H	I	J	K	L
1		新入社員名簿										
2	氏名	部署	内線番号									
3	伊藤 優斗	営業部	7702									
4	勝俣 弘樹	企画部	7703									
5	杉浦 夏子	営業部	7702									
6	竹下 由紀	総務部	7701									
7												

=VLOOKUP(B3,{"総務部",7701;"営業部",7702;"企画部",7703},2,FALSE)

この配列定数「{"総務部",7701;"営業部",7702;"企画部",7703}」は、下図の3行2列のセルE3〜F5と同じ役割をします。

| C3 | ▼ | × ✓ fx | =VLOOKUP(B3,$E$3:$F$5,2,FALSE) |

	A	B	C	D	E	F	G	H	I	J	K	L	M
1		新入社員名簿			内線番号簿								
2	氏名	部署	内線番号		部署名	内線番号							
3	伊藤 優斗	営業部	7702		総務部	7701							
4	勝俣 弘樹	企画部	7703		営業部	7702							
5	杉浦 夏子	営業部	7702		企画部	7703							
6	竹下 由紀	総務部	7701										
7													

「{"総務部",7701;"営業部",7702;"企画部",7703}」と等価

配列数式って何？

前ページで配列定数を紹介しましたが、そもそも「配列」とは複数の値を縦横に並べた値のセットのことです。配列を1セットの値として扱う Excel の数式を「配列数式」と呼びます。ここでは簡単な例を使用して配列数式の考え方を解説します。

配列と値の計算を行う

配列と単一の値で四則演算を行うと、配列の各要素と値の間で計算が行われ、もとの配列と同じ行数・列数の配列が返されます。例えば、3行1列の配列と単一の値の掛け算では3行1列の配列が返されます。また、1行3列の配列と単一の値の掛け算では1行3列の配列が返されます。

配列と値の掛け算
100
200
300
×
0.1
10
20
30
(100×0.1)
(200×0.1)
(300×0.1)

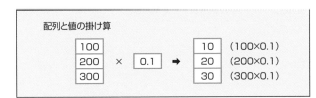

3行1列の配列と「0.1」という値を掛け算すると、3行1列の配列が返される。

Excel ではシートに入力したデータを配列として扱えます。上図の計算を Excel で行うには、あらかじめ結果として返される配列と同じ行数・列数のセル範囲を選択しておきます。数式を入力して Ctrl + Shift + Enter キーを押すと、数式が配列数式として確定されます。配列数式は、自動的に数式全体が中カッコ「{}」で囲まれます。

▶配列数式を入力する

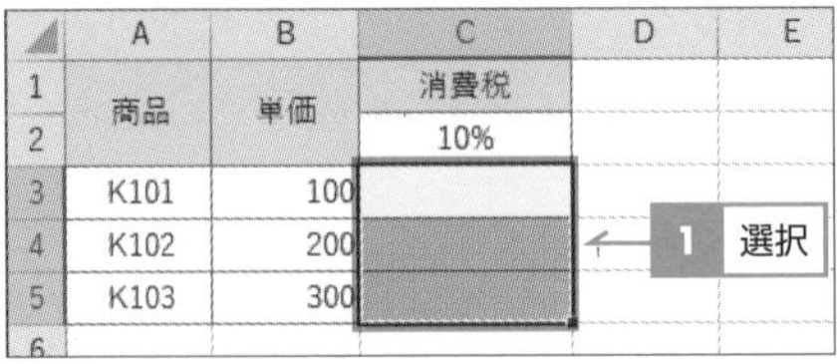

A
B
C
D
E
1
2
3
4
5
6
商品
単価
消費税
10%
K101
100
K102
200
K103
300
1 選択

ここではセル B3～B5 を配列として、セル C2 の値と掛け算する。計算結果は3行1列の配列となるので、あらかじめ同じサイズのセル範囲を選択しておく。

「=B3:B5*C2」と入力する。「B3:B5」と「C2」はそれぞれセルのドラッグやクリックで入力すればよい。入力できたら、[Ctrl] + [Shift] + [Enter] キーを押す。

数式が中カッコで囲まれて配列数式として入力され、計算結果が表示された。選択していたすべてのセルに同じ配列数式が入力される。

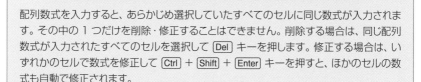

Column 配列数式の編集

配列数式を入力すると、あらかじめ選択していたすべてのセルに同じ数式が入力されます。その中の1つだけを削除・修正することはできません。削除する場合は、同じ配列数式が入力されたすべてのセルを選択して [Del] キーを押します。修正する場合は、いずれかのセルで数式を修正して [Ctrl] + [Shift] + [Enter] キーを押すと、ほかのセルの数式も自動で修正されます。

Column Microsoft 365 ではスピルが使える

Microsoft 365 では、「スピル」という新機能により配列数式を使わなくても配列の計算を行えます。ここで紹介した配列数式と同じ計算を行う場合、セル C3 だけを選択して「=B3:B5*C2」と入力し、[Enter] キーを押すだけで、自動的にセル C4〜C5 にも同じ数式が入力されます。あらかじめ結果のセル範囲を選択しておく必要がなく、通常の数式の感覚で入力できるので便利です。スピル機能は、P260 で紹介します。
なお、複数のバージョンで同じブックを使う場合は、スピルを使わずに配列数式を使用するのが無難でしょう。

📘 配列と配列の計算を行う

　行数と列数が同じ配列同士で四則演算を行うと、同じ位置にある要素同士で計算が行われ、元の配列と同じ行数・列数の配列が返されます。

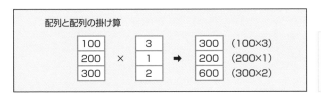

3行1列の配列同士を掛け算すると、3行1列の配列が返される。

▶配列数式を入力する

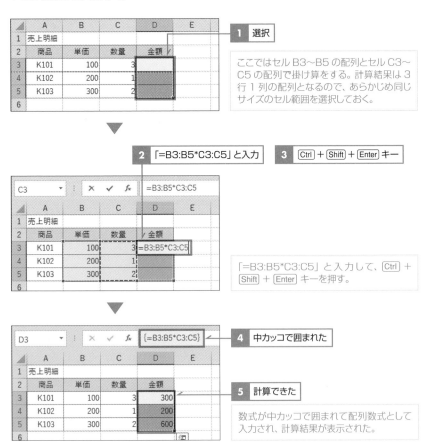

1 選択

ここではセルB3〜B5の配列とセルC3〜C5の配列で掛け算をする。計算結果は3行1列の配列となるので、あらかじめ同じサイズのセル範囲を選択しておく。

2 「=B3:B5*C3:C5」と入力　　**3** [Ctrl] + [Shift] + [Enter] キー

「=B3:B5*C3:C5」と入力して、[Ctrl] + [Shift] + [Enter] キーを押す。

4 中カッコで囲まれた

5 計算できた

数式が中カッコで囲まれて配列数式として入力され、計算結果が表示された。

📖 関数の引数に配列を指定する

引数に配列を指定できる関数があります。例えばSUM関数の引数に配列を指定すると、配列の要素の合計が計算されます。配列の行数・列数にかかわらず、SUM関数の結果は単一の値となるので、配列数式を入力する際はセルを1つ選択してから入力します。

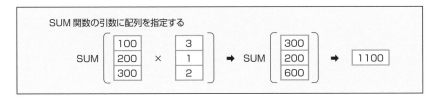

SUM関数の引数に配列を指定すると、配列の要素の合計が求められる。

▶配列数式を入力する

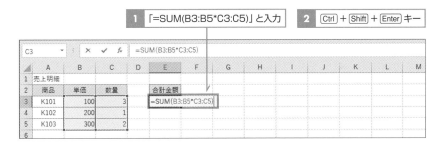

合計欄のセルを1つ選択して、「=SUM(B3:B5*C3:C5)」と入力し、[Ctrl] + [Shift] + [Enter] キーを押す。

数式が中カッコで囲まれて配列数式として入力され、計算結果が表示された。

配列の計算を行う際にどの要素とどの要素の間で計算が行われるのか、また、どのようなサイズの配列が返されるのかを知っておきましょう。

①列と値の計算 ➡ 配列と同じサイズの配列が返る

10	20	30

+

1

➡

10+1	20+1	30+1

②同じサイズの配列同士の計算 ➡ 同じサイズの配列が返る

10	40
20	50
30	60

+

1	4
2	5
3	6

➡

10+1	40+4
20+2	50+5
30+3	60+6

③配列Aと「1行×Aと同じ列数」の配列の計算 ➡ 配列Aと同じサイズの配列が返る

10	40
20	50
30	60

+

1	2

➡

10+1	40+2
20+1	50+2
30+1	60+2

④配列Aと「Aと同じ行数×1列」の配列の計算 ➡ 配列Aと同じサイズの配列が返る

10	40
20	50
30	60

+

1
2
3

➡

10+1	40+1
20+2	50+2
30+3	60+3

⑤○行1列の配列と1行△列の配列の計算 ➡ ○行△列の配列が返る

10
20
30

+

1	2	3

➡

10+1	10+2	10+3
20+1	20+2	20+3
30+1	30+2	30+3

⑥○行△列の配列と●行▲列の配列の計算
➡ 「○と●の大きい方の行数×△と▲の大きい方の列数」の配列が返る
　計算の相手がいないセル（下図のグレーのセル）は「#N/A」エラーになる

10	40
20	50
30	60

+

1	3	5
2	4	6

➡

10+1	40+3	？+5
20+2	50+4	？+6
30+？	60+？	？+？

エラー値って何?

　数式の計算が正しく行えないときに表示される「#」で始まる記号を「エラー値」と呼びます。エラー値はエラーの原因を探る手掛かりとなります。

▶エラー値の種類

エラー値	説明
#NULL!	半角空白の参照演算子を使って指定した 2 つのセル範囲に共通部分がない場合に表示される。例えば、セルに「=A2:C2 E1:E4」という数式を入力した場合、セル A2〜C2 とセル E1〜E4 に共通部分がないので「#NULL!」エラーになる。
#DIV/0!	計算過程に除算が含まれる数式において、0 または空白セルによる除算が行われた場合に表示される。例えば、セル B3 の値が 0 または空白の場合、「=C3/B3」という数式は「#DIV/0!」エラーになる。
#VALUE!	数値を指定すべきところに文字列を指定したり、単一セルを指定すべきところにセル範囲を指定した場合など、データの種類を間違えたときに表示される。例えば、セル C3 に文字列が入力されている場合、「=B3+C3」という数式は「#VALUE!」エラーになる。
#REF!	数式中のセル参照が無効のときに表示される。例えば、「=B3+C3」という数式を入力したあとでセル B3 をセルごと削除すると、数式は「=#REF!+C2」となり、セルに「#REF!」エラーが表示される。
#NAME?	定義されていない関数名や名前を使用したときに表示される。文字列を「"」で囲み忘れたり、関数名のつづりを間違えたりすることが一因。例えば、SUM 関数のつづりを間違えて「=SAM(A1:A3)」と入力すると「#NAME?」エラーになる。
#NUM!	使用できる範囲外の数値を指定したり、反復計算を行う関数の解が見つからないときに表示される。例えば、「=MONTH(3000000)」のように、Excel で扱える日付の上限を超えるシリアル値を MONTH 関数の引数に指定すると「#NUM!」エラーになる。
#N/A	値が未定であることを示す。VLOOKUP 関数で検索値が見つからない場合や、配列数式を入力するセルを余分に指定してしまったときなどに表示される。
#GETTING_DATA	キューブ関数で計算に時間がかかっているときに一時的に表示される。
# SPILL!　または # スピル !	スピル機能により入力されるゴーストのセル範囲に、別のデータが入力されている場合に表示される。
#FIELD!	株式データ型または地理データ型で、参照したフィールドが存在しない場合などに表示される。
# CALC!	動的配列数式で、空の配列が返される場合などに表示される。

02 思い通りに条件分岐させる

 知らなきゃ始まらない条件分岐の基本関数

ここでは条件分岐の基本関数である IF 関数、AND 関数、OR 関数を紹介します。IF 関数は、条件が成立する場合としない場合とで返す値を切り替えます。次の例では、セル B3 の賃料が 80,000 円以下の場合に「○」、そうでない場合に「×」を表示します。条件は「B3<=80000」となります。

▶**80,000 以下に「○」、そうでない場合に「×」を表示する**

C3		×✓ fx	=IF(B3<=80000,"○","×")									
	A	B	C	D	E	F	G	H	I	J	K	L
1		物件リスト										
2	物件NO	賃料	判定									
3	1001	92,000	×	← =IF(B3<=80000," ○ "," × ")								
4	1002	67,000	○									
5	1003	135,000	×	← コピー								
6	1004	80,000	○									

AND 関数を使うと、すべての条件が成立するかどうかで返す値を切り替えられます。下図では、「専有面積が 50 以上」「築年数が 10 年未満」という両方の条件が成立する物件にのみ「○」を表示します。どちらか 1 つの条件しか成立しない場合や両方が不成立の場合は「×」が表示されます。

▶**「専有面積が 50 以上」かつ「築年数が 10 年未満」に「○」を表示する**

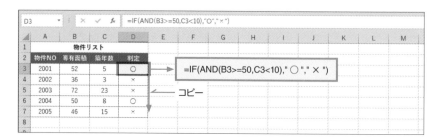

D3		×✓ fx	=IF(AND(B3>=50,C3<10),"○","×")									
	A	B	C	D	E	F	G	H	I	J	K	L	M
1		物件リスト										
2	物件NO	専有面積	築年数	判定								
3	2001	52	5	○	← =IF(AND(B3>=50,C3<10)," ○ "," × ")							
4	2002	36	3	×								
5	2003	72	23	×	← コピー							
6	2004	50	8	○								
7	2005	46	15	×								

　複数の条件のうち1つでも成立していればOKとしたいときはOR関数を使用します。次の例では、「駐輪場がある」または「バイク置場がある」という物件に「○」を表示します。両方が不成立の場合にのみ「×」が表示されます。

▶「駐輪場がある」または「バイク置場がある」に「○」を表示する

| D3 | | × ✓ fx | =IF(OR(B3="有",C3="有"),"○"," × ") |

	A	B	C	D	E
1		物件リスト			
2	物件NO	駐輪場	バイク置場	判定	
3	3001	有	---	○	
4	3002	有	有	○	
5	3003	---	---	×	
6	3004	---	有	○	
7	3005	有	---	○	
8					

=IF(OR(B3=" 有 ",C3=" 有 "),"○"," × ")

コピー

Memo

隣接する列にデータが入力されている場合、先頭のセルに数式を入力してフィルハンドルをダブルクリックすると、自動で表の下端まで数式がコピーされます。フィルハンドルをドラッグするより簡単です。

=IF(論理式 , [真の場合], [偽の場合])

　論理式…TRUEまたはFALSEの結果を返す条件式を指定
　真の場合…「論理式」がTRUEの場合に返す値や式を指定。何も指定しない場合は0が返される
　偽の場合…「論理式」がFALSEの場合に返す値や式を指定。何も指定しない場合は0が返される
「論理式」がTRUEのときに「真の場合」、FALSEのときに「偽の場合」を返す。「真の場合」と「偽の場合」を指定しない場合でも、「論理式」のあとのカンマは必要。

=AND(論理式 1, [論理式 2], …)

　論理式…TRUEまたはFALSEの結果を返す条件式を指定
すべての「論理式」がTRUEの場合に戻り値はTRUE、1つでもFALSEがあれば戻り値はFALSEとなる。「論理式」は255個まで指定できる。

=OR(論理式 1, [論理式 2], …)

　論理式…TRUEまたはFALSEの結果を返す条件式を指定
少なくとも1つの「論理式」がTRUEであれば戻り値はTRUE、すべての「論理式」がFALSEの場合に戻り値はFALSEとなる。「論理式」は255個まで指定できる。

IF 関数で失敗しないための数値の比較のポイント

IF 関数で数値の条件判定を行う場合の注意点を見ていきましょう。

📓 文字や空白セルの混入に注意

IF 関数を使用して数値を判定する際に、数値が入力されているはずのセルに文字列が入力されていたり、何も入力されていなかったりすると、おかしな判定結果を招くことがあります。

左下の図では得点が 70 点以上の場合に「合格」と表示していますが、得点欄に文字列が入力されている場合にも「合格」と表示されてしまいます。

▶数値が入力されていないとおかしな判定になる

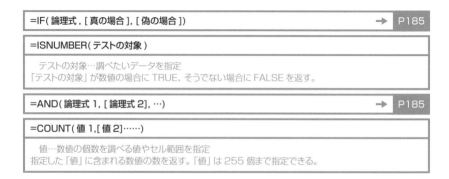

このような事態を避けるには、IF 関数をネストして「セルに数値が入力されている」という条件判定を追加します。数値が入力されているかどうかを調べるには、ISNUMBER 関数を使用します。

ISNUMBER 関数は、引数に指定した値が数値であるときに TRUE を返します。引数には単一の値または単一のセルを指定します。

=IF(論理式 , [真の場合], [偽の場合])	→ P185

=ISNUMBER(テストの対象)

テストの対象…調べたいデータを指定
「テストの対象」が数値の場合に TRUE、そうでない場合に FALSE を返す。

=AND(論理式 1, [論理式 2], …)	→ P185

=COUNT(値 1,[値 2]……)

値…数値の個数を調べる値やセル範囲を指定
指定した「値」に含まれる数値の数を返す。「値」は 255 個まで指定できる。

▶ISNUMBER 関数を使用して対策する

```
=IF(ISNUMBER(B3),IF(B3>=70," 合格 "," 不合格 "),"---")
```

▲	A	B	C	D	E	F	G
1	研修終了試験		合格：70点以上				
2	受験者	得点	合否				
3	岡崎　歩美	45	不合格				
4	金子　智也	80	合格				
5	吉田　秀行	欠席	---				
6							

→ 数値の場合は合否が判定される

→ 文字列の場合は「---」が表示される

　「数値が3つ入力されている場合に合否を判定したい」というようなときは、COUNT 関数を使います。COUNT 関数は、数値の個数を返す関数です。COUNT 関数の戻り値が「3」であれば、数値が3つ入力されていると判断できます。

　下図では、3科目の得点がすべて70以上の場合に「合格」と表示します。3科目の数値が揃っていない場合は「---」と表示します。

▶COUNT 関数を使用して対策する

```
=IF(COUNT(B3:D3)=3,IF(AND(B3>=70,C3>=70,D3>=70)," 合格 "," 不合格 "),"---")
```

▲	A	B	C	D	E	F	G
1	研修終了試験			合格：全科目70点以上			
2	受験者	文書作成	表計算	プレゼン	合否		
3	北沢　ルミ	45	75	80	不合格		
4	野村　誠	80	70	75	合格		
5	古宇田　健	70	80	欠席	---		
6	山本　優菜	欠席	欠席	欠席	---		
7							

→ 数値が3つ揃っている
場合は合否が判定される

→ 数値が3つ揃っていない
場合は「---」が表示される

　ISNUMBER 関数のように値の種類を調べる関数は複数あります。関数名の先頭に「IS」が付くことから「IS 関数」と呼ばれます。

▶主な IS 関数

関数	TRUE を返すデータ
ISBLANK(テストの対象)	空白セル（未入力のセル）
ISERROR(テストの対象)	エラー値
ISNUMBER(テストの対象)	数値、日付、時刻
ISTEXT(テストの対象)	文字列

演算誤差を含む数値の比較に注意

　小数の計算結果には誤差が含まれる可能性があるので、IF 関数で小数の比較をする場合、まれに結果が合わないことがあります。

　下図を見てください。製品の性能テストを 2 回行い、測定結果の差を求めています。さらに IF 関数を使用して、求めた差が「0.1」以上の場合に「○」、そうでない場合に「×」を表示しています。製品 A は測定結果の差が「0.1」であるにもかかわらず、結果は「×」となっています。

▶セル D3 の値は「0.1」なのに「D3>=0.1」が成立しない

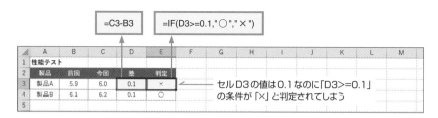

　D 列の幅を広げて「ホーム」タブの「小数点以下の表示桁数を増やす」ボタンを何度かクリックすると、隠れていた誤差を確認できます。セル D3 をコピーして空いているセルに値の貼り付けをする方法でも、数式バーで誤差を確認できます。製品 A の値は「0.0999999999999996」と「1.0」よりわずかに小さいので判定結果が「×」となってしまっていたのです。

▶小数の計算結果には演算誤差が生じる可能性がある

	A	B	C	D	E	F	G	H	I	J	K	L
1	性能テスト											
2	製品	前回	今回	差	判定							
3	製品A	5.9	6.0	0.0999999999999996	×							
4	製品B	6.1	6.2	0.1000000000000010	○							
5												

小数点以下を表示すると隠れていた演算誤差が現れる

　このような演算誤差は、IF 関数による条件判定や VLOOKUP 関数による検索で間違った結果をもたらす可能性があるので要注意です。もっとも簡単な対策は、小数を使わないことです。Excel の有効桁数である 15 桁を超えない限り整数の比較は正しく行えるので、測定結果を整数で入力しておけば IF 関数も期待したとおりの結果になります。

▶最初から整数で比較すれば演算誤差の問題は発生しない

=IF(D3>=1,"○","×")

最初から整数で入力しておく

▲	A	B	C	D	E	F	G	H	I	J	K	L	M
1	性能テスト				単位：10倍								
2	製品	前回	今回	差	判定								
3	製品A	59	60	1	○								
4	製品B	61	62	1	○								

◀── 整数同士の差を「1」と比較すれば正確な結果になる

　小数を使用したうえで誤差対策を行うには、小数を 10 倍、100 倍などと
したあと ROUND 関数で小数点以下を四捨五入してから IF 関数で比較しま
す。ROUND 関数は「数値」「桁数」の 2 つの引数を持ちます。引数「桁数」
に「0」を指定すると「数値」の小数点以下を四捨五入できます。

　今回の例では、「0.0999…」を 10 倍の「0.999…」にして四捨五入すると「1」
になります。IF 関数を使用してこの数値と「1」を比較すれば、正しい結果
が得られます。

▶10 倍して ROUND 関数で整数化して比較する

=IF(ROUND(D3*10,0)>=1,"○","×")

▲	A	B	C	D	E	F	G	H	I	J	K	L	M
1	性能テスト												
2	製品	前回	今回	差	判定								
3	製品A	5.9	6.0	0.1	○								
4	製品B	6.1	6.2	0.1	○								

◀── 小数の差を整数化してから「1」
　　 と比較すれば正確な結果になる

=ROUND (数値 , 桁数)

　数値…四捨五入の対象となる数値を指定
　桁数…四捨五入の桁数を指定。「0」を指定すると小数点以下が四捨五入される
「数値」を四捨五入した値を返す。処理対象の位は「桁数」で指定する。

引数「桁数」と四捨五入の処理対象の位の対応

桁数	処理対象の位	使用例	戻り値
2	小数点第 3 位	=ROUND(123.456,2)	123.46
1	小数点第 2 位	=ROUND(123.456,1)	123.5
0	小数点第 1 位	=ROUND(123.456,0)	123
-1	一の位	=ROUND(123.456,-1)	120
2	十の位	=ROUND(123.456,-2)	100

誤差対策には微小値を使う方法もあります。比較結果に影響を及ぼさない程度の小さな数値を足したり引いたりして、誤差を含む数値を補正する方法です。通常は、補正対象の数値の単位の10分の1か100分の1程度の微小値を使います。

　今回の例では、セルD3の引き算の結果が「0.1」単位なので、「0.1」の10分の1の「0.01」を微小値として使用します。

▶微小値を加えてから比較する

=IF(D3+0.01>=0.1,"○","×")

	A	B	C	D	E	F	G	H	I	J
1	性能テスト									
2	製品	前回	今回	差	判定					
3	製品A	5.9	6.0	0.1	○					
4	製品B	6.1	6.2	0.1	○					
5										

←　微小値を加えれば「0.1」との比較で正確な結果になる

　「D3>=0.1」という比較において、誤差が問題になるのはセルD3の本来の値が「0.1」で、なおかつ計算結果が「0.1」よりわずかに小さい数値になった場合です。本来の値が「0.2」「0.0」の場合は誤差があっても「D3>=0.1」は正しく判定されますし、「0.1」よりわずかに大きい値も正しく判定されます。したがって、セルD3に微小値を加えて「0.1」よりわずかに小さい値を「0.1」以上の値に補正すれば、「D3>=0.1」という比較を常に正しく行えるというわけです。

　今回の比較は「D3>=0.1」でしたが、「D3<=0.1」の場合は微小値を引いて「D3-0.01<=0.1」とします。

　また、「D3=0.1」を判定する場合はセルD3の値と「0.1」の差が微小値より小さいことを条件とします。それには、絶対値を求めるABS関数を使用して、「ABS(D3-0.1)<0.01」のように条件式を立てます。反対に、「D3<>0.1」を判定する場合は、「ABS(D3-0.1)>=0.01」とすればよいでしょう。

=ABS(数値)

　数値…絶対値を求める数値を指定
「数値」の絶対値（プラスやマイナスの符号を取り除いた数値）を求める。

Chapter 1

Chapter 2

Chapter 3

Chapter 4

Chapter 5

Chapter 6

付録

Column 「表示桁数で計算する」オプションの利用

「表示桁数で計算する」というオプションを使用した誤差対策もあります。通常はセルに表示形式を設定しても、セルの値そのものは変わりません。しかしこのオプションを有効にすると、表示形式が適用されている数値や計算結果が自動的に見た目どおりの大きさの数値に変わります。

	A	B	C	D	E	F	G	H	I	J
1	性能テスト									
2	製品	前回	今回	差	判定					
3	製品A	5.9	6.0	0.1	×					
4	製品B	6.1	6.2	0.1	○					
5										

1 「小数点以下が1桁表示されるように表示形式を設定しておく

2 「Excelのオプション」ダイアログボックスを開き「詳細設定」をクリックする

3 「表示桁数で計算する」にチェックを付ける

Microsoft Excel
データの正確さが失われます。元に戻すことはできません。
OK

4 クリック

	A	B	C	D	E	F	G	H	I	J
1	性能テスト									
2	製品	前回	今回	差	判定					
3	製品A	5.9	6.0	0.1	○					
4	製品B	6.1	6.2	0.1	○					
5										

5 見た目は **1** の図と同じだが、実際には小数点第2位以降に隠れていた演算誤差が消えている

6 正しい判定結果に変わる

上図の手順 **4** のメッセージは、このオプションを有効にするとデータが変化し、元に戻せないことを警告するものです。ブック単位の設定なので、ほかのシートの数値もデータが変化する可能性があります。十分注意してください。

IF 関数で失敗しないための日付や時刻の比較のポイント

IF 関数で日付や時刻の条件判定を行う場合のポイントを紹介します。

📖 日付の文字列は比較に使用できない

日付の文字列は、「="2021/4/1"+1」のような数式では自動的に日付に変換されて正しく計算できますが、IF 関数の比較に使うとおかしな判定結果になります。

▶日付の文字列と比較するとおかしな判定になる

=IF(A1="2021/4/1","等しい","等しくない")

B1		×	✓	fx	=IF(A1="2021/4/1","等しい","等しくない")

「"2021/4/1"」は文字列と見なされるのでセル A1 の日付と正しく比較できない

▲	A	B	C
1	2021/4/1	等しくない	
2			

正しく比較するには、「DATE(2021,4,1)」のように DATE 関数を使用して日付を作成して比較します。もしくは、日付の文字列をシリアル値に変換して比較してもよいでしょう。日付の文字列に数値の「1」を掛けると、強制的に数値（シリアル値）に変換できます。

▶DATE 関数で日付として比較するか数値に変換して比較

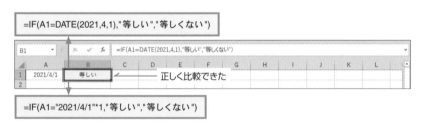

=IF(A1=DATE(2021,4,1),"等しい","等しくない")

正しく比較できた

=IF(A1="2021/4/1"*1,"等しい","等しくない")

📖 時刻の比較は小数の誤差に注意

時刻の比較も、考え方は日付の場合と同じです。TIME 関数（→ P426）を使用して時刻として比較するか、「*1」を使って時刻の文字列をシリアル値に変換して比較します。

　ただし、時刻の実体は小数部を含むシリアル値なので、時刻の引き算などの計算結果に演算誤差が発生する可能性があります。そのため、計算結果の時刻を比較する場合、おかしな判定結果になることがあります。

▶時刻の計算結果との比較でおかしな判定になる

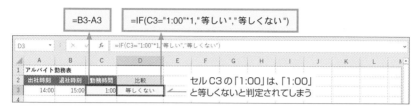

セルC3の「1:00」は、「1:00」と等しくないと判定されてしまう

　正しく比較するには、時刻が整数になるように時、分、秒のいずれかの単位に変換します。今回の例では、「時刻 × 24 × 60」の式を使って分単位に変換し、小数点以下を四捨五入します。

▶時刻を整数化すれば正しく比較できる

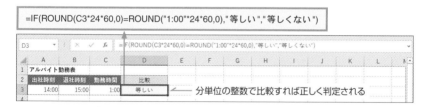

分単位の整数で比較すれば正しく判定される

Memo

24時間がシリアル値の1に対応するので、時刻を時単位にするには時刻に「24」を掛けます。求めた時単位の数値に「60」を掛ければ分単位、さらに「60」を掛ければ秒単位になります。

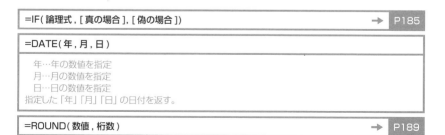

=IF(論理式 , [真の場合], [偽の場合]) ➡ P185

=DATE(年 , 月 , 日)

年…年の数値を指定
月…月の数値を指定
日…日の数値を指定
指定した「年」「月」「日」の日付を返す。

=ROUND(数値 , 桁数) ➡ P189

IF 関数で失敗しないための文字列の比較のポイント

IF 関数で文字列の条件判定を行う場合の条件の指定方法を紹介します。

文字種を区別して／区別せずに比較するには

「＝」を使った文字列の比較では、文字種の違いに注意が必要です。アルファベットの小文字と大文字は同じ文字と判断されますが、全角文字と半角文字、ひらがなとカタカナは異なる文字と判定されます。

▶異なる文字種の比較

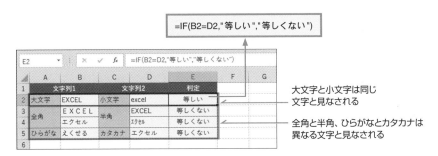

大文字と小文字を異なる文字として比較したい場合は、EXACT 関数を使用します。引数に指定した 2 つの文字列が等しければ TRUE、等しくなければ FALSE を返す関数で、大文字と小文字を区別して比較します。全角と半角、ひらがなとカタカナも区別します。

▶EXACT 関数を使えば異なる文字種を異なる文字として比較できる

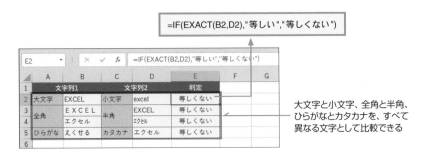

全角文字と半角文字を区別せずに比較したい場合は、比較する文字列を全角または半角文字に統一してから比較します。全角文字に変換するには JIS 関数、半角文字に変換するには ASC 関数を使用します。

▶異なる文字種の比較

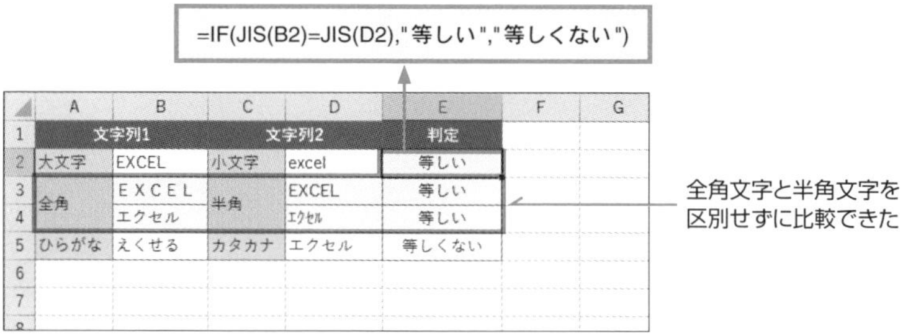

=IF(JIS(B2)=JIS(D2),"等しい","等しくない")

	A	B	C	D	E	F	G
1	文字列1		文字列2		判定		
2	大文字	EXCEL	小文字	excel	等しい		
3	全角	ＥＸＣＥＬ	半角	EXCEL	等しい		
4		エクセル		ｴｸｾﾙ	等しい		
5	ひらがな	えくせる	カタカナ	エクセル	等しくない		
6							
7							

全角文字と半角文字を区別せずに比較できた

上図では「=」で比較したので、大文字と小文字、全角と半角が同じ文字として比較されます。EXACT 関数を使用して「JIS(B2)」と「JIS(D2)」を比較すれば、大文字と小文字は異なる文字、全角と半角は同じ文字として比較できます。

=IF(論理式 , [真の場合], [偽の場合])　　 P185

=EXACT(文字列 1, 文字列 2)

　文字列 1、文字列 2…比較する文字列を指定
「文字列 1」と「文字列 2」が等しい場合は TRUE、等しくない場合は FALSE を返す。英字の大文字と小文字を区別する。

=JIS(文字列)

　文字列…変換元の文字列を指定
「文字列」に含まれる半角文字を全角文字に変換して返す。

Column	**ひらがなとカタカナを区別せずに比較するには**

ひらがなとカタカナを区別せずに同じ文字として比較するには、比較する文字列をひらがなまたはカタカナに統一してから比較します。Excel にはひらがなとカタカナを統一するための関数はありませんが、P226 を参考に統一してください。

■ ワイルドカードを使用して比較するには

IF 関数単独では、ワイルドカード（→ P176）を使用した文字列パターンの比較を行えません。ワイルドカードを使用するには、ワイルドカードに対応する関数を組み合わせる必要があります。

ここでは COUNTIF 関数を使用する方法を紹介します。COUNTIF 関数の引数「条件範囲」に対象のセルを指定し、「条件」にワイルドカード文字を含む文字列パターンを指定します。指定したパターンに一致する場合、戻り値の「1」が返ります。

以下では住所が「東京都 * 区 *」というパターンに一致する場合に「東京23区」と表示します。

▶東京 23 区かどうかを調べる

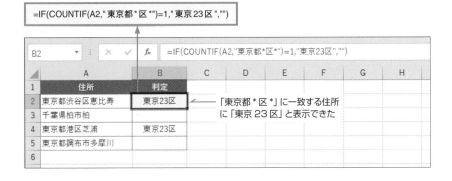

```
=IF(COUNTIF(A2,"東京都 * 区 *")=1,"東京23区","")
```

「東京都 * 区 *」に一致する住所に「東京 23 区」と表示できた

```
=COUNTIF( 条件範囲 , 条件 )
```
 P247

| Column | 「○○で始まる」「○○で終わる」を調べるには |

「○○で始まる」「○○で終わる」のような文字列パターンの判定を行う場合は、LEFT 関数や RIGHT 関数を使用する方法が簡単です。例えば、セル A2 の住所が「東京都で始まる」かどうかを調べるには、LEFT 関数を使用して住所の先頭から 3 文字を取り出し、取り出した文字列が「東京都」と一致するかどうかを判定します。

```
=IF(LEFT(A2,3)=" 東京都 "," ○ ","")
```

配列と組み合わせて AND 条件や OR 条件を簡潔に指定

　AND 関数や OR 関数で指定する論理式が多いと数式が冗長になりますが、配列数式（→ P178）と組み合わせることで数式を簡潔にできることがあります。いくつかの例を紹介します。

📖 連続する複数のセルに同じ条件を指定する

　AND 関数や OR 関数では、条件判定の対象となるセルが連続しており、比較する値が共通の場合は、配列数式と組み合わせることで条件を簡潔に指定できます。下図では「OR(B3:F3>=90)」という条件を使用して、少なくとも 1 科目が 90 点以上の場合に「科目賞」欄に「授与」と表示しています。「B3:F3>=90」の部分は 1 行 5 列の配列と単一の値の論理演算で、論理値を要素とする 1 行 5 列の配列を返します。返された配列を OR 条件で判定しているわけです。ちなみに「OR」を「AND」に変えると全科目が 90 点以上であるかどうかを判定できます。

▶少なくとも 1 科目が 90 点以上なら科目賞を授与する

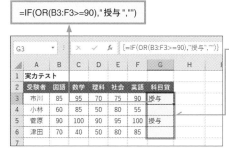

少なくとも 1 科目が 90 点以上の場合に授与と表示

科目賞のセル G3 に数式を入力して Ctrl + Shift + Enter キーで確定する。すると数式が中カッコで囲まれ配列数式となり、少なくとも 1 科目が 90 点以上の場合に「授与」と表示される。この数式をセル G6 までコピーする。

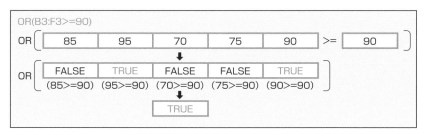

数式バーで「B3:F3>=90」の部分を選択して F9 キーを押すと、返される配列を確認できます。確認が済んだら、Esc キーを押して数式を元に戻してください。

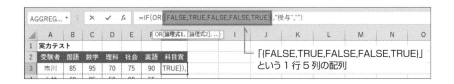

ちなみに配列数式を使用せずに同じ条件判定をする場合、次のような冗長な数式になります。

=IF(OR(B3>=90,C3>=90,D3>=90,E3>=90,F3>=90),"授与","")

▶ショートカットキー

ワークシートの再計算： F9 キー

セル範囲に入力した複数の条件を指定する

単一のセルの比較対象として、セル範囲に入力した複数の値を使用することもできます。下図では、名簿の「都道府県」欄に「東京都」「千葉県」「埼玉県」のいずれかが入力されている顧客に DM を送付するものとして、条件判定をしています。条件の「B3=$E$3:$E$5」の部分は、3つの論理値を要素とする配列を返します。

▶東京都または千葉県または埼玉県の顧客に DM を送付する

=IF(OR(B3=$E$3:$E$5),"送付","")

東京都または千葉県または埼玉県の
顧客に DM を送付する

	A	B	C	D	E
1	顧客名簿				DM送付対象
2	顧客名	都道府県	DM送付		都道府県
3	長谷 浩子	東京都	送付		東京都
4	野川 祐樹	群馬県			千葉県
5	杉原 誠	千葉県	送付		埼玉県
6	落合 美羽	埼玉県	送付		
7	坂東 明菜	栃木県			
8	北沢 秀	静岡県			
9					

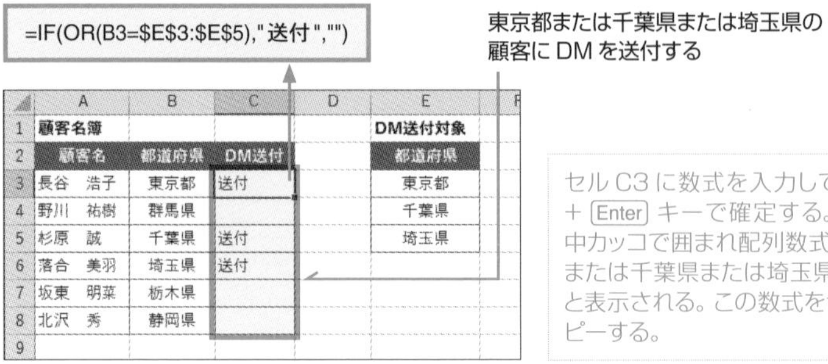

セル C3 に数式を入力して Ctrl + Shift + Enter キーで確定する。すると数式が中カッコで囲まれ配列数式となり、東京都または千葉県または埼玉県の行に「送付」と表示される。この数式をセル C8 までコピーする。

198

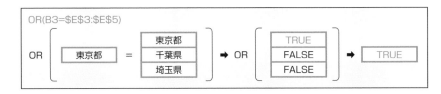

OR(B3=$E$3:$E$5)

同じサイズのセル範囲同士を比較する

　配列数式を使用して同じ行数・列数の2つのセル範囲を比較すると、同じ位置にあるセル同士で比較が行われます。次の例では「AND(A3:B6=D3:E6)」という条件を使用して、同じサイズの2つの表のデータが同一かどうかを調べています。数式バーで「A3:B6=D3:E6」の部分を選択して F9 キーを押すと、

{TRUE,TRUE;TRUE,TRUE;TRUE,FALSE;TRUE,TRUE}

という4行2列の配列を確認できます。3行2列目に「FALSE」が含まれており、AND関数の結果が「FALSE」になることがわかります。

▶2つの表のデータが同一かどうかをチェックする

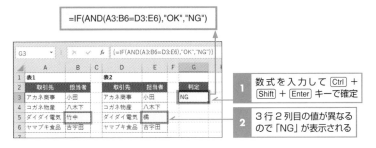

=IF(AND(A3:B6=D3:E6),"OK","NG")

1　数式を入力して Ctrl + Shift + Enter キーで確定

2　3行2列目の値が異なるので「NG」が表示される

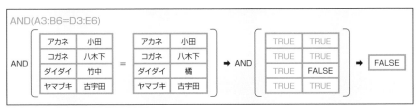

AND(A3:B6=D3:E6)

次の例では「AND(C3:C6>=C4:C7)」という条件を使用して、数値が大きい順に並んでいるかどうかをチェックしています。

▶数値が降順に並んでいるかどうかをチェックする

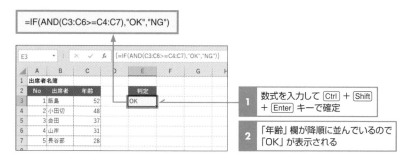

=IF(AND(C3:C6>=C4:C7),"OK","NG")

1 数式を入力して [Ctrl] + [Shift] + [Enter] キーで確定

2 「年齢」欄が降順に並んでいるので「OK」が表示される

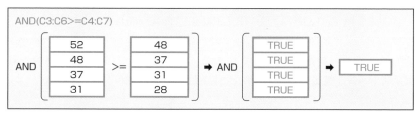

AND(C3:C6>=C4:C7)

AND	52		48				AND		TRUE			TRUE
	48	>=	37	→					TRUE	→		
	37		31						TRUE			
	31		28						TRUE			

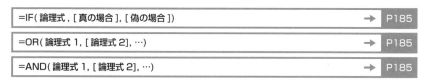

=IF(論理式 , [真の場合], [偽の場合])	→ P185
=OR(論理式 1, [論理式 2], …)	→ P185
=AND(論理式 1, [論理式 2], …)	→ P185

Column 「○行 1 列」と「1 行○列」の範囲を比較するには

3 行 1 列のデータと 1 行 3 列のデータが等しいかどうかをチェックしたいときは、TRANSPOSE 関数（→ P428）を使用して一方の縦横を逆にし、両方の行と列数を揃えてから比較します。

=IF(AND(D3:D5=TRANSPOSE(E2:G2)),"OK","NG")

03 日付や時刻の計算

Chapter 1
Chapter 2
Chapter 3
Chapter 4
Chapter 5
Chapter 6
付録

日付／時刻計算の注意点

Excel の日付／時刻関数は種類が豊富です。関数を上手に使えば、日付や時刻の複雑な計算・加工もスムーズに行えます。ここでは日付や時刻を操作するにあたり知っておきたい基礎知識を固めておきましょう。

関数の引数に日付を指定するには

関数の引数に日付を指定する場合、シリアル値やDATE関数を指定できます。例えば「2021/4/1」を指定する場合、対応するシリアル値の「44287」や「DATE(2021,4,1)」を指定します。ほとんどの関数では、文字列の「"2021/4/1"」も指定できます。次の3つの数式はすべて同じ戻り値を返します。

- ・ =EDATE(44287,1)
- ・ =EDATE(DATE(2021,4,1),1)
- ・ =EDATE("2021/4/1",1)

ただし論理式の中で日付を指定する場合、「A1="2021/4/1"」と指定すると日付ではなく文字列と見なされるので注意してください（→P192）。

関数の戻り値としてシリアル値が返されることがある

日付を求める関数の中には、戻り値を日付で返すものとシリアル値で返すものがあります。例えばDATE関数を入力すると、セルに自動で日付の表示形式が設定され、戻り値の日付が表示されます。

一方、月末日を求めるEOMONTH関数、○カ月後の日付を求めるEDATE関数、○日後の営業日を求めるWORKDAY.INTL関数はシリアル値を返します。日付を求めたつもりのセルに数値が表示されると慌てますが、手動で日付の表示形式を設定すれば正しい結果を表示できます。

マイナスの時刻を表示するには

　Excel の標準の状態では、マイナスの日付や時刻を扱えません。負数を入力したセルに日付や時刻の表示形式を設定すると、日付や時刻が表示されずに「####」が表示されます。時刻の引き算でも、結果が負になる計算では「####」が表示されます。

▶結果がマイナスになる時刻の引き算では「####」が表示される

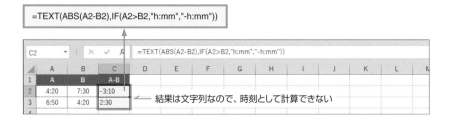

　日付同士の減算の結果は日数なので、日付として表示できなくても問題ないでしょう。しかし、時刻同士の減算の結果は時間なので、時刻の形式で表示したいこともあるでしょう。ここでは、負の時刻を表示させる3通りの方法を紹介します。いずれの方法も一長一短ですが、それを踏まえて使い分けてください。

　1つ目は、負の時刻を文字列として表示する方法です。ABS 関数を使用して「A2-B2」の絶対値（正負の符号を取り除いた数値）を求めると、正のシリアル値が求められます。IF 関数と TEXT 関数を使用して、求めたシリアル値に「h:mm」または「-h:mm」の表示形式を適用します。結果は文字列なので、計算には使用できません。しかし計算に使う必要がない場合は、この方法が簡単でしょう。左揃えで表示されるので、必要に応じて右揃えを設定してください。

▶負の時刻を文字列として表示する

```
=TEXT(ABS(A2-B2),IF(A2>B2,"h:mm","-h:mm"))
```

Chapter 1

Chapter 2

Chapter 3

Chapter 4

Chapter 5

Chapter 6

付録

　2つ目は、条件付き書式を使用する方法です。ABS関数を使用して「A2-B2」の正のシリアル値を求め、「h:mm」の表示形式を設定しておきます。P144を参考に「=A2<B2」という条件を入力し、その条件が成立する場合の書式として「-h:mm」というユーザー定義の表示形式を設定します。すると、引き算の結果が正の場合は「h:mm」、負の場合は「-h:mm」の表示形式が適用されます。セルの値自体は正の時刻で、計算に使用できます。

▶条件付き書式を使用して負の時刻を表示する

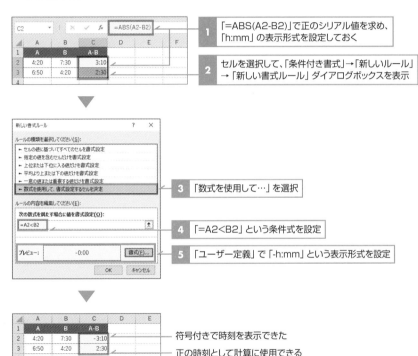

1　「=ABS(A2-B2)」で正のシリアル値を求め、「h:mm」の表示形式を設定しておく

2　セルを選択して、「条件付き書式」→「新しいルール」→「新しい書式ルール」ダイアログボックスを表示

3　「数式を使用して…」を選択

4　「=A2<B2」という条件式を設定

5　「ユーザー定義」で「-h:mm」という表示形式を設定

符号付きで時刻を表示できた

正の時刻として計算に使用できる

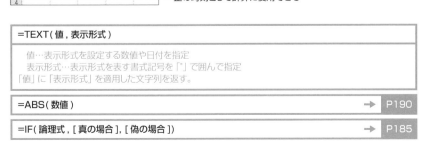

=TEXT (値 , 表示形式)

　値…表示形式を設定する数値や日付を指定
　表示形式…表示形式を表す書式記号を「"」で囲んで指定
「値」に「表示形式」を適用した文字列を返す。

=ABS (数値)　　　　　　　　　　　　　　　　　　　　　　→　P190

=IF (論理式 , [真の場合] , [偽の場合])　　　　　　　　　　→　P185

3つ目は、「Excelのオプション」の設定を変更する方法です。「1904年から開始する」というオプションをオンにすると、結果が負になる時刻の引き算も、負の時刻を使用した計算も可能になります。ただしこのオプションを設定するとシリアル値の「0、1、2…」が「1904/1/1、1904/1/2、1904/1/3…」に割り当てられるので、既にブックに入力されていた日付が4年分ずれてしまうので注意してください。ブック単位の設定なので、新しいブックに設定してから日付の計算をするとよいでしょう。

▶「Excelのオプション」設定を変更して負の時刻を表示する

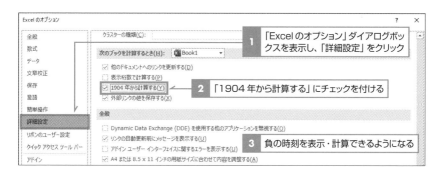

時刻ではなく時間を表示するには

「h:mm」のような時刻の表示形式では、24時以降の時刻をいったん「0:00」に戻して表示します。24時や48時は「0:00」、27時は「3:00」という具合です。27時を「3:00」ではなく「27:00」と表示するには、セルの表示形式を「[h]:mm」に変更します。「[h]」は時間を表す書式記号です。

▶勤務時間の合計を正しく「27:00」と表示したい

P126 を参考に「[h]:mm」というユーザー定義の表示形式を設定すると、「27:00」と表示できる。

　求めた時間を時給と掛け合わせて給与計算をするときにも注意が必要です。時給を1,000円として「1,000*27:00」を計算すると、「27,000」ではなく「1,125」になってしまうのです。これは、「27:00」の実体が「1.125」というシリアル値であることが原因です。シリアル値の「1」は24時間に対応するので、時給を正しく求めるには「1,000*27:00*24」（1,000*1.125*24）と計算します。

▶時給と勤務時間を掛けて給与を計算する

「時給×27:00」では正しく計算できない

「時給×27:00×24」とすれば給与を正しく求められる

| Column | 時間の書式記号 |

「[h]」「[m]」「[s]」は、経過時間をそれぞれ時、分、秒で表示するための書式記号です。例えば、「1:25」（1時25分）が入力されたセルに「[m]」という表示形式を設定すると「85」（85分）と表示できます。

今月末や翌月 10 日の日付を求める

　経理関係の書類などで、特定の日付を基準として今月末や翌月 10 日の日付を求めたいことがあります。月末日を求めるには、EOMONTH 関数を使います。この関数は「開始日」と「月」の 2 つの引数を持ち、「開始日」の「月」数後または「月」数前の月末日を返します。引数「月」によって、どの月の月末日を求めるのかが決まります。

- =EOMONTH(開始日, -2) ：開始日の前々月の月末日を求める
- =EOMONTH(開始日, -1) ：開始日の前月の月末日を求める
- =EOMONTH(開始日, 0) ：開始日と同じ月の月末日を求める
- =EOMONTH(開始日, 1) ：開始日の翌月の月末日を求める
- =EOMONTH(開始日, 2) ：開始日の翌々月の月末日を求める

　「翌月〇日」は「今月末＋〇日」、「翌々月〇日」は「翌月末＋〇日」を計算して求めます。

▶仕入日を基準として今月末と翌月 10 日の日付を求める

EOMONTH 関数の戻り値はシリアル値で表示されるので、別途「日付」の表示形式を設定する必要がある。

=EOMONTH(開始日 , 月)

　開始日…計算の基準となる日付を指定
　月…月数を指定。正数を指定すると「月」数後、負数を指定すると「月」数前の意味になる
「開始日」から「月」数後、または「月」数前の月末日のシリアル値を求める。

20日締めとした場合、今日は何月？

　月の途中に締め日を設けて、1カ月単位で請求額や支払額を集計することがあります。ここでは、「20日までは今月、21日以降は来月」として、クレジットカードの使用日から便宜上の使用月を計算します。例えば、12月15日や12月20日は12月、12月21日や12月26日は1月となります。

　考え方は簡単。使用日から「20日」を引いて前月の日付に調整してから、EDATE関数とMONTH関数を使用してその翌月の月を取り出すだけです。EDATE関数は、引数「開始日」に指定した日付の「○カ月前／後」の日付を求める関数です。

・12月15日　→　「20」を引くと11月25日　→　翌月の月は12月
・12月20日　→　「20」を引くと11月30日　→　翌月の月は12月
・12月21日　→　「20」を引くと12月1日　→　翌月の月は1月
・12月26日　→　「20」を引くと12月6日　→　翌月の月は1月

▶20日を締め日として便宜上の「月」を求める

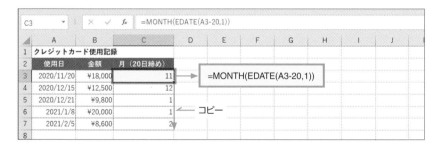

=EDATE(開始日 , 月)

　開始日…計算の基準となる日付を指定
　月…月数を指定。正数を指定すると「月」数後、負数を指定すると「月」数前の意味になる
「開始日」から「月」数後、または「月」数前の日付のシリアル値を求める。

=MONTH(シリアル値)

　シリアル値…日付／時刻データやシリアル値を指定
「シリアル値」が表す日付から「月」にあたる数値を返す。

日月を定休日として営業日／休業日を判定する

　指定した日付が営業日か休業日かを調べるには、NETWORKDAYS.INTL 関数を使用します。この関数は、「開始日」から「終了日」までの営業日数を返します。例えば「開始日」と「終了日」の両方に「2021/11/1」を指定すると、2021/11/1 から 2021/11/1 までの営業日数が求められます。この日数が「1」なら 2021/11/1 は営業日、「0」なら休業日です。

=NETWORKDAYS.INTL(開始日, 終了日, [週末], [祭日])

　ここでは、日曜日と月曜日を定休日として、A 列に入力されている日付が営業日か休業日かを判定します。日曜日と月曜日を定休日とするには、引数「週末」に「2」を指定します。また、引数「祭日」には定休日以外に休日とする日付（ここではセル E2〜E3）を指定します。「週末」と「祭日」に同じ日が重複していても問題ありません。下図のとおり、2021/11/1 は月曜日なので戻り値は「0」、つまり休業日と判断できます。

▶関数の戻り値が「1」なら営業日、「0」なら休業日

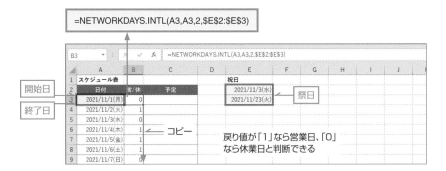

Memo

休日を「1」、平日を「0」として月曜日から日曜日までを「"0001001"」の 7 文字で表し、NETWORKDAYS.INTL 関数の引数「週末」に指定すると、木曜日と日曜日を定休日として計算できます。

　次の図では、IF 関数を併用して休業日にだけ「休」と表示しました。日曜日と月曜日、および祝日に「休」の字が表示されます。なお、見栄えを整えるために中央揃えも設定しました。

▶日曜日と月曜日を定休日として休業日に「休」を表示する

```
=IF(NETWORKDAYS.INTL(A3,A3,2,$E$2:$E$3)=0," 休 ","")
```

B3		fx	=IF(NETWORKDAYS.INTL(A3,A3,2,$E$2:$E$3)=0,"休","")					
	A	B	C	D	E	F	G	H	I

	A	B	C	D	E
1	スケジュール表				祝日
2	日付	営/休	予定		2021/11/3(水)
3	2021/11/1(月)	休			2021/11/23(火)
4	2021/11/2(火)				
5	2021/11/3(水)	休			
6	2021/11/4(木)				
7	2021/11/5(金)				
8	2021/11/6(土)		← コピー		日曜日、月曜日、祝日に
9	2021/11/7(日)	休			「休」が表示された
10	2021/11/8(月)	休			
11	2021/11/9(火)				
12	2021/11/10(水)				
13	2021/11/11(木)				
14	2021/11/12(金)				

```
=NETWORKDAYS.INTL( 開始日 , 終了日 , [ 週末 ], [ 祭日 ])
```

　開始日…開始日の日付を指定
　終了日…終了日の日付を指定。「開始日」以前の日付を指定することも可能
　週末…非稼働日の曜日を下表の数値、または文字列で指定。文字列で指定する場合は稼働日を 0、非稼働日を 1 として、月曜日から日曜日までを 7 文字の文字列で指定する
　祭日…祝日や夏季休暇など、非稼働日の日付を指定。省略した場合は「週末」だけが非稼働日とみなされる
指定した「週末」および「祭日」を非稼働日として「開始日」から「終了日」までの稼働日数を求める。

値	週末の曜日	値	週末の曜日
1	土曜日と日曜日（既定）	11	日曜日のみ
2	日曜日と月曜日	12	月曜日のみ
3	月曜日と火曜日	13	火曜日のみ
4	火曜日と水曜日	14	水曜日のみ
5	水曜日と木曜日	15	木曜日のみ
6	木曜日と金曜日	16	金曜日のみ
7	金曜日と土曜日	17	土曜日のみ

```
=IF( 論理式 , 真の場合 , 偽の場合 )
```
 P185

月初と月末の営業日、営業日数を求める

　月の最初の営業日や月の最後の営業日を求めるには、WORKDAY.INTL関数を使用します。この関数は、「開始日」の「日数」後の営業日を返します。例えば、水曜日を定休日とすると、「2021/4/5（月）」の1営業日後は「4/6（火）」、2営業日後は「4/8（木）」と数えます。

　WORKDAY.INTL関数で水曜日を定休日とするには、引数「週末」に「14」を指定します。また、引数「祭日」には定休日以外に休日とする日付を指定します。

=WORKDAY.INTL(開始日, 日数, [週末], [祭日])

　ここでは水曜日を定休日として月初と月末の営業日を求めます。準備として、表の1列目に各月の日付を入力します。下図では毎月1日の日付を入れましたが、何日でもかまいません。

　月初の営業日を求めるには、EOMONTH関数を使用して各月の前月末日を求めます。求めた日付を「開始日」として、WORKDAY.INTL関数で1営業日後を計算すれば、月初の営業日となります。

　月末の営業日を求めるには、EOMONTH関数を使用して各月の翌月1日を求めます。求めた日付を「開始日」として、WORKDAY.INTL関数で1営業日前を計算すれば、月末の営業日となります。

▶各月の最初と最後の営業日を求める

	A	B	C	D	E	F	G	H	I
1	営業日の計算				休業日一覧				
2	月	最初の営業日	最後の営業日		2021/4/29(木)	昭和の日			
3	2021/4/1				2021/5/3(月)	憲法記念日			
4	2021/5/1				2021/5/4(火)	みどりの日			
5	2021/6/1				2021/5/5(水)	こどもの日			
6	2021/7/1				2021/7/19(月)	海の日			
7	2021/8/1				2021/8/11(水)	山の日			
8	2021/9/1				2021/9/20(月)	敬老の日			
9					2021/9/23(木)	秋分の日			
10		**1** 毎月1日の日付を入力して							
11		「yyyy/m」というユーザー				**2** 定休日以外の休業日を			
12		定義の表示形式を設定する				入力しておく			

210

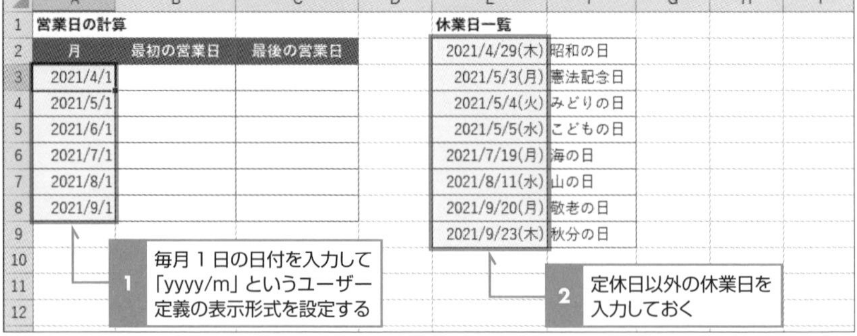

=WORKDAY.INTL(EOMONTH(A3,-1),1,14,$E$2:$E$9)

=WORKDAY.INTL(EOMONTH(A3,0)+1,-1,14,$E$2:$E$9)

B3	▼		× ✓ fx		=WORKDAY.INTL(EOMONTH(A3,-1),1,14,$E$2:$E$9)		
	A	B	C	D	E	F	G
1	営業日の計算				休業日一覧		
2	月	最初の営業日	最後の営業日		2021/4/29(木)	昭和の日	
3	2021/4	2021/4/1(木)	2021/4/30(金)		2021/5/3(月)	憲法記念日	
4	2021/5	2021/5/1(土)	2021/5/31(月)		2021/5/4(火)	みどりの日	
5	2021/6	2021/6/1(火)	2021/6/29(火)		2021/5/5(水)	こどもの日	
6	2021/7	2021/7/1(木)	2021/7/31(土)		2021/7/19(月)	海の日	
7	2021/8	2021/8/1(日)	2021/8/31(火)		2021/8/11(水)	山の日	
8	2021/9	2021/9/2(木)	2021/9/30(木)		2021/9/20(月)	敬老の日	
9					2021/9/23(木)	秋分の日	

WORKDAY.INTL 関数の戻り値はシリアル値なので、「日付」の表示形式を設定すること。曜日を表示させる場合は「ユーザー定義」で「yyyy/m/d(aaa)」と設定する

3 数式を入力してコピー

4 月初と月末の営業日が求められた

=WORKDAY.INTL(開始日 , 日数 , [週末], [祭日])

開始日…開始日の日付を指定
日数…日数を指定。正数を指定すると「開始日」の「日数」後、負数を指定すると「開始日」の「日数」前の稼働日が求められる
週末…非稼働日の曜日を数値または文字列で指定。数値は、P209 の NETWORKDAYS.INTL 関数の表を参照。文字列で指定する場合は、稼働日を 0、非稼働日を 1 として、月曜日から日曜日までを 7 文字の文字列で指定する
祭日…祝日や夏季休暇など、非稼働日の日付を指定。省略した場合は「週末」だけが非稼働日とみなされる
指定した「週末」および「祭日」を非稼働日として「開始日」から「日数」後または「日数」前の稼働日を求める。戻り値はシリアル値になる。

=EOMONTH(開始日 , 月)　　　　　　　　　　　　　　　　　　　➡ P206

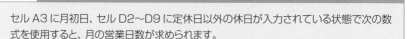

Column　**月の営業日数を求めるには**

セル A3 に月初日、セル D2～D9 に定休日以外の休日が入力されている状態で次の数式を使用すると、月の営業日数が求められます。

=NETWORKDAYS.INTL(A3,EOMONTH(A3,0),14,$D$2:$D$9)

10日締め翌月5日払いの支払日を求める

　クレジットカードの引落日を求めるときなどに、「10日締め翌月5日払い」のような条件で計算することがあります。ここでは、単純に「10日締め翌月5日」を求める方法と、5日が休日の場合に翌営業日に振り替える方法を紹介します。

「10日締め翌月5日」の日付を求める

　「10日締め翌月5日払い」では、購入日が10日以前なら翌月5日、10日よりあとなら翌々月5日が支払日となります。

　支払日を求めるには、購入日が10日以前かどうかで場合分けします。DAY関数を使用して購入日から「日」の数値を取り出し、取り出した数値が10以下かどうかをIF関数で判定します。10以下の場合は「今月末日＋5」の式で翌月5日を求めます。10以下でない場合は「翌月末日＋5」の式で翌々月5日を求めます。月末日はEOMONTH関数で計算します。結果はシリアル値で表示されるので、適宜日付の表示形式を設定してください。

▶10日締め翌月5日払いの支払日を求める

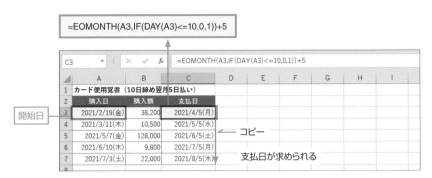

Memo

「IF(DAY(A3)<=10,0,1)」の戻り値は、セルA3の「日」が10以下なら「0」、そうでないなら「1」になります。EOMONTH関数の引数「月」に「0」を指定すると「開始日」の今月末日、「1」を指定すると翌月末日が求められます。

📑「10日締め翌月5日」が休日の場合に翌営業日に振り替える

「10日締め翌月5日払い」という条件で求めた支払日が休日にあたる場合に、支払日を翌営業日に振り替えるには、準備として作業列に「10日締め翌月4日」の日付を求めます。求めた日付は支払日の前日にあたります。その日付を基準に、WORKDAY.INTL関数を使用して1日後の営業日を求めれば、5日が平日の場合は5日、休日の場合は5日以降でもっとも近い営業日が求められます。例えば、2021/6/5は土曜日なので、支払日はその翌営業日の「2021/6/7（月）」と求められます。結果はシリアル値で表示されるので、適宜表示形式を「日付」に変更してください。

▶10日締め翌月5日払いの支払日を求める

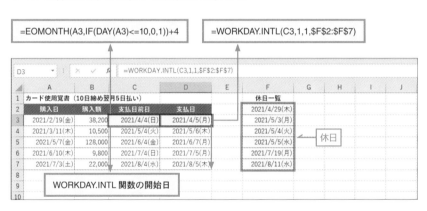

なお、支払日を前営業日に振り替える場合は、作業列に「10日締め翌月6日」の日付を計算し、その日付を基準に、WORKDAY.INTL関数を使用して1日前の営業日を求めます。

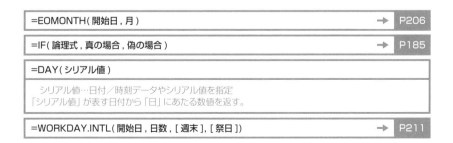

WORKDAY.INTL 関数で曜日操作を制する

Excel の関数は、種類も機能も多彩です。ちょっとした発想の転換と工夫があれば、関数を使ってさまざまな計算を行えます。例えば「○営業日後」の日付を求める WORKDAY.INTL 関数は定休日の曜日を自由に指定できる画期的な関数ですが、本来の機能である営業日を求めるほかに曜日の操作にも威力を発揮します。

下図を見てください。毎月の第 3 木曜日を求めています。正攻法で求めようとすると、月初日の曜日は何曜日か、月初日から最初の木曜日まで何日あるか、などを順を追って計算しなければなりません。しかし WORKDAY.INTL 関数なら簡単。木曜日以外のすべての曜日を定休日に指定して、前月末を「開始日」として 3 営業日後を算出するだけです。2021 年 6 月の第 3 木曜日なら、「2021/5/31」を開始日として 3 営業日後を求めればいいのです。

=WORKDAY.INTL(DATE($A$1,A3,0),3,"1110111")
　　　　　　　前月末日 3営業日後休曜のみ営業

毎月の第 3 木曜日が求められた

木曜日以外すべて定休日とする

同様に、NETWORKDAYS.INTL 関数で、木曜日以外の全曜日を定休日にして月初日から月末日までの営業日数を求めれば、その月に木曜日が何回あるかを計算できます。

=NETWORKDAYS.INTL("2021/6/1","2021/6/30","1110111")

まともに考えると複雑になる計算も、ちょっとした工夫で驚くほど簡単に実行できます。これが Excel の関数の醍醐味でしょう。

Column シリアル値の「なぜ」を紐解くExcelの生い立ち

うるう年を決めるルールをご存じでしょうか。

・西暦が4で割り切れる年をうるう年とする
・例外として西暦が100で割り切れる年はうるう年としない
・さらに例外として西暦が400で割り切れる年はうるう年とする

このルールに基づくと、西暦1900年はうるう年ではありません。しかし、なぜか
Excelでは「1900/2/29」にシリアル値が割り当てられ、存在する日付として扱われ
ています（→ P30）。これは、Windows版Excelが開発された当時の表計算ソフトの
主流が「Lotus 1-2-3」だったことと深く関係しています。Lotusには、1900年をう
るう年とする不具合がありました。後発のExcelは主流のLotusとの互換性を保つた
めに、1900年をうるう年と見なす不具合を意図的に継承したのです。

DATEDIF関数がメニューに表示されないことも、Lotusに関係しています。
DATEDIF関数は、生年月日から年齢を求めるときに使用するとても便利な関数です。
セルA1に生年月日が入力されているとすると、次の式で年齢が求められます。

=DATEDIF(A1,TODAY(),"Y")

DATEDIF関数は元々Lotusの関数で、Lotusとの互換性のために“隠し関数”として
Excelに搭載された経緯があります。そのため「数式」タブの「日付/時刻」の一覧にも、
「関数の挿入」ダイアログボックスにもDATEDIF関数が見当たらないのです。

話をシリアル値に戻しましょう。「1904年から計算する」オプションを設定するとシリア
ル値の開始日が「1904/1/1」にずれますが（→ P204）、そもそもこのオプションは
発売当初のMac版Excelとの互換性を保つためのものです。Windows版より先に開
発されたMac版Excelでは、うるう年の面倒なルールを簡素化するために、例外的な
ルールが適用される1900年ではなく、「4年に1度」という単純なルールが適用され
る1904年をシリアル値の開始日としました。しかし、遅れて開発されたWindows版
ExcelはLotusとの互換性を優先し、Lotusと同じ1900年をシリアル値の開始日と
しました。そしてMac版との互換性を保つ手段として、「1904年から計算する」オプショ
ンを用意したのです。

04　文字列と文字種の操作

余分なスペースやセル内改行を削除する

文字列からスペースやセル内改行を関数で削除する方法を紹介します。

 余計なスペースを削除する

　文字列からスペースをすべて削除したい場合は、「置換」機能を使用する方法が簡単です。一方、単語間のスペースを残したい場合は、TRIM 関数を使用しましょう。引数に指定した文字列の前後から半角 / 全角スペースをすべて削除できます。単語間に複数のスペースが連続している場合は、1 つ目を残して、2 つ目以降が削除されます。下図では、SUBSTITUTE 関数の第 1 引数に TRIM 関数、第 2 引数に半角スペース、第 3 引数に全角スペースを指定して、文字列の単語間のスペースを全角スペースに統一しています。SUBSTITUTE 関数は、第 2 引数の文字列を第 3 引数の文字列で置換する働きをします。関数を入力したセルをコピーして、もとの文字列のセルに値の貼り付け（→ P37）を行えば、もとの文字列自体を修正できます。

▶**単語間に全角スペースを 1 つ残して、ほかのスペースを削除する**

	A	B	C	D	E	F	G
1	文字列	空白削除					
2	鈴木　　孝	鈴木 孝		=SUBSTITUTE(TRIM(A2)," ","　")			
3	斎藤 雅美	斎藤　雅美		単語間に全角スペースを 1 つ残して、			
4	松原　恵一	松原　恵一		ほかのスペースを削除する			
5							

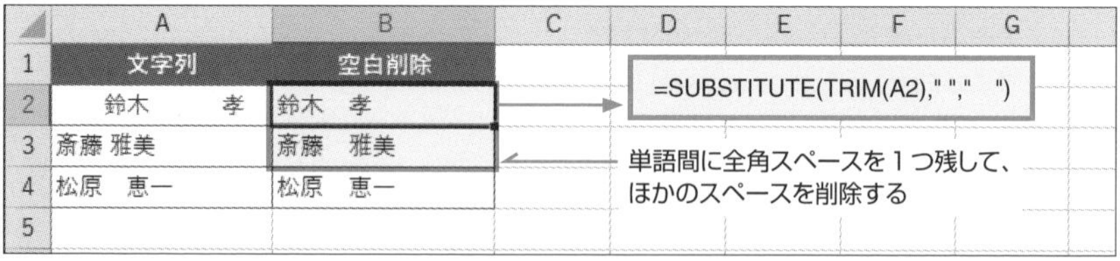

Memo

「置換」機能を使用してスペースを削除するには、「ホーム」タブの「検索と選択」→「置換」から「置換」ダイアログボックスを表示します。「検索する文字列」にスペースを入力し、「置換後の文字列」に何も入力せずに、「半角と全角を区別する」というオプションをオフにして置換を実行すれば、半角スペースも全角スペースも一括削除できます。

■ セル内改行を削除する

　Excel には文字コードから文字を求める CHAR 関数が用意されています。セル内改行（[Alt] + [Enter] キーで入れた改行のこと）の文字コードは「10」なので、セル内改行は「CHAR(10)」で表せます。これと SUBSTITUTE 関数を組み合わせれば、セル内改行を削除したり、スペースで置き換えたりできます。下図では SUBSTITUTE 関数の第 2 引数に「CHAR(10)」、第 3 引数に全角スペースを指定して、セル内改行を全角スペースで置換しています。

▶セル内改行を全角スペースで置き換える

	A	B	C	D	E	F	G
1	文字列	改行削除					
2	営業部 小林裕子	営業部　　小林裕子		=SUBSTITUTE(A2,CHAR(10),"　")			
3	経理部 杉浦秀和	経理部　　杉浦秀和					
4							

Memo

「置換」機能を使用してセル内改行をスペースで置換するには、「置換」ダイアログボックスの「検索する文字列」にカーソルを置いて [Ctrl] + [J] キーを押し、「置換後の文字列」にスペースを入力します。

=SUBSTITUTE(文字列 , 検索文字列 , 置換文字列 , [置換対象])

　文字列…置換の対象になる文字列を指定
　検索文字列…置換される文字列を指定
　置換文字列…置換する文字列を指定
　置換対象…何番目の「検索文字列」を置換するかを数値で指定。省略した場合は「文字列」中のすべての「検索文字列」が置換される
「文字列」の中の「検索文字列」を「置換文字列」で置き換える。「検索文字列」が見つからない場合は「文字列」がそのまま返される。

=TRIM(文字列)

　文字列…スペースを削除する対象の文字列を指定
「文字列」から全角／半角のスペースを削除する。単語間のスペースは 1 つ残る。

=CHAR(数値)

　数値…文字コードを指定
「数値」に指定した文字コードに対応する文字を返す。

氏名を姓と名に分解する

　姓と名が全角スペースで区切られている氏名を分解するには、まずFIND関数の引数「検索文字列」に全角スペース、「対象」に氏名を指定して、全角スペースの位置を調べます。例えば氏名が「佐久間　慶」の場合、「4（文字目）」という結果になります。

　姓の文字数は、全角スペースの位置「4」から「1」を引いた「3（文字）」です。LEFT関数の引数「文字列」に「佐久間　慶」、「文字数」に「3」（全角スペースの位置-1）を指定すれば、氏名の左から3文字の「佐久間」を取り出せます。

　名の開始位置は、全角スペースの位置「4」に「1」を加えた「5（文字目）」です。MID関数の引数「文字列」に「佐久間　慶」、「開始位置」に「5」（全角スペースの位置＋1）を指定すると、氏名の5文字目以降の文字列を取り出せます。取り出す「文字数」はぴったり指定しなくても、多めに指定すれば氏名の末尾までが取り出されます。ここではLEN関数を使用して氏名の文字数を指定しましたが、名の文字数以上の数値であれば「100」のような具体的な数値を指定してもかまいません。

▶関数を使用して氏名を分解する

　氏名を分解する方法はほかにもありますが、名簿に「氏名」欄を残したい場合は関数を使いましょう。氏名を修正したときに即座に「姓」「名」に反映されますし、新しいデータを追加したときは関数をコピーするだけで簡単に「姓」「名」を表示できます。

Chapter 1

Chapter 2

Chapter 3

Chapter 4

Chapter 5

Chapter 6

付録

=LEFT(文字列 , [文字数])

文字列…取り出す文字を含む文字列を指定
文字数…取り出す文字数を指定。省略した場合は 1 文字取り出される
「文字列」の先頭から「文字数」分の文字列を取り出す。

=FIND(検索文字列 , 対象 , [開始位置])

検索文字列…検索する文字列を指定
対象…検索の対象となる文字列を指定
開始位置…「対象」の何文字目から検索を開始するのかを指定。省略した場合は 1 文字目から検索が
行われる
「対象」の中に「検索文字列」が「開始位置」から数えて何文字目にあるかを返す。見つからない場合は
「#Value!」が返される。大文字と小文字は区別される。

=MID(文字列 , 開始位置 , [文字数])

文字列…取り出す文字を含む文字列を指定
開始位置…取り出しを開始する位置を指定
文字数…取り出す文字数を指定。省略した場合は 1 文字取り出される
「文字列」の「開始位置」から「文字数」分の文字列を取り出す。

=LEN(文字列)

文字列…文字数を調べる文字列を指定
「文字列」の文字数を返す。

Column　フラッシュフィルを使用して氏名を分解する

フラッシュフィルとは、入力されたデータから規則性を見出し、その規則性に基づいて残りのデータを自動入力する機能です。「姓」の先頭セルに姓を入力して「データ」タブの「フラッシュフィル」ボタンをクリックするか、Ctrl + E キーを押すと、残りのセルに自動で姓が取り出されます。規則性が正しく認識されない場合は、2 件目のデータを入力してフラッシュフィルを実行してください。関数の場合「氏名」を削除すると「姓」「名」にエラーが出ますが、フラッシュフィルの場合は削除しても差し支えありません。なお、自動入力されたセルにはふりがなの情報がないので、「氏名」の削除前にふりがなもフラッシュフィルで取り出しておきましょう。

⁤	A	B	C	D	E	F	G	H	I
1	No	氏名	フリガナ	姓	名	セイ	メイ		
2	1	佐久間 慶	サクマ ケイ	佐久間				入力	
3	2	市川 奈津子	イチカワ ナツコ						
4	3	星 隆一	ホシ リュウイチ						
5	4	馬場 文香	ババ フミカ						
6									
7				**2** Ctrl + E キーを押すとここに姓が自動入力される					

Column	区切り位置を使用して氏名を分解する

氏名を分解するには、「区切り位置」を使う方法もあります。フラッシュフィルより操作は多少面倒ですが、分解された「姓」と「名」に「氏名」のふりがなの情報が維持されるので手間をかける甲斐があります。

2 「区切り位置」を実行

「氏名」のセルを選択して、「データ」タブの「区切り位置」ボタンをクリックする。

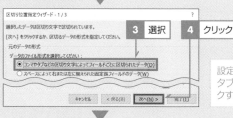

設定ウィザードが表示される。「コンマやタブなどの…」を選択して「次へ」をクリックする。

姓と名の区切り文字として「スペース」を選択して、「次へ」をクリックする。

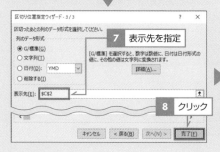

表示先として「姓」の先頭セル（ここではセルC2）を指定して「完了」をクリックし、確認画面で「OK」をクリックする。

姓と名が分解される。「氏名」にふりがな情報が含まれている場合、「姓」「名」に引き継がれる。

住所を都道府県とそれ以降に分解する

住所を都道府県と市区町村に分解する2通りの方法を紹介します。

都道府県が必ず含まれている住所を分解する

住所に都道府県が必ず含まれているものとして都道府県を取り出すには、都道府県名の文字数に着目します。都道府県名は「神奈川県」「和歌山県」「鹿児島県」の3県が4文字で、それ以外は3文字です。そこで、MID関数を使用して住所の4文字目を取り出し、IF関数を使用して4文字目が「県」に等しいかどうかを調べます。等しい場合は4文字、そうでない場合は3文字取り出します。

SUBSTITUTE関数を使用して、住所に含まれる都道府県名を空文字「""」で置換すると、都道府県以降の住所を取り出せます。

▶住所を都道府県とそれ以降に分解する

=IF(論理式 , [真の場合], [偽の場合])	→ P185
=LEFT(文字列 , [文字数])	→ P219
=MID(文字列 , 開始位置 , [文字数])	→ P219
=SUBSTITUTE(文字列 , 検索文字列 , 置換文字列 , [置換対象])	→ P217

Column | **IF 関数を使わずに論理値を使用して分解する**

論理値を数値として使用する場合、TRUE は「1」、FALSE は「0」と見なされます。これを利用すると、都道府県を取り出す数式は以下のように書くこともできます。

=LEFT(B2,3+(MID(B2,4,1)=" 県 "))

📖 都道府県が含まれていない場合に対応する

「住所」欄に都道府県を省略した住所が入力されている場合、前ページで紹介した方法だと市区町村名が取り出されてしまいます。3、4文字目に「都・道・府・県」の文字が含まれているかどうかをチェックする方法も考えられますが、下図のように「（千葉県）四街道市」「（福岡県）太宰府市」のような住所から誤って「四街道」「大宰府」といった地名が都道府県名として取り出されてしまいます。この方法は、誤りを生じるようなデータがないとわかっている場合にしか使えません。

▶3、4文字目をチェックして都道府県名を取り出す

=IF(OR(MID(B2,3,1)={" 都 "," 道 "," 府 "," 県 "}),LEFT(B2,3),IF(MID(B2,4,1)=" 県 ",LEFT(B2,4),""))

=SUBSTITUTE(B2,C2,"")

3、4文字目が「都、道、府、県」
でない場合は何も表示されない

3、4文字目が「都、道、府、県」の
市区町村が取り出されてしまう

　確実に都道府県名を取り出すには、都道府県リストを用意します。
VLOOKUP 関数を使用して住所の先頭 3 文字が都道府県リストに含まれる
かどうか検索し、見つかった場合は都道府県が返るようにします。見つから
なかった場合は「#N/A」エラーが返るので、IFERROR 関数を使用してエラー
の場合にもう 1 回 VLOOKUP 関数を実行します。住所の先頭 4 文字が都道
府県リストに含まれるかどうかを検索し、見つかった場合は都道府県を返し、
見つからなかった場合は何も表示しないようにします。

▶都道府県リストと突き合わせて都道府県名を取り出す

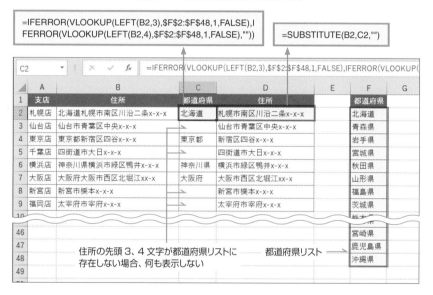

=IF(論理式 , [真の場合], [偽の場合])	→	P185
=OR(論理式 1, [論理式 2], …)	→	P185
=LEFT(文字列 , [文字数])	→	P219
=MID(文字列 , 開始位置 , [文字数])	→	P219
=SUBSTITUTE(文字列 , 検索文字列 , 置換文字列 , [置換対象])	→	P217
=IFERROR(値 , エラーの場合の値)	→	P230
=VLOOKUP(検索値 , 範囲 , 列番号 , [検索の型])	→	P229

VBA ふりがな情報がないセルにふりがなを設定する

　セルに日本語を入力するとき、通常は読みを入力して漢字に変換します。その読みは「ふりがな」としてセルに記憶されるので、並べ替える際にふりがなを基準に並べ替えることができます。

　一方、Word やメール、ネットなどからセルにコピー／貼り付けした漢字は読みの情報を持ちません。「ホーム」タブの「ふりがなの表示／非表示」をオンにするとふりがな欄は空欄になり、PHONETIC 関数でふりがなを取り出すとふりがなではなく漢字が表示されます。

▶他からコピーしたデータにはふりがな情報がない

C2		:	×	✓	fx	=PHONETIC(B2)	

	A	B	C	D	E	F
1	No	氏名	ノリガナ	性別	年齢	
2	1	田辺　樹	田辺　樹	男	31	
3	2	岡部　真帆	岡部　真帆	女	28	
4	3	木下　卓也	木下　卓也	男	45	
5	4	松岡　紀子	松岡　紀子	女	37	

「ふりがなの表示／非表示」をオンにしても漢字の上にふりがなが表示されない

=PHONETIC(B2)

PHONETIC 関数を入力してもふりがなは表示されない

　ふりがな情報を持たないセルにふりがなを設定するには、セルを選択して Alt + Shift + ↑ キーを押します。すると漢字の上にふりがなが表示されるので、必要に応じて修正します。Enter キーで確定すると、PHONETIC 関数にも反映されます。

セルを選択

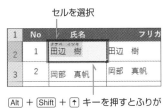

1	No	氏名	フリカ
2	1	タナベ　イツキ 田辺　樹	田辺　樹
3	2	岡部　真帆	岡部　真帆

Alt + Shift + ↑ キーを押すとふりがなが表示される

=PHONETIC (参照)

　参照…文字列が入力されたセルまたはセル範囲を指定
「参照」に入力された文字列のふりがなを表示する。

▶ショートカットキー

　ふりがなの設定・編集：Alt + Shift + ↑ キー

　ただし、[Alt] + [Shift] + [↑] キーによるふりがな設定は 1 つのセルにしか使えません。複数のセルに一括でふりがなを設定するには、VBA を利用します。P94 を参考に次のマクロを作成して実行すると、セルにふりがなが設定されます。「B2:B11」の部分にはふりがなを設定するセル範囲を入力します。なお、漢字には複数の読みが存在するので、設定されるふりがなを必ずチェックしてください。目的の読みとは異なる場合は、漢字の上に表示されるふりがなを手動で修正しましょう。

▶コード

```
1    ' セルにふりがなを設定する
2    Sub ふりがな設定 ()
3        Range("B2:B11").SetPhonetic
4    End Sub
```

▶マクロの実行結果

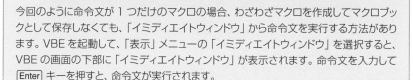

マクロを実行するとセルにふりがなが設定される

間違ったふりがなが表示された場合はふりがなを編集する

Column	イミディエイトウィンドウを利用すると簡単

今回のように命令文が 1 つだけのマクロの場合、わざわざマクロを作成してマクロブックとして保存しなくても、「イミディエイトウィンドウ」から命令文を実行する方法があります。VBE を起動して、「表示」メニューの「イミディエイトウィンドウ」を選択すると、VBE の画面の下部に「イミディエイトウィンドウ」が表示されます。命令文を入力して [Enter] キーを押すと、命令文が実行されます。

命令文を入力して [Enter] キーを押すとアクティブシートのセル B2〜B11 にふりがなが設定される

VBA ひらがな／カタカナ変換用の関数を作成する

　表に入力された文字を全角カタカナに統一したい、ということがあります。Excel には大文字と小文字、全角と半角を変換する関数はありますが、ひらがなとカタカナを変換する関数はありません。PHONETIC 関数を利用してひらがなをカタカナにする方法も考えられますが、セルに漢字が含まれていると漢字まで変換されてしまいます。

　こんなときは VBA の出番です。VBA にはひらがなとカタカナを変換する StrConv 関数があります。それを利用すれば、単語の中の漢字はそのまま、ひらがなや半角カタカナを全角カタカナに統一できます。

　P98 を参考に、次のユーザー定義関数を作成してください。KATAKANAW 関数は、引数に指定した文字列を全角カタカナに統一するユーザー定義関数です。また、KATAKANAN 関数は半角カタカナ、HIRAGANAW 関数はひらがなに統一するユーザー定義関数です。いずれの関数も文字列中の漢字はそのまま返します。英数字が含まれる場合は、英数字も全角／半角が変換されます。

▶**コード**

```
1   ' 全角カタカナに変換
2   Function KATAKANAW( 文字列 )
3       KATAKANAW = StrConv( 文字列 , vbKatakana + vbWide)
4   End Function
5
6   ' 半角カタカナに変換
7   Function KATAKANAN( 文字列 )
8       KATAKANAN = StrConv( 文字列 , vbKatakana + vbNarrow)
9   End Function
10
11  ' ひらがなに変換
12  Function HIRAGANAW( 文字列 )
13      HIRAGANAW = StrConv( 文字列 , vbHiragana + vbWide)
14  End Function
```

▶ユーザー定義関数を使用してひらがなとカタカナを変換する

	A	B	C	D	E	F	G	H	I	J	K
1	文字列	KATAKANAW	KATAKANAN	HIRAGANAW							
2	みかん	ミカン	ﾐｶﾝ	みかん		=HIRAGANAW(A2)					
3	リンゴ	リンゴ	ﾘﾝｺﾞ	りんご		全角ひらがなに統一					
4	ﾊﾞﾅﾅ	バナナ	ﾊﾞﾅﾅ	ばなな							
5	洋なし	洋ナシ	洋ﾅｼ	洋なし							
6	2Lメロン	2Lメロン	2Lﾒﾛﾝ	2Lめろん							
7											

=KATAKANAW(A2)
全角カタカナに統一

=KATAKANAN(A2)
半角カタカナに統一

　StrConv 関数は第 1 引数に文字列、第 2 引数に文字種を指定する VBA 専用の関数です。指定できる文字種は下表のとおりです。矛盾のない組み合わせであれば、複数の文字種を「+」で結合して指定できます。

StrConv(文字列 , 文字種)

▶StrConv 関数の引数「文字種」の設定値

設定値	説明
vbUpperCase	小文字を大文字に変換する
vbLowerCase	大文字を小文字に変換する
vbProperCase	各単語の先頭を大文字、2 文字目以降を小文字に変換する
vbWide	半角文字を全角文字に変換する
vbNarrow	全角文字を半角文字に変換する
vbKatakana	ひらがなをカタカナに変換する
vbHiragana	カタカナをひらがなに変換する

Memo

Excel では文字種の変換に以下の関数が用意されています。

　・=UPPER(文字列)　　：大文字に変換
　・=LOWER(文字列)　　：小文字に変換
　・=PROPER(文字列)　 ：先頭を大文字、2 文字目以降を小文字に変換
　・=JIS(文字列)　　　：全角文字に変換
　・=ASC(文字列)　　　：半角文字に変換

データの表引きと表の管理

VLOOKUP 関数による完全一致検索の基礎

VLOOKUP 関数は、キーワードをもとに表を検索する関数です。「検索値」「範囲」「列番号」「検索の型」の４つの引数を持ち、「範囲」の１列目から「検索値」を探し、見つかった行の「列番号」の列にある値を返します。「検索の型」に「TRUE」を指定すると近似一致検索、「FALSE」を指定すると「完全一致検索」が行われます。ここでは、完全一致検索の例を紹介します。

=VLOOKUP(検索値, 範囲, 列番号, [検索の型])

📖 VLOOKUP 関数を使ってみる

下図ではセル A3 に入力した商品 ID を「検索値」として商品リストを検索し、商品名を求めます。引数「範囲」には、商品リストの見出しを除いた範囲（セル G3〜I7）を指定します。商品名は商品リストの２列目にあるので、引数「列番号」に「2」を指定します。

▶商品 ID が「K-105」の商品名を商品リストから表引きする

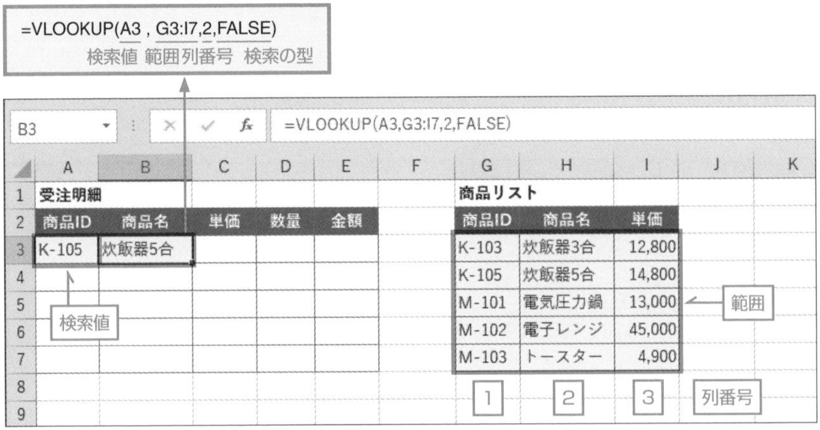

```
=VLOOKUP(A3 , G3:I7,2,FALSE)
    検索値 範囲 列番号 検索の型
```

| B3 | ▼ | : | × | ✓ | fx | =VLOOKUP(A3,G3:I7,2,FALSE) | | | |

	A	B	C	D	E	F	G	H	I	J	K
1	受注明細						商品リスト				
2	商品ID	商品名	単価	数量	金額		商品ID	商品名	単価		
3	K-105	炊飯器5合					K-103	炊飯器3合	12,800		
4							K-105	炊飯器5合	14,800		
5	検索値						M-101	電気圧力鍋	13,000	範囲	
6							M-102	電子レンジ	45,000		
7							M-103	トースター	4,900		
8							1	2	3	列番号	
9											

```
=VLOOKUP( 検索値 , 範囲 , 列番号 , [ 検索の型 ])
```

検索値…検索する値を指定
範囲…検索値を検索する範囲を指定
列番号…戻り値として返す値が入力されている列の列番号を指定。「範囲」の最左列を 1 とする
検索の型…TRUE を指定するか省略すると近似一致検索、FALSE を指定すると完全一致検索が行われる
「範囲」の 1 列目から「検索値」を探し、見つかった行の「列番号」の列にある値を返す。近似一致検索をする場合は「範囲」の 1 列目を昇順に並べ替えておく。

検索値が未入力の場合の「#N/A」エラーを防ぐ

　下図の受注明細書では、VLOOKUP 関数を使用して商品 ID から商品名と単価を表引きしています。数式を下の行にコピーするときに商品リストのセル範囲がずれないように絶対参照で指定しています。完全一致検索では検索値が見つからない場合にエラー値「#N/A」が返されるので、商品 ID が未入力の行が「#N/A」だらけになってしまいます。

▶商品 ID が未入力の行に「#N/A」エラーが出る

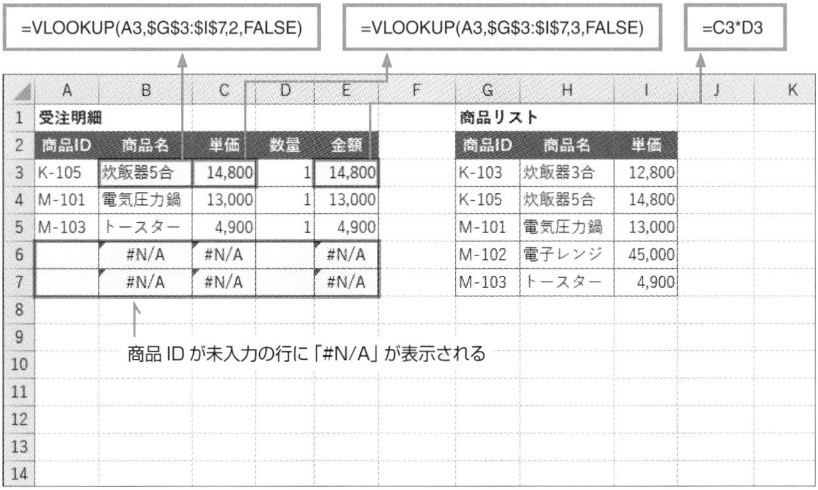

=VLOOKUP(A3,$G$3:$I$7,2,FALSE)	=VLOOKUP(A3,$G$3:$I$7,3,FALSE)	=C3*D3

▲	A	B	C	D	E	F	G	H	I	J	K
1	受注明細						商品リスト				
2	商品ID	商品名	単価	数量	金額		商品ID	商品名	単価		
3	K-105	炊飯器5合	14,800	1	14,800		K-103	炊飯器3合	12,800		
4	M-101	電気圧力鍋	13,000	1	13,000		K-105	炊飯器5合	14,800		
5	M-103	トースター	4,900	1	4,900		M-101	電気圧力鍋	13,000		
6		#N/A	#N/A		#N/A		M-102	電子レンジ	45,000		
7		#N/A	#N/A		#N/A		M-103	トースター	4,900		
8											
9											
10		商品 ID が未入力の行に「#N/A」が表示される									
11											
12											
13											
14											

　「#N/A」エラーを防ぐには、IFERROR 関数を使用して、エラーになる場合に何も表示させないようにします。引数「値」に VLOOKUP 関数を指定し、引数「エラーの場合の値」に「""」を指定すると、商品 ID が入力されていない行にエラー値が表示されなくなります。

▶商品 ID が未入力でもエラーが表示されないようにする

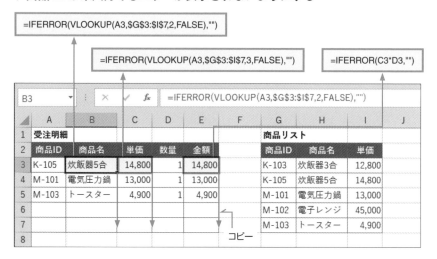

=IFERROR(VLOOKUP(A3,$G$3:$I$7,2,FALSE),"")

=IFERROR(VLOOKUP(A3,$G$3:$I$7,3,FALSE),"")

=IFERROR(C3*D3,"")

| B3 | ▼ | : | × | ✓ | fx | =IFERROR(VLOOKUP(A3,$G$3:$I$7,2,FALSE),"") |

	A	B	C	D	E	F	G	H	I	J
1	受注明細						商品リスト			
2	商品ID	商品名	単価	数量	金額		商品ID	商品名	単価	
3	K-105	炊飯器5合	14,800	1	14,800		K-103	炊飯器3合	12,800	
4	M-101	電気圧力鍋	13,000	1	13,000		K-105	炊飯器5合	14,800	
5	M-103	トースター	4,900	1	4,900		M-101	電気圧力鍋	13,000	
6							M-102	電子レンジ	45,000	
7							M-103	トースター	4,900	
8										

コピー

=IFERROR (値 , エラーの場合の値)

値…エラーかどうかをチェックする値を指定
エラーの場合の値…「値」がエラーの場合に返す値を指定
「値」がエラーにならない場合は「値」を返し、エラーになる場合は「エラーの場合の値」を返す。

| Column | 商品 ID の入力ミスを防ぐには | ✕ |

「検索値」を入力ミスすると、「#N/A」エラーになります。これを防ぐには、P110を参考に商品リストの「商品 ID」のセル範囲にリスト入力の設定を行って、「範囲」の 1 列目のデータしか入力できないようにしておくのが有効です。

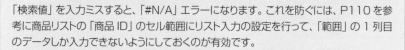

	A	B	C	D	E	F	G	H	I
1	受注明細						商品リスト		
2	商品ID	商品名	単価	数量	金額		商品ID	商品名	単価
3	K-105	炊飯器5合	14,800	1	14,800		K-103	炊飯器3合	12,800
4	M-101	電気圧力鍋	13,000	1	13,000		K-105	炊飯器5合	14,800
5	M-103	トースター	4,900	1	4,900		M-101	電気圧力鍋	13,000
6		▼					M-102	電子レンジ	45,000
7	K-103						M-103	トースター	4,900
	K-105								
8	M-101								
9	M-102								
	M-103								
10									

リスト入力

VLOOKUP 関数を横のセルにコピーできるようにする

　VLOOKUP 関数を使用して、検索した行のデータを丸ごと取り出したいことがあります。VLOOKUP 関数の数式を右隣のセルにコピーする際、第3引数の「列番号」を「2」「3」「4」と手修正するのは面倒です。COLUMN関数を使用して、列番号が自動で切り替わるようにしましょう。COLUMN関数は引数に指定したセル参照の列番号を数値で返す関数です。例えば「COLUMN(A1)」の戻り値は、セル A1 の列番号である「1」になります。この式を右方向にコピーすると引数は「B1」「C1」「D1」と変わり、戻り値も「2」「3」「4」になります。

　ここでは、セル C2 に入力した会員番号を名簿から検索して、見つかった1行分のデータを取り出します。

▶VLOOKUP 関数を使用して 1 行丸ごと表引きする

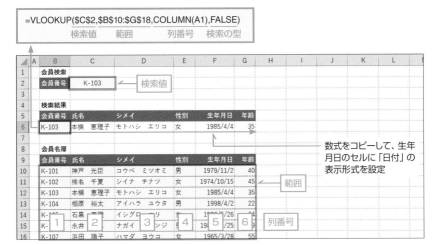

=VLOOKUP($C$2,$B$10:$G$18,COLUMN(A1),FALSE)
　　　　　検索値　　範囲　　　　列番号　検索の型

数式をコピーして、生年月日のセルに「日付」の表示形式を設定

=VLOOKUP(検索値 , 範囲 , 列番号 , [検索の型])　　→　

=COLUMN([参照])

　参照…列番号を調べたいセルを指定
「参照」の列番号の数値を返す。「参照」を省略した場合は COLUMN 関数を入力したセルの列番号が返される。

「○以上△未満」の範囲を表引きする

VLOOKUP 関数の第4引数「検索の型」に「TRUE」を指定するか指定を省略すると、「○以上△未満」の条件で検索を行う近似一致検索となります。ここでは、重量に応じた送料を求めます。「○以上△未満」の「○」にあたる値を、参照する範囲の1列目に小さい順に入力しておく必要があります。

▶**重量に応じた送料を求める**

=VLOOKUP(C2,$F$3:$I$7,4,TRUE)
　　　　　検索値 範囲 列番号 検索の型

D2	▼	:	× ✓ fx	=VLOOKUP(C2,$F$3:$I$7,4,TRUE)					
	A	B	C	D	E	F	G	H	I	J
1	伝票No	顧客	重量	送料		重量 (kg)				
2	1001	ウグイス製菓	16	¥1,800		以上		未満	送料	
3	1002	カモメフーズ	8	¥1,400		0	～	5	¥1,200	
4	1003	カナリア食品	20	¥2,200		5	～	10	¥1,400	
5	1004	オウム製粉	2	¥1,200		10	～	20	¥1,800	範囲
6	1005	カッコウ産業	32	別配送		20	～	30	¥2,200	
7	1006	ペンギン食品	25	¥2,200		30	～		別配送	
8										
9			検索値			1	2	3	4	列番号
10										

コピー

近似一致検索では、指定した「検索値」に一致するデータが見つからない場合に、「検索値」より小さいデータのうち、もっとも近い値を取得します。例えば「検索値」を「16」とした場合、「範囲」の1列目（セル F3～F7）を上から下に向かって検索し、「0」「5」「10」と探していきます。「20」まで探したところで「16」を超えるので検索を中止して、「20」より小さいデータのうちもっとも近い「10」の行の4列目の値を返します。このような検索を行うので、近似一致検索の場合は「範囲」の1列目を小さい順にしておく必要があるのです。

=VLOOKUP(検索値 , 範囲 , 列番号 , [検索の型])　　　　　➡ P229

id 1,2,3

検索対象の表を切り替えて表引きする

　VLOOKUP 関数で検索する対象の表が複数ある場合は、表に名前を付けておき（→ P45）、その名前と INDIRECT 関数を使用して表を切り替えます。INDIRECT 関数は、セル参照を表す文字列を実際のセル参照に変える関数です。例えばセル D3〜E9 に「南支店」という名前が付いており、セル A1 に「南支店」という文字が入力されている場合、「INDIRECT(" 南支店 ")」や「INDIRECT(A1)」はセル D3〜E9 を参照します。

　下図では、セル A1 に入力されている支店の社員名簿から役職をキーワードとして社員名を表引きしています。セル A1 の値を「北支店」に変えれば、VLOOKUP 関数の戻り値も北支店の社員名に変わります。

▶指定した名簿から表引きする

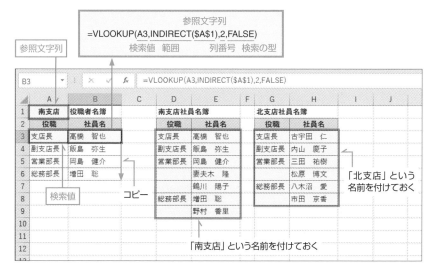

=VLOOKUP(検索値 , 範囲 , 列番号 , [検索の型])　　　→　P229

=INDIRECT(参照文字列 , [参照形式])

　参照文字列…セル番号や名前など、セル参照を表す文字列を指定
　参照形式…「参照文字列」が A1 形式の場合は TRUE（既定）、R1C1 形式の場合は FALSE を指定する
「参照文字列」から実際のセル参照を返す。

商品名から商品IDを逆引きする

　下図では、セルB2に入力した商品名に対する商品IDを商品リストから逆引きしています。VLOOKUP関数は表の1列目を検索するので、そのままでは逆引きには使えません。ここではINDEX関数とMATCH関数を使用する方法を紹介します。INDEX関数は、第1引数「参照」に指定したセル範囲から「行番号」目のデータを返します。また、MATCH関数は第1引数「検査値」が第2引数「検査範囲」の中で何番目にあるかを求めます。完全一致検索する場合、第3引数「照合の型」に「0」を指定します。

　　=INDEX(参照, 行番号, [列番号], [領域番号])
　　=MATCH(検査値, 検査範囲, [照合の型])

　MATCH関数を使用して、セルB2の「電気圧力鍋」が「商品名」欄のセルE2〜E7の何番目にあるかを調べます。3番目にあるので戻り値は「3」です。その「3」をINDEX関数の第2引数「行番号」に指定して、「商品ID」欄のセルD3〜D7から3番目のデータ「M-101」を取り出します。

▶「電気圧力鍋」（セルB2）の商品IDを商品リストから表引きする

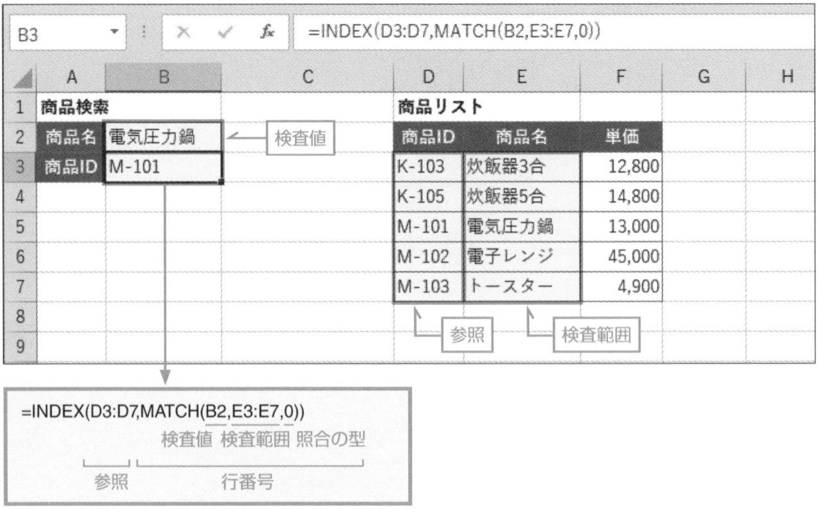

Chapter 1

Chapter 2

Chapter 3

Chapter 4

Chapter 5

Chapter 6

付録

=INDEX(参照 , 行番号 , [列番号] , [領域番号])

参照…セル範囲を指定
行番号…「参照」の先頭行を 1 として、取り出すデータの行番号を指定
列番号…「参照」の先頭列を 1 として、取り出すデータの列番号を指定。「参照」が 1 行または 1 列
の場合、指定を省略できる
領域番号…「参照」に複数のセル範囲を指定した場合、何番目の範囲を対象にするかを数値で指定
「参照」の中から「行番号」と「列番号」で指定した位置のセル参照を返す。「行番号」または「列番号」
に 0 を指定すると、列全体または行全体が返される。

=MATCH(検査値 , 検査範囲 , [照合の型])

検査値…検索する値を指定
検査範囲…検索対象となる 1 行または 1 列のセル範囲を指定
照合の型…「検査値」を探す方法を次表の数値で指定
「検査範囲」の中から「検査値」を検索し、見つかったセルの位置を「検査範囲」の最初のセルを 1 とし
て数えた数値で返す。

照合の型	説明
1 または省略	「検査値」以下の最大値を検索。「検査範囲」を昇順に並べる必要がある
0	「検査値」に一致する値を検索。見つからない場合は「#N/A」が返る
-1	「検査値」以上の最小値を検索。「検査範囲」を降順に並べる必要がある

Column　2 次元表の行見出しと列見出しから検索する

INDEX 関数と MATCH 関数の組み合わせ技は、行見出しと列見出しから 2 次元表を
検索する場合にも使えます。下図では、商品 ID が「R-103」、サイズが「M」の商品の
価格を価格表から表引きしています。

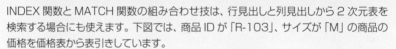

| B4 | | : | × | ✓ | fx | =INDEX(E3:G7,MATCH(B2,D3:D7,0),MATCH(B3,E2 |

▲	A	B	C	D	E	F	G	H
1	商品検索			単価表				
2	商品ID	R-103		商品ID	S	M	L	
3	サイズ	M		R-101	¥20,000	¥20,600	¥21,200	
4	価格	¥16,600		R-102	¥18,000	¥18,600	¥19,200	
5				R-103	¥16,000	¥16,600	¥17,200	
6				R-104	¥12,000	¥12,500	¥13,000	
7				R-105	¥9,000	¥9,500	¥10,000	
8								

| =INDEX(E3:G7,MATCH(B2,D3:D7,0),MATCH(B3,E2:G2,0)) |
| 参照　　　　行番号　　　　　列番号 |

複数の該当データのうち最新データを表引きする

　VLOOKUP 関数や MATCH 関数などによる検索では、該当するデータが複数ある場合でも、返されるのは最初に見つかったデータのみです。複数の該当データのうち、2 番目以降のデータを取り出すには工夫が必要です。ここでは作業列を使う方法を紹介します。

　下図を見てください。セル B2 に入力した「カモメフーズ」の最新の受注番号を調べています。まず、IF 関数と ROW 関数を使用して、カモメフーズの行の作業列に行番号を振ります。2、4、7 行目にカモメフーズのデータがあることがわかります。その中の最大値（ここでは「7」）が最新のデータです。MAX 関数を使用して最大値の「7」を求め、INDEX 関数を使用して「受注番号」欄から 7 番目のデータを取り出せば、カモメフーズの最新の受注番号がわかります。

▶「カモメフーズ」（セル B2）の最新の受注番号を調べる

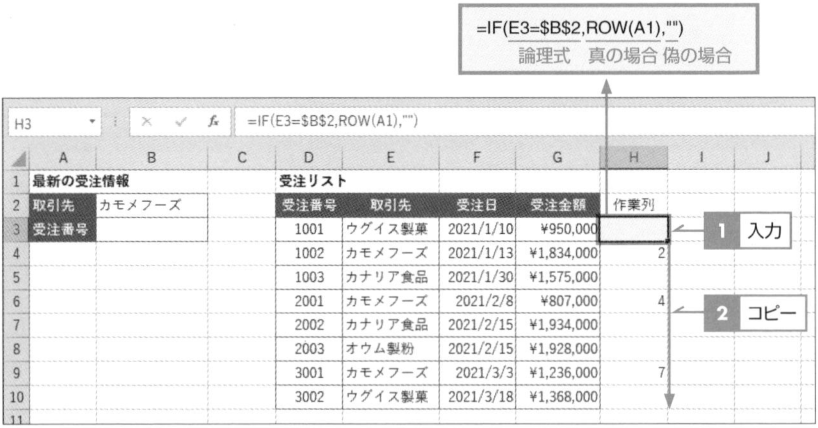

作業列のセル H3 に IF 関数を入力して、セル E3 の取引先名がセル B2 の「カモメフーズ」と一致しているかどうか調べる。一致している場合は「ROW(A1)」（セル A1 の行番号）を表示し、一致していない場合は何も表示しない。セル E3 は一致しないので、セル H3 に何も表示されない。この数式をセル H10 までコピーする。1 つ下の行には「カモメフーズ」が入力されている。セル H4 の IF 関数の引数「真の場合」は「ROW(A2)」なので、セル A2 の行番号である「2」が表示される。同様に、「カモメフーズ」が入力されている 4 行目と 7 行目に「4」「7」が表示される。

数値 1
=INDEX(D3:D10,MAX(H3:H10))
参照　　行番号

| B3 | | ▼ | : | × | ✓ | f_x | =INDEX(D3:D10,MAX(H3:H10)) |

▲	A	B	C	D	E	F	G	H	I	J
1	最新の受注情報			受注リスト						
2	取引先	カモメフーズ		受注番号	取引先	受注日	受注金額	作業列		
3	受注番号	3001		1001	ウグイス製菓	2021/1/10	¥950,000			
4				1002	カモメフーズ	2021/1/13	¥1,834,000	2		
5				1003	カナリア食品	2021/1/30	¥1,575,000			
6				2001	カモメフーズ	2021/2/8	¥807,000	4		
7				2002	カナリア食品	2021/2/15	¥1,934,000			
8				2003	オウム製粉	2021/2/15	¥1,928,000			
9				3001	カモメフーズ	2021/3/3	¥1,236,000	7		
10				3002	ウグイス製菓	2021/3/18	¥1,368,000			

3 入力

参照

数値 1

セル B3 に INDEX 関数を入力して受注番号を表引きする。第 1 引数「参照」に受注リストの「受注番号」欄のセル D3〜D10 を指定し、第 2 引数「行番号」に、作業列に入力された数値の最大値（ここでは「7」）を指定する。戻り値は、「受注番号」欄の 7 行目の値である「3001」となる。
なお、ここでは MAX 関数で作業列の数値の最大値を求めたが、LARGE 関数や SMALL 関数を使用すれば 2 番目や 3 番目のデータを取り出すことも可能（→ P238）。

=IF(論理式 , [真の場合], [偽の場合])　　　　　　　　　　　➡ P185

=ROW([参照])

　参照…行番号を調べたいセルを指定
「参照」の行番号の数値を返す。「参照」を省略した場合は ROW 関数を入力したセルの行番号が返される。

=INDEX(参照 , 行番号 , [列番号], [領域番号])　　　　　　　➡ P235

=MAX(数値 1, [数値 2]……)

　数値…最大値を調べる値やセル範囲を指定
指定した「数値」の最大値を求める。「数値」は 255 個まで指定できる。

| Column | **作業列を作りたくない場合は** | |

作業列を作らずに最新の受注番号を求めるには、セル B3 に以下の数式を入力し、Ctrl + Shift + Enter キーを押して配列数式として入力します。

=INDEX(D3:D10,MAX(IF(E3:E10=$B$2,ROW(A1:A8),"")))

複数の該当データをすべて取り出す

　ここでは、下図のような売上表から、セル B3 に入力した担当者（ここでは「長谷部」）の売上データをすべて取り出す方法を 3 つ紹介します。

条件に該当するデータをすべて取り出したい

作業列を使って取り出す

　1 つ目は、作業列を使う方法です。数式の基本的な考え方は P236 と同じです。売上表の該当データに行番号を表示し、その番号が小さいものから順に取り出します。

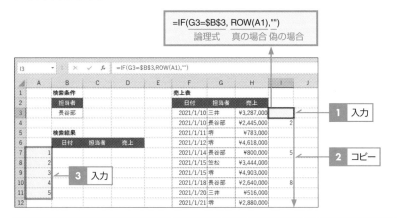

作業列のセル I3 に IF 関数を入力して、セル G3 の担当者がセル B3 の「長谷部」と一致しているかどうか調べる。一致している場合は「ROW(A1)」（セル A1 の行番号）を表示し、一致していない場合は何も表示しない。この数式をセル I12 までコピーすると、「長谷部」が入力されている行に行番号の「2」「5」「8」が表示される。続いて、検索結果を表示するセルの左に連番を入力する。該当データが何個あるかわからないので、少し余分に入力しておくこと。

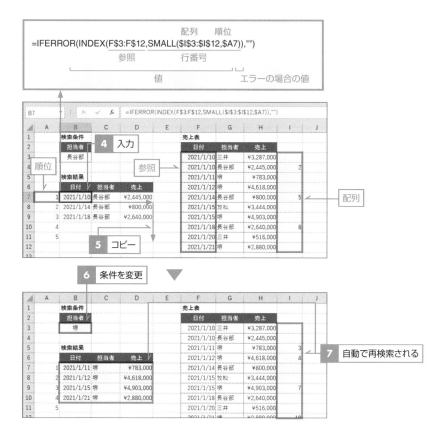

```
                              配列      順位
=IFERROR(INDEX(F$3:F$12,SMALL($I$3:$I$12,$A7)),"")
              参照           行番号
```
値 / エラーの場合の値

セルB7に数式を入力して日付を表引きし、右方向と下方向にコピーする。適宜表示形式を設定する。
セルB7～D7には I 列の小さい方から 1 番目の数値の行が取り出される。その下に 2 番目、3 番目の行が取り出される。該当するデータが存在しないと INDEX 関数の戻り値がエラー値になるが、IFERROR 関数によりエラーの場合に何も表示されないようにした。
セル B3 の条件を変更すると、検索結果も瞬時に変わる。

=IF(論理式 , [真の場合], [偽の場合])	→	P185
=ROW([参照])	→	P237
=IFERROR(値 , エラーの場合の値)	→	P230

=SMALL(配列 , 順位)

　配列…数値のセル範囲または配列を指定
　順位…小さい方から数えた順位の数値を指定
「配列」に指定された数値の中から、小さい方から数えて「順位」番目の数値を返す。

配列数式を使って取り出す

作業列を使いたくない場合は、配列数式を使用します。下記の配列数式でやっていることは、基本的に P238〜P239 の内容と同じです。

```
=IFERROR(INDEX(F$3:F$12,SMALL(IF($G$3:$G$12=$B$3,ROW($A$1:$A$10),""),ROW(A1))),"")
```

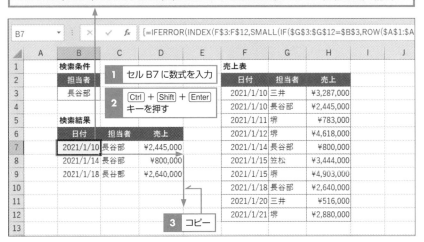

セル B7 に数式を入力して、Ctrl + Shift + Enter キーを押す。すると数式が中カッコ「{ }」で囲まれて配列数式として入力される。セル B7 を選択して、右方向と下方向にコピーする。適宜表示形式を設定すること。

Column	SMALL 関数の第 1 引数「配列」に 配列が設定される

上記の数式の「IF($G$3:$G$12=$B$3,ROW($A$1:$A$10),"")」の部分が配列を返します。この部分を数式バーで選択し、F9 キーを押して部分実行すると、「{"";2;"";"";5;"";"";8;"";""}」という配列を確認できます。この配列は、P238 のセル I3〜I12 の値と同じです。

これを SMALL 関数の第 1 引数「配列」に指定し、第 2 引数「順位」に「ROW(A1)」を指定することで、配列から 1 番小さい値である「2」が得られます。さらにこの「2」を INDEX 関数の第 2 引数「行番号」に指定することで、売上表の「日付」欄の 2 行目の値が取り出されます。

数式を下にコピーすると、SMALL 関数の第 2 引数は「ROW(A2)」「ROW(A3)」……と変わり、配列から 2 番目に小さい値、3 番目に小さい値……、が取り出されます。

Chapter 1
Chapter 2
Chapter 3
Chapter 4
Chapter 5
Chapter 6
付録

Column	条件付き書式でデータ数分の罫線を表示する

条件付き書式を使用すると、データが表示されている
行に罫線を表示できます。セル B6〜D11 に対して、
「=OR($B6:$D6<>"")」という条件と罫線を設定し
ます。

データが表示される行
にだけ罫線を表示する →

検索結果

日付	担当者	売上
2021/1/10	長谷部	¥2,445,000
2021/1/14	長谷部	¥800,000
2021/1/18	長谷部	¥2,640,000

📗 FILTER 関数を使って取り出す　　　365

　Microsoft 365 では、新関数の FILTER 関数を使用すると簡単に条件に合
致するデータを取り出せます。数式を先頭のセルに入力するだけで、自動で
該当データの数だけ数式が入力されるので便利です。FILTER 関数の詳しい
使い方は P264 を参照してください。

`=FILTER(F3:H12,G3:G12=B3,"")`

B7	▼	⋮	×	✓	fx	=FILTER(F3:H12,G3:G12=B3,"")

	A	B	C	D	E	F	G	H	I	J
1		検索条件				売上表				
2		担当者				日付	担当者	売上		
3		長谷部				2021/1/10	三井	¥3,287,000		
4						2021/1/10	長谷部	¥2,445,000		
5		検索結果				2021/1/11	堺	¥783,000		
6		日付	担当者	売上		2021/1/12	堺	¥4,618,000		
7		2021/1/10	長谷部	¥2,445,000		2021/1/14	長谷部	¥800,000		
8		2021/1/14	長谷部	¥800,000		2021/1/15	笠松	¥3,444,000		
9		2021/1/18	長谷部	¥2,640,000		2021/1/15	堺	¥4,903,000		
10						2021/1/18	長谷部	¥2,640,000		
11						2021/1/20	三井	¥516,000		
12						2021/1/21	堺	¥2,880,000		

セル B7 に FILTER 関数を入力して Enter キーを押すと、自動でセル D9 まで数式が入力される。
適宜表示形式を設定すること。セル B3 の条件を変更すると、数式が入力される範囲が自動的に変
わり、該当のデータが取り出される。

`=FILTER( 配列 , 含む [, 空の場合 ])`　　　→　P265

ぴったりの範囲を指定するセル範囲の自動伸縮ワザ

データが入力されているセル範囲をセル番号で指定する場合、データの追加や削除が頻繁に発生する表では、そのたびにセル番号を修正することになり面倒です。そこで、データ数に合わせて自動伸縮するようなセル範囲の指定方法を紹介します。OFFSET関数とCOUNTA関数を使用します。まずは、OFFSET関数の使い方を頭に入れておきましょう。

=OFFSET(参照, 行数, 列数, [高さ], [幅])

OFFSET関数は、「参照」のセルから「行数」行「列数」列移動したセルを始点として「高さ」行「幅」列のサイズのセル参照を返す関数です。例えば「OFFSET(B1,2,3,4,5)」は、セルB1から2行3列移動したセルE3を始点として、4行5列のセル範囲E3～I6を表します。

▶「OFFSET(B1,2,3,4,5)」が表すセル範囲

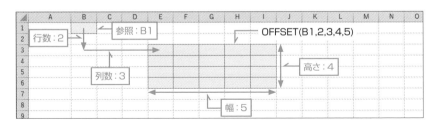

表の始点のセルと幅（表の列数）が決まっている場合、求める必要があるのは高さ（データ数）です。COUNTA関数を使用して、漏れなくデータが入力されている列のデータ数を求めます。COUNTA関数は、指定したセル範囲に含まれるデータ数を返す関数です。

ここでは商品データのセル範囲に「商品」という名前を付ける操作を例に、セル範囲の指定方法を説明します。「商品ID」欄には必ずデータが入力されており、表の列数は5列に固定されているものとします。データ数は、COUNTA関数で求めたA列のデータ数からセルA1とセルA2の分の「2」を差し引いた「COUNTA(A:A)-2」で表せます。

▶ セル A3 から始まる商品データのセル範囲に自動伸縮する名前を設定

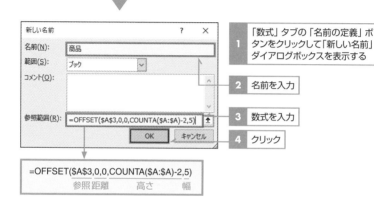

	A	B	C	D	E	F	G	H	I
1	商品リスト								
2	商品ID	商品名	単価	メーカー	備考				
3	K-103	炊飯器3合	¥12,800	エクセル電気					
4	K-105	炊飯器5合	¥14,800	エクセル電気					
5	M-101	電気圧力鍋	¥13,000	ワード産業	廃版予定				
6	M-102	電子レンジ	¥45,000	ワード産業					
7	M-103	トースター	¥4,900	ワード産業					
8									

商品データのセル範囲に「商品」という名前を付けたい

データ数は「COUNTA(A:A)-2」

新しい名前 ? ×

名前(N): 商品

範囲(S): ブック

コメント(O):

参照範囲(R): =OFFSET($A$3,0,0,COUNTA($A:$A)-2,5)

OK　キャンセル

1 「数式」タブの「名前の定義」ボタンをクリックして「新しい名前」ダイアログボックスを表示する

2 名前を入力

3 数式を入力

4 クリック

=OFFSET($A$3,0,0,COUNTA($A:$A)-2,5)
参照　距離　　　　高さ　　幅

　商品リストに新しい商品が追加されると、「商品」という名前の参照範囲が自動拡張します。なお、表の「商品ID」欄に漏れがあると正確に参照できなくなるので注意してください。

=OFFSET(参照 , 行数 , 列数 , [高さ] , [幅])

　参照…基準となるセルまたはセル範囲を指定
　行数…「参照」から移動する行数を指定。負数は上、正数は下方向に移動
　列数…「参照」から移動する列数を指定。負数は左、正数は右方向に移動
　高さ…戻り値となるセル参照の行数を指定。省略した場合は「参照」と同じ行数
　幅…戻り値となるセル参照の列数を指定。省略した場合は「参照」と同じ列数
「参照」のセルから「行数」と「列数」だけ移動した位置を始点として、「高さ」行「幅」列のサイズのセル参照を返す。

=COUNTA(値1,[値2]……)

　値…データの個数を調べる値やセル範囲を指定
指定した「値」に含まれるデータ数を返す。「値」は 255 個まで指定できる。

自動伸縮するセル参照は、ぴったりのセル範囲を指定したい場面で役に立ちます。

・リスト入力

例えばリスト入力の設定（→ P110）で、あらかじめ追加分も見込んで多めのセル範囲を指定するとリストの下部に空白ができてしまいます。しかし、ここで紹介したセル参照の方法なら、データ数ぴったりのリストを表示でき、なおかつデータの追加や削除に自動対応します。下図では「商品リスト」シートのセル A3 から始まる入力範囲のデータをリストに表示しています。

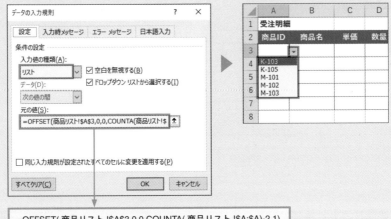

```
=OFFSET( 商品リスト !$A$3,0,0,COUNTA( 商品リスト !$A:$A)-2,1)
```

・ピボットテーブル

列見出しを含めた表全体に自動伸縮する名前を付けておき、ピボットテーブルのデータソースとして使うこともできます。通常のセル範囲から作成したピボットテーブルではデータの追加時に「データソースの変更」という操作が必要ですが、自動伸縮する名前を使用した場合は「更新」ボタンのワンクリックで更新できます。

・グラフ

グラフの元になるセル範囲に自動伸縮する名前を付けておき、その名前をグラフに設定すると、最新のデータを自動でグラフに追加したり（→ P328）、常に最新〇カ月分のデータをグラフに表示したりできます（→ P332）。

・印刷範囲

印刷範囲の自動伸縮にも利用できます。あらかじめ罫線を引いたり、余分に数式を入力したりすると、罫線を引いただけの行や、データがないのに数式だけが入力された行が印刷されてしまいます。しかし、「新しい名前」ダイアログボックスで名前を「Print_Area」、範囲をワークシートとし、参照範囲として自動伸縮するセル参照を指定すれば、データの入力範囲だけを印刷できます。

=OFFSET($A$1,0,0,COUNTA($A:$A),4)

A列の末尾の行までが印刷される

Column テーブルの利用が便利で簡単

ここではデータ数に合わせて自動伸縮するセル範囲の指定方法を紹介しましたが、より簡単なのは表をテーブルに変換する方法です。テーブルに「商品」というテーブル名を付ければ、ほかに特別な設定をしなくても自動で「商品」という名前でデータの範囲を指定できます。データの増減にも自動で対応します。部署内で共有する表などで勝手にテーブルに変換できない場合は、ここで紹介した方法を使用してください。

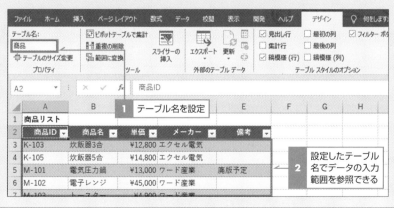

1 テーブル名を設定

2 設定したテーブル名でデータの入力範囲を参照できる

06 条件付きでデータを集計

「○○ IF」系関数の条件指定の基礎

Excel には条件に合致したデータを対象に集計を行う関数が複数用意されています。例えば、COUNTIF 関数は条件に合致するデータの数を返します。また、SUMIF 関数は条件に合致するデータの合計を返します。COUNTIF 関数と SUMIF 関数の条件の指定方法は同じです。ここでは、さまざまな条件の指定方法を紹介します。

=COUNTIF(条件範囲 , 条件)
=SUMIF(条件範囲 , 条件 , [合計範囲])

完全一致の条件で集計する

完全一致の条件で集計する場合は、引数「条件」に条件の値を指定します。下図では、セル G6 に入力した「女」を条件として集計しています。引数に直接条件を指定する場合は「" 女 "」と入力します。

▶「女」の顧客の人数と年間購入額の合計を求める

📒「○以上」の条件で集計する

比較演算子（→ P171）を使用して数値の範囲を条件にすることもできます。例えば「40 以上」という条件は「">=40"」と表します。また、「セル G6 に入力した数値以上」という条件は「">=" & G6」と表します。セル G6 に「40」が入力されていれば「40 以上」、「30」が入力されていれば「30 以上」という条件で集計が行われます。

▶40 歳以上の顧客の人数と年間購入額の合計を求める

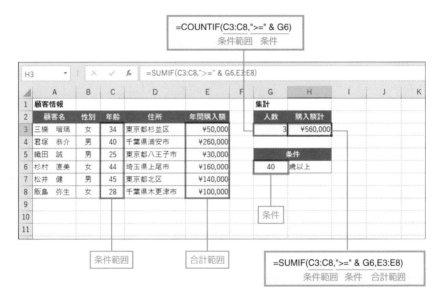

=COUNTIF(C3:C8,">=" & G6)
　　　条件範囲　条件

H3　　　fx　　=SUMIF(C3:C8,">=" & G6,E3:E8)

	A	B	C	D	E	F	G	H	I	J	K
1	顧客情報						集計				
2	顧客名	性別	年齢	住所	年間購入額		人数	購入額計			
3	三橋　瑠璃	女	34	東京都杉並区	¥50,000		3	¥560,000			
4	君塚　恭介	男	40	千葉県浦安市	¥260,000						
5	織田　誠	男	25	東京都八王子市	¥30,000			条件			
6	杉村　直美	女	44	埼玉県上尾市	¥160,000		40	歳以上			
7	松井　健	男	45	東京都北区	¥140,000						
8	飯島　弥生	女	28	千葉県木更津市	¥100,000						
9											
10							条件				
11											

条件範囲　　合計範囲

=SUMIF(C3:C8,">=" & G6,E3:E8)
　　　条件範囲　条件　合計範囲

=COUNTIF(条件範囲 , 条件)

　条件範囲…条件判定の対象となるデータが入力されているセル範囲を指定
　条件…カウントの対象のデータを検索するための条件を指定
指定した「条件」に合致するデータを「条件範囲」から探し、見つかった個数を返す。

=SUMIF(条件範囲 , 条件 , [合計範囲])

　条件範囲…条件判定の対象となるデータが入力されているセル範囲を指定
　条件…合計対象のデータを検索するための条件を指定
　合計範囲…合計対象の数値が入力されているセル範囲を指定。指定を省略すると「条件範囲」が「合計範囲」となる
指定した「条件」に合致するデータを「条件範囲」から探し、条件に合致した行の「合計範囲」のデータを合計する。

📖 「○○で始まる」の条件で集計する

ワイルドカード（→ P176）を使用して部分一致の条件を指定することも可能です。例えば「東京都で始まる」という条件は「"東京都*"」、「セルG6に入力した文字列で始まる」という条件は「G6 & "*"」と表します。

▶東京都の顧客の人数と年間購入額の合計を求める

=COUNTIF(D3:D8,G6 & "*")
条件範囲 条件

=SUMIF(D3:D8,G6 & "*",E3:E8)
条件範囲 条件 合計範囲

H3			✕ ✓ fx	=SUMIF(D3:D8,G6 & "*",E3:E8)							
	A	B	C	D	E	F	G	H	I	J	K	L
1	顧客情報						集計					
2	顧客名	性別	年齢	住所	年間購入額		人数	購入額計				
3	三樹 瑠璃	女	34	東京都杉並区	¥50,000		3	¥220,000				
4	君塚 恭介	男	40	千葉県浦安市	¥260,000							
5	織田 誠	男	25	東京都八王子市	¥30,000			条件				
6	杉村 直美	女	44	埼玉県上尾市	¥160,000		東京都	で始まる				
7	松井 健	男	45	東京都北区	¥140,000							
8	飯島 弥生	女	28	千葉県木更津市	¥100,000		条件					
9												
10				条件範囲	合計範囲							

📖 「入力済み」「未入力」の条件で集計する

「入力済み」の条件は「"<>"」、未入力の条件は「"="」と表します。未入力は「""」と表すこともできますが、「""」は未入力のセルと数式の結果が「""」のセルの両方を対象とします。数式の結果の「""」を除外したい場合は「"="」を使用した方がよいでしょう。下図の「条件範囲」には数式が含まれていないので、「"="」と「""」のどちらでもかまいません。

▶携帯電話を「登録済」「未登録」の人数を求める

D3			✕ ✓ fx	=COUNTIF(B3:B8,"<>")				
	A	B	C	D	E	F	G	H
1	顧客情報			集計（携帯電話）				
2	顧客名	携帯電話		登録済	未登録			
3	三樹 瑠璃	090-1111-xxxx		4	2			
4	君塚 恭介	080-2222-xxxx						
5	織田 誠							
6	杉村 直美	080-4444-xxxx		条件範囲				
7	松井 健							
8	飯島 弥生	090-6666-xxxx						

=COUNTIF(B3:B8,"<>")
条件範囲 条件

=COUNTIF(B3:B8,"=")
条件範囲 条件

📒「○○でない」の条件で集計する

「○○でない」を条件にするには、比較演算子の「<>」を使用します。例えば、「100でない」は「"<>100"」、「東京都で始まらない」は「"<> 東京都 *"」となります。下図のセルF3では「宅配BOXでない」を条件にCOUNTIF関数でデータ数を求めています。

なお、「"<> 宅配BOX"」は未入力のセルも対象になります。未入力のセルを除外したい場合は、COUNTIFS関数を使用して「宅配BOXでない」かつ「未入力でない（入力済み）」を条件にデータ数をカウントします。COUNTIFS関数は、複数の条件を指定して、指定したすべての条件が成立するデータをカウントする関数です。

▶置き配指定が「宅配BOXでない」顧客の人数を求める

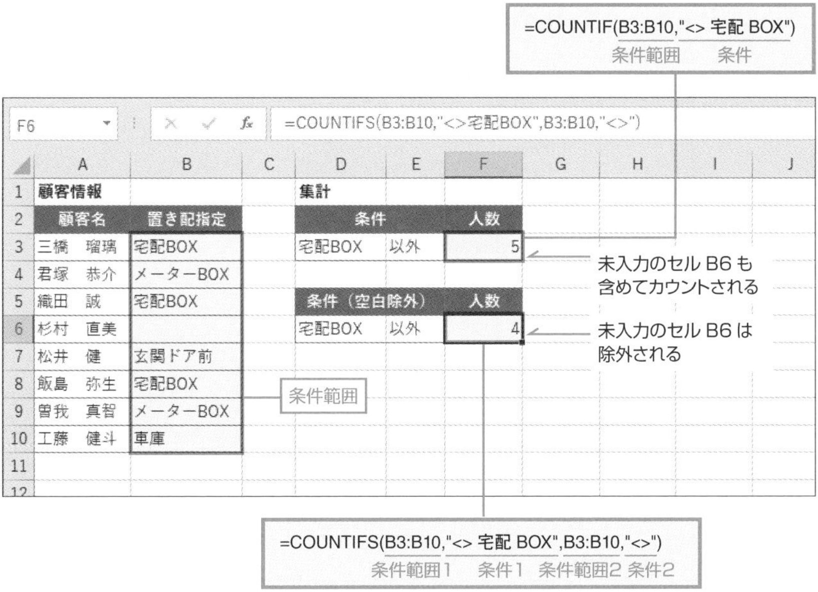

```
=COUNTIF(B3:B10,"<> 宅配BOX")
         条件範囲      条件
```

| F6 | ▼ : | × ✓ fx | =COUNTIFS(B3:B10,"<>宅配BOX",B3:B10,"<>") |

▲	A	B	C	D	E	F	G	H	I	J
1	顧客情報			集計						
2	顧客名	置き配指定		条件		人数				
3	三橋　瑠璃	宅配BOX		宅配BOX	以外	5				
4	君塚　恭介	メーターBOX								
5	織田　誠	宅配BOX		条件（空白除外）		人数				
6	杉村　直美			宅配BOX	以外	4				
7	松井　健	玄関ドア前								
8	飯島　弥生	宅配BOX		条件範囲						
9	曽我　真智	メーターBOX								
10	工藤　健斗	車庫								
11										
12										

未入力のセル B6 も含めてカウントされる

未入力のセル B6 は除外される

```
=COUNTIFS(B3:B10,"<> 宅配BOX",B3:B10,"<>")
          条件範囲1  条件1  条件範囲2 条件2
```

=COUNTIFS(条件範囲1, 条件1, [条件範囲2, 条件2]…)

条件範囲…条件判定の対象となるデータが入力されているセル範囲を指定
条件…カウントの対象のデータを検索するための条件を指定
指定した「条件」に合致するデータを「条件範囲」から探し、見つかった個数を返す。「条件範囲」と「条件」は必ずペアで指定する。最大127組を指定できる。

月単位、年単位、締日単位、四半期単位で集計する

　日付を年単位や四半期単位などにグループ化して集計したいことがあります。ここではさまざまな日付の単位で集計する方法を、作業列を使用する場合と配列数式を使用する場合に分けて紹介します。

作業列を使用して集計する

　日付をグループ化するには、作業列に日付の単位を表示するのが簡単です。月単位でグループ化する場合は日付から「月」を取り出す、四半期単位でグループ化する場合は日付から「四半期」を求める、という具合です。求めた作業列を SUMIF 関数の引数「条件範囲」に指定して集計を行います。以下の例はいずれもセル A3〜A14 に日付が、セル E3 に集計の条件が入力されているものとします。SUMIF 関数の数式はすべての例で共通です。

▶日付を月単位でグループ化して金額を合計する

	F3	▾	=MONTH(A3)	($C$3:$C$14,E3,$B$3:$B$14)		=SUMIF($C$3:$C$14,E3,$B$3:$B$14)				
	A	B	C	D	E	F	G	H	I	J K L
1	売上表				集計					
2	日付	金額	作業列		月	全額				
3	2020/4/6	380,000	4		4	1,380,000				
4	2020/4/13	130,000	4		5	1,500,000	コピー			
5	2020/4/20	430,000	4		6	1,330,000				
6	2020/4/27	440,000	4							
7	2020/5/4	200,000	5							
8	2020/5/11	390,000	5							
9	2020/5/18	480,000	5		コピー					
10	2020/5/25	430,000	5							
11	2020/6/1	360,000	6							
12	2020/6/8	110,000	6							
13	2020/6/15	320,000	6							
14	2020/6/22	540,000	6							
15										

月単位で集計する準備として、作業列のセル C3 に MONTH 関数を入力して日付から月を取り出し、セル C14 までコピーする。セル F3 に SUMIF 関数を入力してコピーする。コピーしたときに引数「条件範囲」と「合計範囲」がずれないように絶対参照で指定すること。

=SUMIF(条件範囲 , 条件 , [合計範囲])	➡ P247
=MONTH(シリアル値)	➡ P207

▶日付を年単位でグループ化して金額を合計する

	A	B	C	D	E	F	G
1	売上表				集計		
2	日付	金額	作業列		年	金額	
3	2019/1/15	5,493,000	2019		2019	25,884,000	
4	2019/4/15	7,597,000	2019		2020	24,591,000	
5	2019/7/15	5,031,000	2019		2021	23,882,000	
6	2019/10/15	7,763,000	2019				
7	2020/1/15	5,597,000	2020				

=YEAR(A3)

年単位で集計するには、YEAR 関数を使用して日付から年を取り出す。セル F3 の SUMIF 関数は月単位の場合と同じ。

▶日付を年月単位でグループ化して金額を合計する

	A	B	C	D	E	F	G
1	売上表				集計		
2	日付	金額	作業列		年月	金額	
3	2020/10/3	1,617,000	2020/10		2020/10	4,665,000	
4	2020/10/11	1,955,000	2020/10		2020/11	2,950,000	
5	2020/10/22	1,093,000	2020/10		2020/12	3,303,000	
6	2020/11/7	920,000	2020/11		2021/01	3,944,000	
7	2020/11/13	1,439,000	2020/11				
8	2020/11/24	591,000	2020/11				

=TEXT(A3,"yyyy/mm")

「文字列」の表示形式を設定して「2020/10」「2020/11」… と入力

年月単位で集計するには、TEXT 関数を使用して日付から「yyyy/mm」形式で「年／月」を取り出す。TEXT 関数の戻り値は文字列なので、条件も文字列として入力すること。

▶日付を締め日単位でグループ化して金額を合計する

「4/20」は 4 月、「4/21」は 5 月として集計する

=MONTH(EDATE(A3-20,1))

	A	B	C	D	E	F	G
1	売上表				集計		
2	日付	金額	作業列		月	金額	
3	2020/4/6	473,000	4		4	1,195,000	
4	2020/4/13	395,000	4		5	1,802,000	
5	2020/4/20	327,000	4		6	1,834,000	
6	2020/4/21	479,000	5		7	504,000	
7	2020/5/4	476,000	5				
8	2020/5/11	442,000	5				

「毎月 20 日までが今月の売上、21 日以降は来月の売上」というルールで集計を行うには、日付を 20 日前にずらして、その 1 カ月後の日付から月を取り出す。

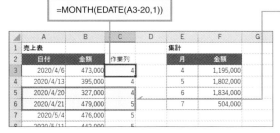

=YEAR(シリアル値)

シリアル値…日付／時刻データやシリアル値を指定
「シリアル値」が表す日付から「年」にあたる数値を返す。

=TEXT(値 , 表示形式) → P203

=EDATE(開始日 , 月) → P207

▶日付を四半期単位でグループ化して金額を合計する

```
=CHOOSE(MONTH(A3),4,4,4,1,1,1,2,2,2,3,3,3)
```

C3		▼	:	×	✓	fx	=CHOOSE(MONTH(A3),4,4,4,1,1,1,2,2,2,3,3,3)				
▲	A	B	C	D	E	F	G	H	I	J	K
1	売上表				集計						
2	日付	金額	作業列		四半期	金額					
3	2020/4/10	2,636,000	1		1	6,497,000					
4	2020/5/10	2,048,000	1		2	5,816,000					
5	2020/6/10	1,813,000	1		3	5,780,000					
6	2020/7/10	2,475,000	2		4	7,367,000					
7	2020/8/10	1,327,000	2								

四半期単位で集計するには、日付から月を取り出し、それを CHOOSE 関数の第 1 引数「インデックス」に指定する。第 2 引数以降に、1 月の四半期、2 月の四半期、3 月の四半期…を指定する。図では四半期の始まりを 4 月としたが、1 月としたい場合は第 2 引数以降を「1,1,1,2,2,2,3,3,3,4,4,4」と指定すればよい。

```
=CHOOSE(インデックス, 値1,「 値21…)                              → P119
```

📖 配列数式を使用して集計する

　作業列を使用せずに集計したい場合は、配列数式を使う方法があります。例えば月単位で集計する場合は、MONTH 関数で日付から月を取り出し、IF 関数を使用して取り出した月が条件の月と一致する場合に金額を返すようにします。戻り値の金額を SUM 関数で合計します。

▶日付を月単位でグループ化して金額を合計する

```
=SUM(IF(MONTH($A$3:$A$14)=E3,$B$3:$B$14))
```

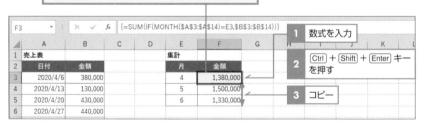

F3		▼	:	×	✓	fx	{=SUM(IF(MONTH($A$3:$A$14)=E3,$B$3:$B$14))}			
▲	A	B	C	D	E	F	G	H	I	J	K
1	売上表				集計						
2	日付	金額			月	金額					
3	2020/4/6	380,000			4	1,380,000					
4	2020/4/13	130,000			5	1,500,000					
5	2020/4/20	430,000			6	1,330,000					
6	2020/4/27	440,000									

1 数式を入力

2 Ctrl + Shift + Enter キーを押す

3 コピー

セル F3 に図の数式を入力し、Ctrl + Shift + Enter キーを押す。すると数式が「{ }」で囲まれた配列数式となり、セル F3 に 4 月の合計が表示される。この数式を下方向にコピーする。

年単位、年月単位なども数式の条件指定の部分（以下の数式の色文字部分）が異なるだけで操作方法は同じです。

・年単位

=SUM(IF(YEAR($A$3:$A$14)=E3,$B$3:$B$14))

・年月単位

=SUM(IF(TEXT($A$3:$A$14,"yyyy/mm")=E3,$B$3:$B$14))

・締日単位

=SUM(IF(MONTH(EDATE($A$3:$A$14-20,1))=E3,$B$3:$B$14))

・四半期単位

=SUM(IF(CHOOSE(MONTH($A$3:$A$14),4,4,4,1,1,1,2,2,2,3,3,3)=E3,$B$3:$B$14))

=IF(論理式 , [真の場合], [偽の場合])	→ P185
=SUM(数値1,[数値2]……)	→ P047

Column [数式の検証] を使って計算の過程を確認する

配列数式を入力したセル F3 を選択して、[数式] タブにある [数式の検証] をクリックすると、[数式の計算] ダイアログボックスにセルF3の数式が表示されます。[検証] ボタンをクリックすると、数式の計算がどのように進むのか順を追って確認できます。

SUM(IF(MONTH($A$3:$A$14)=E3,$B$3:$B$14))

▼

SUM(IF({4;4;4;4;5;5;5;5;6;6;6;6}=4,$B$3:$B$14))

▼

SUM(IF({TRUE;TRUE;TRUE;TRUE;FALSE;FALSE;FALSE;FALSE;FALSE;FALSE;FALSE;FALSE},$B$3:$B$14))

▼

SUM({380000;130000;430000;440000;FALSE;FALSE;FALSE;FALSE;FALSE;FALSE;FALSE;FALSE})

▼

1,380,000

複数の条件を組み合わせて集計する

複数の条件で集計する方法を、「○○ IFS」関数を使う方法、作業列を使う方法、配列数式を使う方法に分けて紹介します。

📖 AND 条件なら「○○ IFS」関数 1 つで集計できる

SUMIFS 関数や COUNTIFS 関数は、複数の条件を指定して AND 条件で集計を行えます。条件の指定方法は、SUMIF 関数や COUNTIF 関数と同じです。完全一致の条件のほか、比較演算子やワイルドカードを使用した条件を指定できます。下図では SUMIFS 関数を使用して、「年齢が 30 以上かつ住所が東京都」という条件で年間購入額を合計しています。

▶「年齢が 30 以上かつ住所が東京都」という条件で集計する

```
=SUMIFS(E3:E8 , B3:B8 , ">=30" , C3:C8 , " 東京都 ")
      合計範囲 条件範囲1条件1条件範囲2  条件2
```

G3	▼	:	×	✓	*fx*	=SUMIFS(E3:E8,B3:B8,">=30",C3:C8,"東京都")

◢	A	B	C	D	E	F	G	H	I	J	K
1	会員情報						集計				
2	会員ID	年齢	住所	勤務地	年間購入額		年間購入額				
3	10001	35	埼玉県	東京都	¥140,000		¥226,000				
4	10002	28	東京都	神奈川県	¥32,000						
5	10003	30	東京都	東京都	¥101,000						
6	10004	27	神奈川県	東京都	¥107,000						
7	10005	38	埼玉県	千葉県	¥62,000						
8	10006	45	東京都	埼玉県	¥125,000						
9											
10											
11											

条件範囲 1　　条件範囲 2　　　合計範囲

=SUMIFS(合計範囲 , 条件範囲 1, 条件 1, [条件範囲 2, 条件 2]…)

　合計範囲…合計対象の数値が入力されているセル範囲を指定
　条件範囲…条件判定の対象となるデータが入力されているセル範囲を指定
　条件…合計対象のデータを検索するための条件を指定
指定した「条件」に合致するデータを「条件範囲」から探し、条件に合致した行の「合計範囲」のデータを合計する。「条件範囲」と「条件」は必ずペアで指定する。最大 127 組を指定できる。

Chapter 1
Chapter 2
Chapter 3
Chapter 4
Chapter 5
Chapter 6
付録

Column 「○○ IF」「○○ IFS」関数

下記の関数は、条件に合致するデータを集計するための関数です。末尾に「S」が付く関数は複数の条件を指定できます。単数条件の場合と複数条件の場合で、合計範囲を指定する引数の位置が異なるので注意してください。なお、MAXIFS 関数と MINIFS 関数は Excel 2013/2016 では使えないので、条件に合う最大値や最小値を求めるには作業列か配列数式を使用してください。

・単数条件

合計	=SUMIF(条件範囲 , 条件 , 合計範囲)
平均	=AVERAGEIF(条件範囲 , 条件 , 合計範囲)
カウント	=COUNTIF(条件範囲 , 条件)

・複数条件

合計	=SUMIFS(合計範囲 , 条件範囲 1, 条件 1, …)
平均	=AVERAGEIFS(合計範囲 , 条件範囲 1, 条件 1, …)
最大値	=MAXIFS(合計範囲 , 条件範囲 1, 条件 1, …)
最小値	=MINIFS(合計範囲 , 条件範囲 1, 条件 1, …)
カウント	=COUNTIFS(条件範囲 1, 条件 1, …)

作業列を使用して複雑な条件で集計する

複雑な条件で集計する場合は、作業列を用意して条件に合う数値を抜き出すと、わかりやすく集計できます。下図では「年齢が 30 以上、かつ住所か勤務地が東京都」という条件で年間購入額を合計しています。

▶「年齢が 30 以上、かつ住所か勤務地が東京都」という条件で集計する

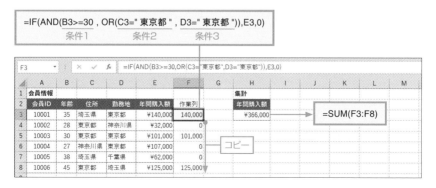

=IF(論理式 , [真の場合], [偽の場合])	➡ P185
=AND(論理式 1, [論理式 2], …)	➡ P185
=OR(論理式 1, [論理式 2], …)	➡ P185
=SUM(数値 1,[数値 2]……)	➡ P047

📖 配列数式を使用して複雑な条件で集計する

　作業列を使用せずに1つの数式で合計を求めたい場合は、「=SUM(IF(条件 , 合計範囲))」という式を配列数式として入力する方法があります。複数の条件を指定する場合、AND 条件は「(条件 1)*(条件 2)」のように2つの条件を掛け算し、OR 条件は「(条件 1)+(条件 2)」のように2つの条件を足し算して指定します。

　下図では「年齢が 30 以上かつ住所か勤務地が東京都」という条件を「条件 1*(条件 2+ 条件 3)」の形式で指定しています。数式を入力して、[Ctrl] + [Shift] + [Enter] キーを押して確定してください。すると数式が「{ }」で囲まれた配列数式となり、集計結果が表示されます。

▶「年齢が 30 以上、かつ住所か勤務地が東京都」という条件で集計する

　この数式の条件1、条件2、条件3はいずれも論理値からなる6行1列の配列です。「条件 1*(条件 2+ 条件 3)」において「条件 2+ 条件 3」をカッコでくくっているので足し算が先に行われてから、その結果と「条件 1」との掛け算が行われます。足し算や掛け算が行われるとき、「TRUE」は「1」、「FALSE」は「0」として計算されます。

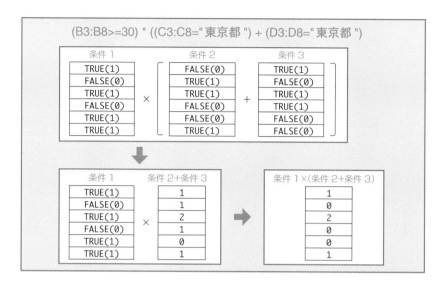

「条件1*(条件2+条件3)」の結果の配列をIF関数の引数「論理式」に指定すると、「0」は「FALSE」、「0以外」は「TRUE」として扱われます。引数「真の場合」に年間購入額のセル範囲を指定すれば、条件に合致する行にだけ年間購入額が返され、それをSUM関数で合計すれば、条件に合致するデータの合計が求められます。「SUM」を「AVERAGE」「MAX」「MIN」に変えれば、さまざまな集計を行うことが可能です。

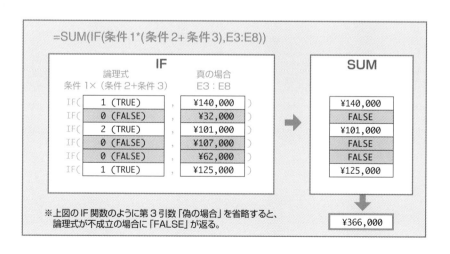

VBA 指定した色のセルの数値を数える／合計する

　ユーザー定義関数を使用して、指定した色と同じ色のセルをカウントする COLORCOUNT 関数と、指定した色と同じ色のセルの数値を合計する COLORSUM 関数を作ってみましょう。いずれの関数も引数は、計算対象を指定するための「範囲」と色を指定するための「色セル」の2つとします。まずは、P98 を参考に以下のユーザー定義関数を入力してください。

▶コード

```
1  ' [範囲] から [色セル] と同じ色のセルをカウントする
2  Function COLORCOUNT( 範囲 As Range, 色セル As Range)
3      Dim rg As Range
4      Application.Volatile
5      COLORCOUNT = 0
6      For Each rg In 範囲
7          If rg.Interior.Color = 色セル .Interior.Color Then
8              COLORCOUNT = COLORCOUNT + 1
9          End If
10     Next
11 End Function
12
13 ' [範囲] から [色セル] と同じ色のセルを合計する
14 Function COLORSUM( 範囲 As Range, 色セル As Range)
15     Dim rg As Range
16     Application.Volatile
17     COLORSUM = 0
18     For Each rg In 範囲
19         If rg.Interior.Color = 色セル .Interior.Color Then
20             COLORSUM = COLORSUM + rg.Value
21         End If
22     Next
23 End Function
```

　COLORCOUNT 関数の書式は「COLORCOUNT(範囲 , 色セル)」となり、第1引数「範囲」から第2引数「色セル」と同じ塗りつぶしの色のセルを探し、見つかったセルをカウントします。また、COLORSUM 関数の書式は「COLORSUM(範囲 , 色セル)」となり、第1引数「範囲」から第2引数「色セル」と同じ塗りつぶしの色のセルを探し、見つかったセルの数値を合計します。これらの関数は、Excel の関数と同様にセルに入力できます。下図では、「販売数」欄を対象に色ごとにセルの数と合計を求めています。

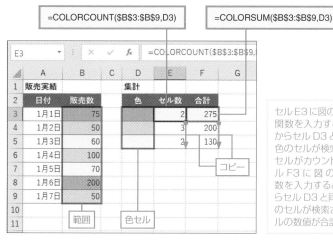

セル E3 に図の COLORCOUNT 関数を入力すると、「販売数」欄からセル D3 と同じ塗りつぶしの色のセルが検索され、見つかったセルがカウントされる。また、セル F3 に図の COLORSUM 関数を入力すると、「販売数」欄からセル D3 と同じ塗りつぶしの色のセルが検索され、見つかったセルの数値が合計される。

　関数を入力したあとで「販売数」の数値を変更すると、自動で再計算されます。B 列の「販売数」欄や D 列の「色」欄の色を変更した場合は、F9 キーを押すと再計算できます。なお、引数「範囲」には以下のように複数列のセル範囲も指定可能です。

セル I3 に COLORCOUNT 関数を入力すると、カレンダーのセル A3〜G7 からセル I2 と同じ色の塗りつぶしのセルが検索され、見つかったセルがカウントされる。ここでは休日のセルをカウントしている。

数式の可能性を広げるスピルと新関数のあわせワザ

スピル機能を利用して動的配列数式を入力する　　365

Microsoft 365 の Excel には、従来の配列数式の使い勝手を大幅に改善した「スピル」という新機能が搭載されています。スピルの語源は「こぼれる」「あふれる」という意味の「spill」です。

従来複数の値を返す数式は、セル範囲を選択してから配列数式として Ctrl + Shift + Enter キーで入力する必要がありました。しかしスピル機能が搭載された Excel では、先頭のセルに数式を入力して Enter キーを押すだけで、複数の結果が先頭セルからこぼれるように隣接のセルを埋めていきます。数式を入力するセル範囲を事前に選択しておかなくても、自動でスピルして結果を表示してくれる画期的な新機能なのです。こうして入力された数式は、「動的配列数式」と呼ばれます。

動的配列数式を入力する

まずは簡単な例を見ていきましょう。下図では、金額欄に「単価×個数」の結果を求めます。セル D2 に「=B2:B5*C2:C5」を入力すると、スピルによって自動でセル D3〜D5 にも数式が入力されます。自動入力されたセルは「ゴースト」と呼ばれ、数式が淡色で表示されます。なお、ゴーストとなるべきセルに事前に何らかのデータが入力されている場合、先頭のセルにエラー値「#SPILL!」が表示されます。

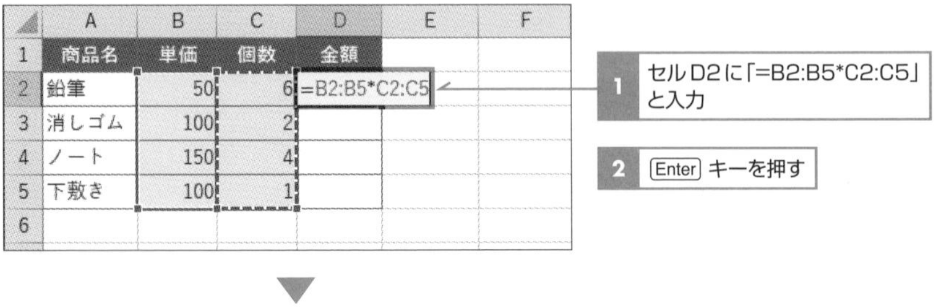

	A	B	C	D	E	F
1	商品名	単価	個数	金額		
2	鉛筆	50	6	=B2:B5*C2:C5		
3	消しゴム	100	2			
4	ノート	150	4			
5	下敷き	100	1			
6						

1 セル D2 に「=B2:B5*C2:C5」と入力

2 Enter キーを押す

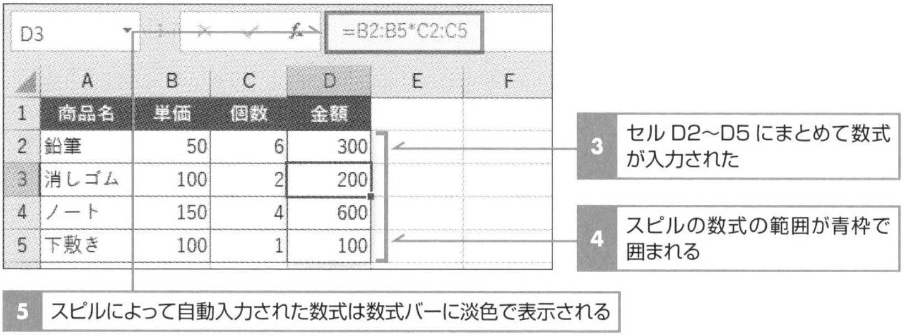

5 スピルによって自動入力された数式は数式バーに淡色で表示される

動的配列数式を編集する

　動的配列数式の入力後、編集を行うときは先頭のセルを編集します。ゴーストのセルに入力を行うと「#SPILL!」エラーになり、ほかのゴーストのセルからも結果が消えてしまうので注意してください。動的配列数式を削除する場合も、先頭セルで削除します。

1 ゴーストのセルにデータを入力

2 「#SPILL!」エラーになる

スピル範囲演算子を使用して動的配列数式の範囲を参照する

　動的配列数式のセル範囲を別の数式から参照する場合は、先頭のセル番号に「#」を付けて入力します。この「#」を「スピル範囲演算子」と呼びます。下図では、SUM 関数を使用して金額欄の合計を求めています。

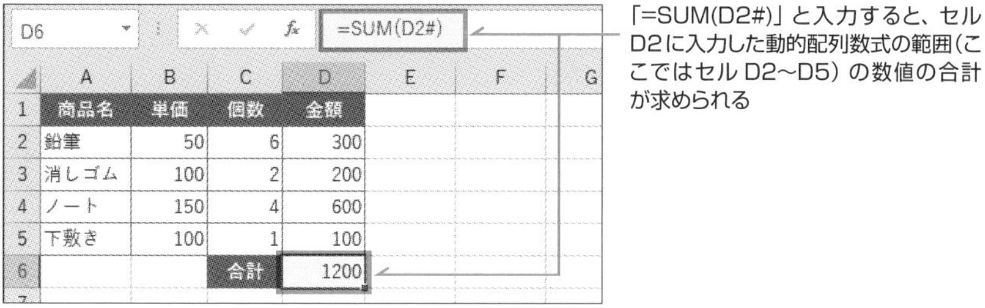

「=SUM(D2#)」と入力すると、セルD2に入力した動的配列数式の範囲（ここではセル D2～D5）の数値の合計が求められる

261

動的配列数式とスピル範囲演算子の互換性

　動的配列数式を含むブックをスピル非対応の Excel で開くと、普通の配列数式として表示されます。再度スピル対応の Excel で開けば、動的配列数式で表示されます。ただし、スピル非対応の Excel で配列数式を編集してしまうと、対応の Excel で開き直したときに動的配列数式に戻らなくなるので気を付けてください。

　スピル範囲演算子を含むブックをスピル非対応の Excel で開いた場合、数式が右下図のように変わります。開いた直後は計算結果が表示されますが、再計算されるタイミングで「#NAME?」エラーになります。スピル対応の Excel で開き直せば、正しく再計算されます。

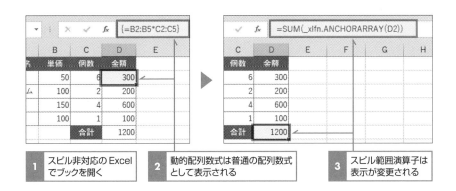

1 スピル非対応の Excel でブックを開く

2 動的配列数式は普通の配列数式として表示される

3 スピル範囲演算子は表示が変更される

暗黙的なインターセクション演算子

　従来版の Excel では、下図（A）のように1行目〜3行目のセルに「=A1:A3」という数式を入力すると、入力した行と共通の行のセルの値が表示されました。「=A1:A3」をセル B1 に入力すればセル A1 の値が表示され、セル B2 に入力すればセル A2 の値が表示される、という具合です。

（A）スピル非対応の Excel

B2			×	✓	fx	=A1:A3	
	A	B	C	D	E	F	
1	100						
2	200	200					
3	300						

1 セル B2 に「=A1:A3」と入力

2 セル A2 の値が表示される

　同じことをスピル対応の Excel で行うと、下図 (B) のように勝手にスピルが実行されます。

(B) スピル対応の Excel

1　セル B2 に「=A1:A3」と入力

2　スピルが実行される

　スピル対応の Excel で従来と同じように動作させるには、「=@A1:A3」と入力します。「@」を付けることで、勝手なスピルを阻止できるのです。この「@」を「暗黙的なインターセクション演算子」と呼びます。

(C) スピル対応の Excel

「=@A1:A3」と入力するとスピルが阻止され、従来と同様の結果になる

　なお、前ページの (A) のブックをスピル対応の Excel で開くと、自動で数式に「@」が付いて、「=@A1:A3」と表示されます。また、上図 (C) のブックをスピル非対応の Excel で開くと、「@」が消えて「=A1:A3」と表示されます。ちなみに (B) のブックをスピル非対応の Excel で開いた場合は、普通の配列数式として表示されます。

関数との親和性

　Microsoft 365 には、スピル機能を存分に発揮する新関数が複数追加されています（→ P264〜P276）。従来からある INDEX 関数、OFFSET 関数、FREQUENCY 関数など複数の値を返す関数もスピル機能で動的配列数式として入力できます。

FILTER 関数を使用すると、表から目的の行や列を抽出できます。引数は3つあり、「配列」に抽出元のセル範囲、「含む」に抽出条件、「空の場合」に該当データがない場合に表示する値を指定します。

=FILTER(配列 , 含む , [空の場合])

表から条件に合う行を取り出す

下図では、会員名簿（セル A4〜E11）から会員種別（セル E4〜E11）が「A」（セル K1）に等しい行を取り出しています。抽出条件は「E4:E11=K1」となります。

FILTER 関数の強みは、スピル機能との連携にあります。先頭のセルに数式を入力するだけで、抽出結果の行数・列数分のセル範囲に数式がスピルされるのです。セル K1 の抽出条件を変えれば瞬時に新たな抽出結果の行数・列数分に数式がスピルし直されます。何行のデータが抽出されるかわからないので、従来このような処理を関数で行うには多めのセル範囲に関数を入力し、余分な数式は条件付き書式で隠すなどの工夫が必要でした。FILTER 関数は、そのような面倒な作業から解放してくれる画期的な関数と言えます。

▶会員種別がセル K1 の値「A」に等しいデータを抽出

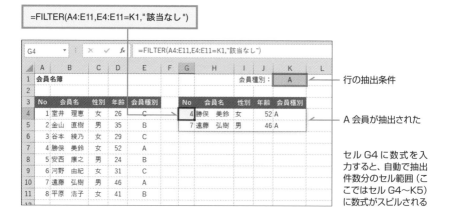

Chapter 1

Chapter 2

Chapter 3

Chapter 4

Chapter 5

Chapter 6

付録

Column 「E4:E11＝K1」は論理値からなる一次元配列

本来引数「含む」には、行を取り出す場合は行数分、列を取り出す場合は列数分の論理値または「1、0」からなる一次元配列を指定します。例えば、4行の表の1行目と3行目を取り出すには「{TRUE;FALSE;TRUE;FALSE}」または「{1;0;1;0}」を指定します。「E4:E11＝K1」は配列と単一の値の間で行う論理式で、セルE4～E11と同じサイズの配列を返します（→P178）。数式バーで「E4:E11＝K1」の部分を選択して F9 キーを押すと、返される配列を確認できます。

数式の「E4:E11＝K1」の部分を選択して F9 キーを押すと
「E4:E11＝K1」が返す配列が表示される

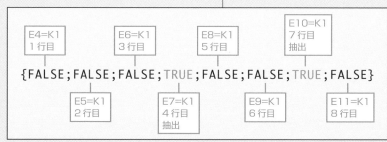

配列の要素が「TRUE」（条件成立）となる行、すなわち4行目と7行目が抽出されます。なお、配列の確認が済んだら、Esc キーを押して数式を元に戻してください。

=FILTER(配列 , 含む , [空の場合])

配列…抽出元のセル範囲や配列を指定する
含む…抽出条件を「配列」と同じ行数または列数の一次元配列で指定する。一次元配列の要素は論理値または「1、0」
空の場合…抽出結果が存在しない場合に表示する値を指定。省略した場合はエラー値「#CALC!」が表示される
「配列」から「含む」で指定した条件に合致するデータを取り出す。

📑 表から指定した列を取り出す

　FILTER 関数を使用して、列を取り出すこともできます。下図では、会員名簿（セル A4〜E11）から列見出し（セル A3〜E3）が「会員名」「年齢」（セル G3〜H3）に合致する列を取り出しています。抽出条件は「COUNTIF(G3:H3,A3:E3)」となります。

▶表から「会員名」と「年齢」の列を取り出す

=FILTER(A4:E11,COUNTIF(G3:H3,A3:E3)," 該当なし ")

列の抽出条件

セル G4 に数式を入力すると、数式がセル H11 までの範囲にスピルされる

=COUNTIF(条件範囲 , 条件)　　　　　　　　　　　　　　　→ P247

Column　行の取り出しはセミコロン、列の取り出しはカンマ

「COUNTIF(G3:H3,A3:E3)」は「{0,1,0,1,0}」という配列を返すので、表から 1 列目と 3 列目が取り出されます。引数「含む」にセミコロンで区切られた配列を指定すると行が取り出され、カンマで区切られた配列を指定すると列が取り出されます。

Column　抽出結果を並べ替えるには

上図の抽出結果を年齢の降順に並べ替えるには、SORT 関数（→ P268）を組み合わせて次のような数式を立てます。

=SORT(FILTER(A4:E11,COUNTIF(G3:H3,A3:E3)," 該当なし "),2,-1)

■ いろいろな抽出

・表から指定した行と列を取り出す

　行と列の両方を取り出すには、2つの FILTER 関数をネストさせます。次の式では、40 歳以上の会員の会員名と年齢を取り出します。

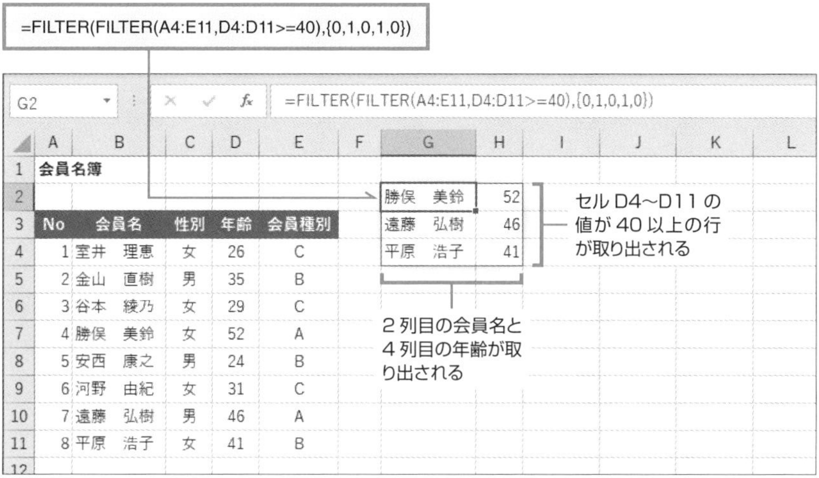

```
=FILTER(FILTER(A4:E11,D4:D11>=40),{0,1,0,1,0})
```

・AND 条件で抽出する

　AND 条件を指定するには、掛け算の演算子「*」を使います。次の式では、男性かつ 30 歳以上の会員データを取り出しています。

```
=FILTER(A4:E11,(C4:C11="男")*(D4:D11>=30),"該当なし")
```

　また、次の式では年齢が 30 歳以上 40 歳未満の会員データを取り出します。

```
=FILTER(A4:E11,(D4:D11>=30)*(D4:D11<40)," 該当なし ")
```

・OR 条件で抽出する

　OR 条件を指定するには、足し算の演算子「+」を使います。次の式では、会員種別が「A」または「B」の会員データを取り出します。

```
=FILTER(A4:E11,(E4:E11="A")+(E4:E11="B")," 該当なし ")
```

SORT 関数と SORTBY 関数で表を自在に並べ替え

SORT 関数または SORTBY 関数を使うと、表の並べ替えを行えます。もとの表には手を付けずに、別のセルに並べ替えた結果を表示したいときに利用します。いずれもスピル対応の関数です。

SORT 関数を使って特定の列を基準に並べ替える

SORT 関数は、引数「並べ替えインデックス」で指定した番号の列または行を基準に並べ替えを行います。昇順／降順は引数「並べ替え順序」で指定し、行と列のどちらを並べ替えるかは引数「並べ替え基準」で指定します。文字列の列や行を基準に並べ替えを行う場合、ふりがなではなく文字コード順になります。

=SORT(配列 , [並べ替えインデックス], [並べ替え順序], [並べ替え基準])

下図では、会員名簿を会員種別の昇順で並べ替えています。引数「配列」には、列見出しを含めずに並べ替える範囲（セル A3～C10）だけを指定します。「並べ替えインデックス」には、並べ替えの基準となる「会員種別」の列を表の先頭列から数えた番号（ここでは「3」）で指定します。「並べ替え順序」には昇順を表す「1」を指定しましたが、省略も可能です。行の並べ替えの場合、「並べ替え基準」は省略できます。スピル対応の関数なので、先頭のセルに入力するだけで数式が自動でスピルします。

▶会員種別の昇順に並べ替える

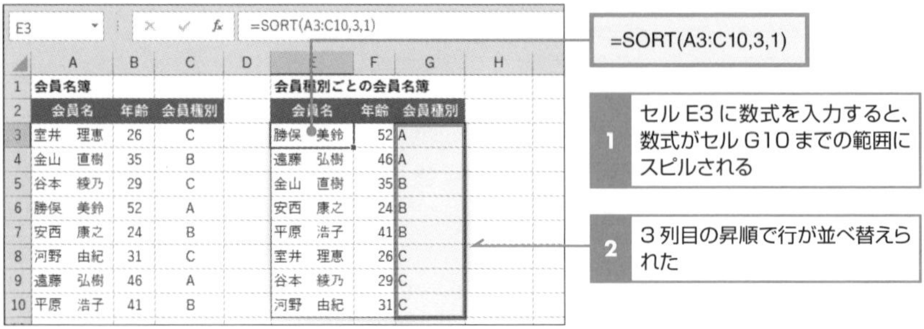

E3		✕ ✓ fx	=SORT(A3:C10,3,1)		

=SORT(A3:C10,3,1)

	A	B	C	D	E	F	G	H
1	会員名簿				会員種別ごとの会員名簿			
2	会員名	年齢	会員種別		会員名	年齢	会員種別	
3	室井 理恵	26	C		勝俣 美鈴	52	A	
4	金山 直樹	35	B		遠藤 弘樹	46	A	
5	谷本 綾乃	29	C		金山 直樹	35	B	
6	勝俣 美鈴	52	A		安西 康之	24	B	
7	安西 康之	24	B		平原 浩子	41	B	
8	河野 由紀	31	C		室井 理恵	26	C	
9	遠藤 弘樹	46	A		谷本 綾乃	29	C	
10	平原 浩子	41	B		河野 由紀	31	C	

1 セル E3 に数式を入力すると、数式がセル G10 までの範囲にスピルされる

2 3 列目の昇順で行が並べ替えられた

> **=SORT(配列 , [並べ替えインデックス], [並べ替え順序], [並べ替え基準])**
>
> 配列…並べ替えの対象となるセル範囲や配列を指定する
> 並べ替えインデックス…並べ替えの基準となる列番号または行番号を指定する
> 並べ替え順序…昇順の場合は「1」（既定値）、降順の場合は「-1」を指定する
> 並べ替え基準…行を並べ替える場合は「FALSE」（既定値）、列を並べ替える場合は「TRUE」を指定する
> 「配列」のデータを指定した順序で並べ替える。

SORTBY 関数を使って配列を基準に並べ替える

　並べ替えを行う関数には SORTBY 関数もあります。SORTBY 関数は、引数「基準配列」に指定した配列やセル範囲を基準に並べ替えを行います。昇順／降順の指定は引数「並べ替え順序」で指定します。「基準配列」と「並べ替え順序」のペアは複数指定できます。「基準配列」に 1 列のセル範囲を指定した場合は行の並べ替え、1 行のセル範囲を指定した場合は列の並べ替えになります。

　　=SORTBY(配列 , 基準配列 1,[並べ替え順序 1], [基準配列 2]…)

　下図では、会員名簿（セル A3〜C10）を会員種別（セル C3〜C10）の昇順、同じ会員種別の中では年齢（セル B3〜B10）の降順に並べ替えます。

▶**会員種別の昇順、年齢の降順に並べ替える**

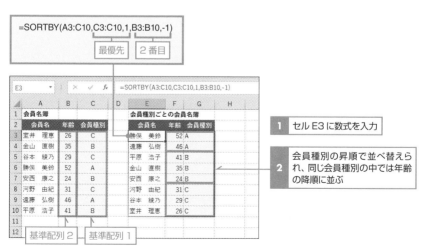

引数「基準配列」に配列を指定することもできます。セミコロン区切りの配列を指定すると行の並べ替え、カンマ区切りの配列を指定すると列の並べ替えになります。

次の例ではカンマ区切りの「{2,3,1}」を指定しているので、列単位の並べ替えが行われます。「{2,3,1}」の「2」は会員名簿（セルA2〜C10）の1列目、「3」は2列目、「1」は3列目に対応します。この配列「{2,3,1}」が「{1,2,3}」の順に並ぶように列が並べ替えられます。ここでは列見出しを含めて並べ替えています。

▶列見出しを含めて列を並べ替える

並べ替えた結果を表示するセルにあらかじめ列見出しを入力しておき、その列見出しを基準に並べ替えるにはMATCH関数を使用します。次式のMATCH関数は「{2,3,1}」という配列を返します。

▶列見出しのとおりに列を並べ替える

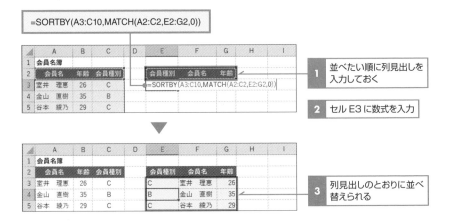

　SORTBY 関数を入れ子にすると、行と列両方の並べ替えを行えます。次の例では、会員種別の昇順、年齢の降順で行を並べ替え、会員種別、会員名、年齢の順になるように列を並べ替えています。

▶行と列を並べ替える

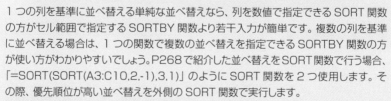

```
=SORTBY(SORTBY(A3:C10,C3:C10,1,B3:B10,-1),MATCH(A2:C2,E2:G2,0))
```

=SORTBY(配列 , 基準配列 1 ,[並べ替え順序 1], [基準配列 2]…)
配列…並べ替えの対象となるセル範囲や配列を指定する 　基準配列…並べ替えの基準となるセル範囲や配列を指定する 　並べ替え順序…昇順の場合は「1」（既定値）、降順の場合は「-1」を指定する 「配列」のデータを指定した順序で並べ替える。

=MATCH(検査値 , 検査範囲 , [照合の型])	→ P235

Column

SORT 関数と SORTBY 関数の使い分け

　1 つの列を基準に並べ替える単純な並べ替えなら、列を数値で指定できる SORT 関数の方がセル範囲で指定する SORTBY 関数より若干入力が簡単です。複数の列を基準に並べ替える場合は、1 つの関数で複数の並べ替えを指定できる SORTBY 関数の方が使い方がわかりやすいでしょう。P268 で紹介した並べ替えを SORT 関数で行う場合、「=SORT(SORT(A3:C10,2,-1),3,1)」のように SORT 関数を 2 つ使用します。その際、優先順位が高い並べ替えを外側の SORT 関数で実行します。
　表内の値を基準にするのではなく、ほかの何らかの基準で並べ替えをするなら、並べ替えの基準を配列や表外のセル範囲で指定できる SORTBY 関数一択になります。

UNIQUE 関数で表から重複なくデータを取り出す

表の特定の列に入力されているデータを1つずつ取り出したいことがあります。UNIQUE 関数を使うと、簡単に取り出せます。

表から重複なくデータを取り出す

UNIQUE 関数は3つの引数を持ちますが、表から重複なくデータを取り出すのに必要なのは第1引数の「配列」だけです。下図では、売上表の顧客欄（セルB3〜B9）から顧客名を重複なく取り出しています。

▶顧客のデータを1つずつ取り出す

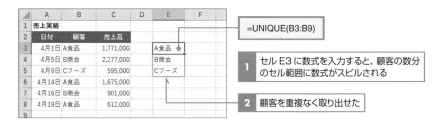

=UNIQUE(B3:B9)

1 セルE3に数式を入力すると、顧客の数分のセル範囲に数式がスピルされる

2 顧客を重複なく取り出せた

売上表のデータの増減をUNIQUE 関数に自動で反映させるには、UNIQUE 関数の引数にOFFSET 関数とCOUNTA 関数を使用して顧客のセル範囲を自動取得します（考え方はP242参照）。なお、売上表をテーブルに変換しても、データの増減を自動で反映させられます。

▶表にデータが追加されたときに自動で反映させる

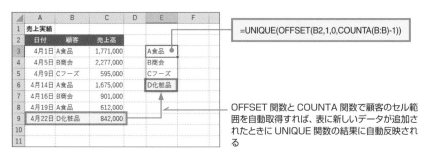

=UNIQUE(OFFSET(B2,1,0,COUNTA(B:B)-1))

OFFSET 関数とCOUNTA 関数で顧客のセル範囲を自動取得すれば、表に新しいデータが追加されたときにUNIQUE 関数の結果に自動反映される

関数だけで更新操作いらずの全自動集計

　UNIQUE 関数の活用例として、表の集計方法を紹介します。以下の例では、売上表をもとに顧客別の売上高を集計しています。ピボットテーブルで集計した場合、売上表のデータの変更や増減時に更新操作が必要です。しかし、UNIQUE 関数なら売上表の変更が瞬時に集計結果に反映されるので大変便利です。SUMIF 関数も引数にスピル範囲演算子（→ P261）を使うことにより、UNIQUE 関数と同時に更新されます。

▶売上表をもとに顧客別の売上集計をする

=UNIQUE(OFFSET(B2,1,0,COUNTA(B:B)-1))

	A	B	C	D	E	F	G
1	売上実績				集計		
2	日付	顧客	売上高		顧客	売上高	
3	4月1日	A食品	1,771,000		A食品	4,058,000	
4	4月5日	B商会	2,277,000		B商会	3,178,000	
5	4月9日	Cフーズ	595,000		Cフーズ	595,000	
6	4月14日	A食品	1,675,000		D化粧品	842,000	
7	4月16日	B商会	901,000				
8	4月19日	A食品	612,000				
9	4月22日	D化粧品	842,000				
10							

=SUMIF(B:B,E3#,C:C)

セル E3 とセル F3 に数式を入力すると、顧客の数分のセル範囲に数式がスピルされる。

=UNIQUE(配列 , [列の比較] , [回数指定])

　配列…データの取り出し元のセル範囲や配列を指定
　列の比較…指定した配列から一意の列を取り出す場合は TRUE、一意の行を取り出す場合は FALSE（既定値）を指定
　回数指定…1 回だけ出現するデータを取り出す場合は TRUE、一意のデータを取り出す場合は FALSE（既定値）を指定
「配列」から重複を削除して一意のデータを返す。

=SUMIF(条件範囲 , 条件 , [合計範囲])　　　　　　　　　　→ P247

Column **集計結果に自動で格子罫線を引くには**

　集計結果の行数は売上表のデータの変更や増減によって変わる可能性がありますが、条件付き書式を使用するとデータが存在する行にだけ格子罫線を引くことができます。設定方法は P152 を参考にしてください。

XLOOKUP 関数は、VLOOKUP 関数の進化版です。VLOOKUP 関数 1 つでは難しかった処理が、XLOOKUP 関数では難なくこなせます。引数を 6 つ持ちますが、完全一致の表引きで主に使うのは次の 4 つです。

=XLOOKUP(検索値 , 検索範囲 , 戻り範囲 , [見つからない場合])

なお、VLOOKUP 関数では近似一致検索が既定でしたが、VLOOKUP 関数では完全一致検索が既定です。

「VLOOKUP + IFERROR」を XLOOKUP 関数 1 つで実現

VLOOKUP 関数の表引きでは、検索値が見つからない場合のエラー対策として IFERROR 関数との連携が必要でした。一方 XLOOKUP 関数では、検索値が見つからない場合に戻す値を引数「見つからない場合」で指定できるので、IFERROR 関数は不要です。

下図ではセル F3 に入力した商品 ID を「検索値」として、商品リストから商品名を表引きしています。引数「検索範囲」に商品リストの「商品 ID」欄のセル A3〜A6 を指定し、「戻り範囲」に「商品名」欄のセル B3〜B6 を指定します。「見つからない場合」に「""」を指定しているので、検索値が見つからない場合にセル G3 は空欄になります。

▶商品 ID から商品名を表引きする

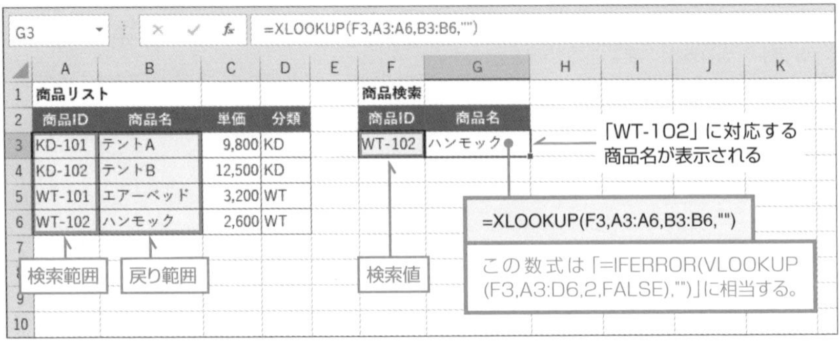

G3		▾	:	× ✓	fx	=XLOOKUP(F3,A3:A6,B3:B6,"")			

	A	B	C	D	E	F	G	H	I	J	K
1	商品リスト					商品検索					
2	商品ID	商品名	単価	分類		商品ID	商品名				
3	KD-101	テントA	9,800	KD		WT-102	ハンモック				
4	KD-102	テントB	12,500	KD							
5	WT-101	エアーベッド	3,200	WT							
6	WT-102	ハンモック	2,600	WT							
7											
8	検索範囲	戻り範囲				検索値					
9											
10											

「WT-102」に対応する
商品名が表示される

=XLOOKUP(F3,A3:A6,B3:B6,"")

この数式は「=IFERROR(VLOOKUP
(F3,A3:D6,2,FALSE),"")」に相当する。

▣ スピルを利用して 1 行丸ごと表引きする

　XLOOKUP関数の引数「戻り範囲」に複数列のセル範囲を指定することで、数式をスピルさせることができます。下図では、「戻り範囲」にセル B3～D6 を指定して、商品名、単価、分類を取り出しています。

▶商品 ID から商品情報一式を表引きする

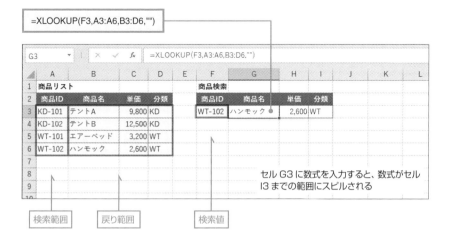

```
=XLOOKUP(F3,A3:A6,B3:D6,"")
```

セル G3 に数式を入力すると、数式がセル I3 までの範囲にスピルされる

検索範囲　戻り範囲　検索値

```
=XLOOKUP( 検索値 , 検索範囲 , 戻り範囲 , [ 見つからない場合 ], [ 一致モード ], [ 検索モード ])
```

　検索値…検索する値を指定
　検索範囲…検索する 1 列または 1 行の範囲を指定
　戻り範囲…「検索値」が見つかった場合に戻す値の範囲を指定。「検索範囲」に 1 列を指定した場合は「検索範囲」と同じ行数、1 行を指定した場合は「検索範囲」と同じ列数を指定すること
　見つからない場合…「検索値」が見つからない場合に返す値を指定。省略した場合はエラー値「#N/A」が返される
　一致モード…どのような状態を一致と見なすのかを下表の数値で指定
　検索モード…検索の向きを下表の数値で指定
「検索範囲」から「検索値」を探し、最初に見つかった位置に対応する「戻り範囲」の値を返す。

▶引数「一致モード」

値	説明
0	完全一致（既定）
-1	完全一致。見つからない場合は次に小さい項目
1	完全一致。見つからない場合は次に大きい項目
2	ワイルドカード文字との一致

▶引数「検索モード」

値	説明
1	先頭から末尾へ検索
-1	末尾から先頭へ検索
2	昇順で並べ替えた範囲をバイナリ検索
-2	降順で並べ替えた範囲をバイナリ検索

検索範囲より左の列の値を返す

VLOOKUP 関数では検索値は必ず表の1列目から検索されますが、XLOOKUP 関数の場合は1列目以外の列を検索して、その左にある列の値を返すことが可能です。次の例では、商品名を検索値として商品 ID を逆引きしています。

▶商品名から商品 ID を逆引きする

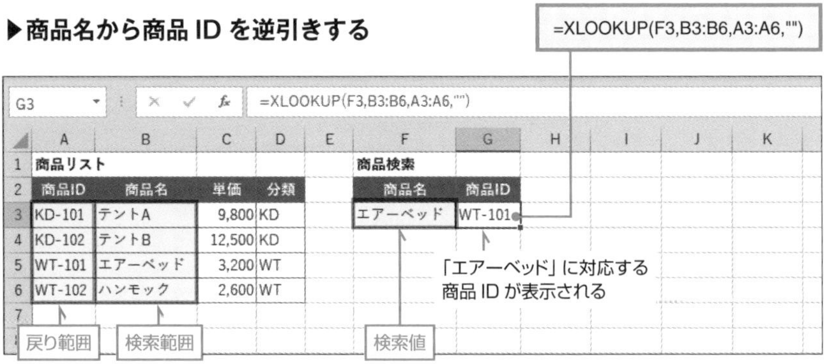

=XLOOKUP(F3,B3:B6,A3:A6,"")

G3		:	× ✓	fx	=XLOOKUP(F3,B3:B6,A3:A6,"")			

	A	B	C	D	E	F	G	H	I	J	K
1	商品リスト					商品検索					
2	商品ID	商品名	単価	分類		商品名	商品ID				
3	KD-101	テントA	9,800	KD		エアーベッド	WT-101				
4	KD-102	テントB	12,500	KD							
5	WT-101	エアーベッド	3,200	WT							
6	WT-102	ハンモック	2,600	WT							
7											

戻り範囲　検索範囲　　　　　検索値

「エアーベッド」に対応する
商品 ID が表示される

近似検索をする

XLOOKUP 関数の第5引数「一致モード」に「-1」を指定すると、VLOOKUP 関数の近似検索に該当する検索を行えます。VLOOKUP 関数では検索範囲を昇順で並べる必要がありましたが、XLOOKUP 関数では昇順に並べなくても検索できます。実際には表の見やすさから昇順または降順に並べるのが自然でしょう。下図の例では、セル B2 に入力された購入金額を検索値として、送料一覧表から送料を求めています。

▶「○○以上」に該当するデータを検索する

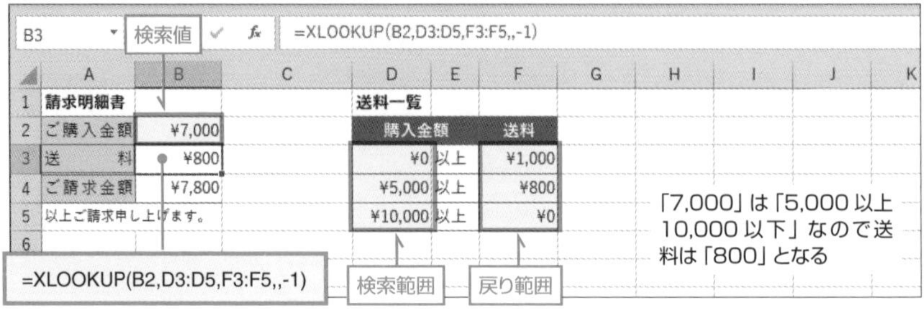

B3		▼	検索値	✓	fx	=XLOOKUP(B2,D3:D5,F3:F5,,-1)		

	A	B	C	D	E	F	G	H	I	J	K
1	請求明細書			送料一覧							
2	ご購入金額	¥7,000		購入金額		送料					
3	送　　料	¥800		¥0	以上	¥1,000					
4	ご請求金額	¥7,800		¥5,000	以上	¥800					
5	以上ご請求申し上げます。			¥10,000	以上	¥0					
6											

=XLOOKUP(B2,D3:D5,F3:F5,,-1)　　検索範囲　戻り範囲

「7,000」は「5,000 以上
10,000 以下」なので送
料は「800」となる

276

一瞬で伝わる!
数値の視覚化テクニック

第**4**章

4
Excel

01　グラフ作成の基礎

Excel のグラフの種類と特徴

　グラフの目的は、数値を視覚化することです。目に見える形にすることで、データの傾向や問題点などが浮き彫りになります。グラフから有意義な情報を得るためには、目的に合ったグラフ選びが重要です。下表は「挿入」タブの「グラフ」グループから作成できるグラフの一覧です。

▶Excel のグラフの種類

種類		説明
	縦棒	縦棒の高さで数値の大きさを表す
	折れ線	折れ線の傾きで数値の変化や推移を表す
	円	円を扇形状に区切って、全体に対するデータの割合を示す
	横棒	横棒の長さで数値の大きさを表す
	面	折れ線の下を塗りつぶした形をしており、面でデータの変化を表す
	散布図	2 組の数値を点で表して、データの散らばりや相関関係を表現する
	マップ	(365/2019) 地図を塗り分けて数値の大きさを表す
	株価	株価を株価チャートで表す
	等高線	3 組のデータを地図の等高線のように立体的に表現する
	レーダー	放射状に伸びた軸を線で結んで、できあがる図形でバランスを表す
	ツリーマップ	(365/2019/2016) 階層構造のデータを長方形の色と面積で表す
	サンバースト	(365/2019/2016) 階層構造のデータをドーナツ状のグラフで表す
	ヒストグラム	(365/2019/2016) 区分ごとのデータ数を縦棒で表して分布を表現する
	箱ひげ図	(365/2019/2016) データのばらつきを長方形と上下に伸びる棒で表す
	ウォーターフォール	(365/2019/2016) 正負の数値の累積の過程を表す
	じょうご	(365/2019) 数値が絞り込まれていく様子を表す
	組み合わせ	複数の種類のグラフを組み合わせた複合グラフを作成する

Excelで作成できるグラフの種類は豊富ですが、基本となるのは「棒」「折れ線」「円」の3つです。いずれも単純なグラフですが、用途を理解して使い分け、適切な設定を行うことで説得力のあるグラフになります。

数値の大きさを比較するなら棒グラフ

棒グラフは、棒の高さで数値そのものをダイレクトに伝えるグラフです。「商品ごとの売上高」や「年代別の顧客数」など、数値の大きさを比較したいときに使用します。

Excelで作成したままのグラフだと、棒が細くインパクトに欠けます。棒グラフを作成したら、必ず太さを調整しましょう。また、「競合他社の中の自社データ」のような注目を集めたいデータがある場合は、棒の色を変えて強調すると、自然と視線が向き、伝わるグラフになります。

棒グラフは棒全体で数値を表すので、数値軸の目盛は「0」から始めるのが基本です。目盛が途中の数値から始まるグラフだと、棒同士の正確な比較を行えないので注意しましょう。数値の桁が大きい場合は、適宜万単位や百万単位にすると数値が読み取りやすくなります。

▶棒グラフで売上高の大きさを表す

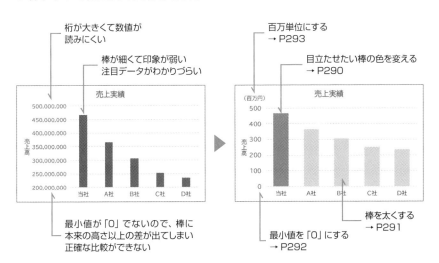

桁が大きくて数値が
読みにくい

棒が細くて印象が弱い
注目データがわかりづらい

百万単位にする
→ P293

目立たせたい棒の色を変える
→ P290

最小値が「0」でないので、棒に
本来の高さ以上の差が出てしまい
正確な比較ができない

棒を太くする
→ P291

最小値を「0」にする
→ P292

📖 時系列データの推移を示すなら折れ線グラフ

　時系列に沿って値の変化を示す場合は、折れ線グラフを使います。折れ線の傾きから、数値が増えているのか減っているのか、その変化は急激なのか緩やかなのかがわかります。

　折れ線グラフは数値そのものではなく変化を見せるグラフなので、傾きを明確にするために数値軸の範囲を絞るのが有効です。目盛線が多いと折れ線が見づらくなるので、目盛の間隔を広げてグラフをすっきり見せましょう。複数の折れ線を配置する場合は、折れ線に直接データ名を表示すると、わかりやすいグラフになります。

▶折れ線グラフで売上高の推移を表す

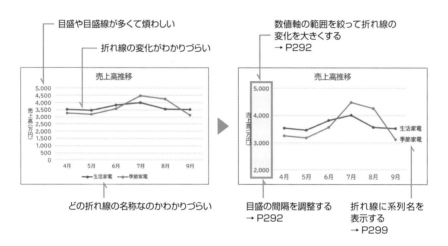

📖 データの割合を表現するなら円グラフ

　円グラフは、全体を100%として各要素の割合がどの程度なのかを示すグラフです。業界内の自社のシェアやアンケートの回答の割合など、比率を示したいときに使用します。項目数が多いと見づらくなるので、小さい数値を「その他」にまとめた表を用意しましょう。その際、数値を降順に並べておくと、12時を起点に扇形が大きい順に並ぶ見やすい円グラフになります。要素名やパーセンテージは扇形の内部に表示するか、引き出しましょう。目立たせたい要素は、円から切り離すと効果的です。

▶円グラフで売り上げの構成比を表す

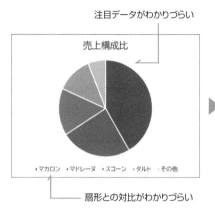

注目データがわかりづらい

売上構成比

・マカロン　・マドレーヌ　・スコーン　・タルト　・その他

扇形との対比がわかりづらい

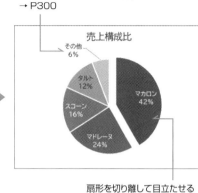

要素名とパーセンテージを表示する
→ P300

売上構成比

その他
6%

タルト
12%

スコーン
16%

マドレーヌ
24%

マカロン
42%

扇形を切り離して目立たせる
→ P300

Column　グラフ作りのスキルを上げる

Excel で作成できるグラフの種類は多彩です。目的に合ったグラフの種類を選べば、数値の視覚化の効果が高まります。しかし、それだけでは十分と言えません。グラフのわかりやすさは、1つ1つのグラフ要素の設定の積み重ねにより生まれるものだからです。目的どおりのグラフに仕上げるためには、どの設定をどう組み合わせるかの勘所が必要です。
「4-02　グラフを自由に操る設定の秘訣」では、グラフを効果的に魅せるためのさまざまな設定方法を紹介するので参考にしてください。また、「4-03　一工夫加えて魅せるグラフを作る」では、Excel のグラフをアレンジした 7 種類の応用グラフの作成方法を紹介します。一通り作ってみることで勘所が養われ、その経験が今後のグラフ作りに活かされるでしょう。

グラフを作成する

　グラフの作成方法はいたって簡単。グラフの元になるセル範囲を選択して、「挿入」タブの「グラフ」グループからグラフの種類を選ぶだけです。以下では、行見出しに支店名、列見出しに年が入力された表から縦棒グラフを作成します。Excelでは、行見出しと列見出しのうち数が多い方が横軸に並ぶというルールがあります。目的とは反対のグラフが作成されたときは、「行 / 列の切り替え」ボタンを使用して切り替えます。

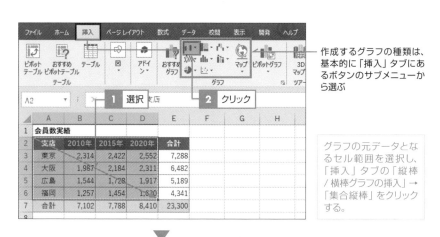

作成するグラフの種類は、基本的に「挿入」タブにあるボタンのサブメニューから選ぶ

グラフの元データとなるセル範囲を選択し、「挿入」タブの「縦棒 / 横棒グラフの挿入」→「集合縦棒」をクリックする。

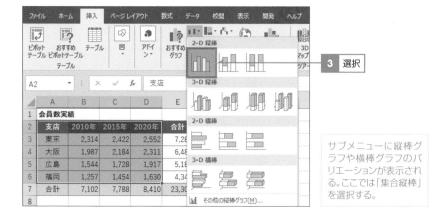

サブメニューに縦棒グラフや横棒グラフのバリエーションが表示される。ここでは「集合縦棒」を選択する。

グラフを選択すると、「グラフツール」の
「デザイン」タブと「書式」タブが現れる

5 クリック

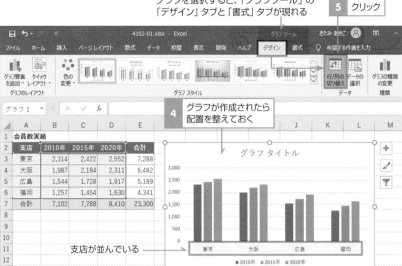

4 グラフが作成されたら
配置を整えておく

グラフが作成されるので、配置を整える。ポインターを合わせたときにポップヒントに「グラフエリア」と表示される場所をドラッグするとグラフを移動できる。角の白丸をドラッグするとサイズ変更できる。元の表の支店が4行、年が3列と支店数が多かったので、作成されたグラフの横軸に支店が並んだ。年が並ぶように変更するには「デザイン」タブの「行/列の切り替え」ボタンをクリックする。

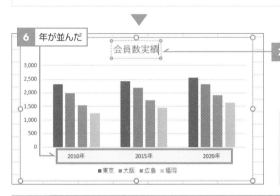

6 年が並んだ

会員数実績

7 グラフタイトルを入力

横軸に年が並ぶグラフに変わった。グラフタイトルをクリックして選択する。もう1度クリックするとカーソルが現れるので、文字を書き換えておく。

Column　**Microsoft 365 ではリボンのタブが異なる**　

Microsoft 365 の Excel では、「グラフツール」の「デザイン」タブの代わりに「グラフのデザイン」タブが表示されます。本書では Excel 2019 のタブ名で解説するので、タブ名を適宜読み替えてください。

グラフ要素の追加と設定

　グラフを構成する部品のことを「グラフ要素」と呼びます。下図では、縦棒グラフを例に標準的なグラフ要素を紹介します。

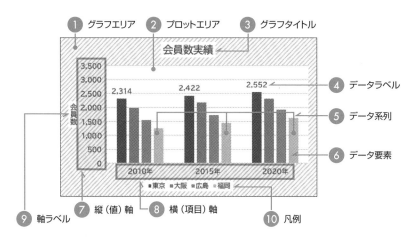

	グラフ要素	説明
①	**グラフエリア**	グラフ全体の領域（図の斜めストライプ模様の部分）
②	**プロットエリア**	棒や折れ線など、グラフ本体を表示する長方形の領域（図の白い部分）
③	**グラフタイトル**	グラフのタイトル
④	**データラベル**	データ要素の説明を表示する領域。数値や系列名などを表示できる
⑤	**データ系列**	表の1行、または1列分のデータの集まり。棒グラフの場合は同じ色の棒の集まり、折れ線グラフの場合は1本の折れ線、円グラフの場合は円がデータ系列
⑥	**データ要素**	1つの数値を表す図形。棒グラフの場合は1本の棒、折れ線グラフの場合は点、円グラフの場合は扇形がデータ要素
⑦	**縦（値）軸**	値軸は数値を表示する軸。縦（値）軸は縦線の値軸のこと。横棒グラフの場合の値軸は「横（値）軸」となる
⑧	**横（項目）軸**	項目軸は項目名が表示される軸。横（項目）軸は横線の項目軸のこと。横棒グラフの場合の項目軸は「縦（項目）軸」となる
⑨	**軸ラベル**	軸の説明を表示する領域
⑩	**凡例**	系列名を表示する領域

グラフ要素を選択する

　グラフの操作をするときは、操作目的に応じたグラフ要素を選択する必要があります。例えば、グラフの移動やサイズ変更を行うときはグラフを選択します。グラフエリアをクリックすると、グラフ全体が選択されたことになります。

　グラフ要素が複数の要素から構成される場合、グラフ要素を選択した状態で構成要素をクリックすると、構成要素を選択できます。例えば棒グラフの場合、棒を1回クリックするとデータ系列に含まれるすべての棒が選択されます。さらにもう1回クリックすると、クリックした棒だけを選択できます。凡例もクリックして凡例全体を選択したあとに特定の系列名をクリックすると、その系列名の文字だけを選択できます。

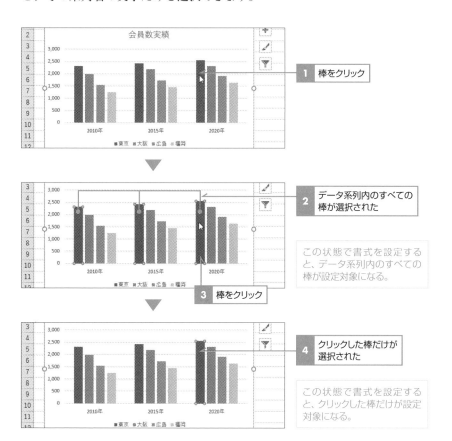

1 棒をクリック

2 データ系列内のすべての棒が選択された

この状態で書式を設定すると、データ系列内のすべての棒が設定対象になる。

3 棒をクリック

4 クリックした棒だけが選択された

この状態で書式を設定すると、クリックした棒だけが設定対象になる。

📔 グラフ要素を追加する

　グラフの作成直後は最低限のグラフ要素しか配置されていないので、必要に応じて追加しましょう。グラフ要素を追加するには、「デザイン」タブの「グラフ要素を追加」ボタンを使用する方法もありますが、グラフを選択したときに右上に表示される「＋」ボタン（「グラフ要素」ボタン）を使う方が断然効率よく作業できます。ここでは例として、縦（値）軸に軸ラベルを表示します。

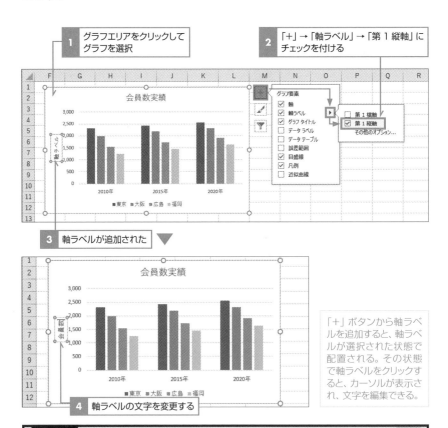

1 グラフエリアをクリックしてグラフを選択

2 「＋」→「軸ラベル」→「第1縦軸」にチェックを付ける

3 軸ラベルが追加された

4 軸ラベルの文字を変更する

「＋」ボタンから軸ラベルを追加すると、軸ラベルが選択された状態で配置される。その状態で軸ラベルをクリックすると、カーソルが表示され、文字を編集できる。

Memo

データラベルを追加する場合は、追加対象を事前に選択しておく必要があります。グラフエリアを選択した場合はすべての棒に追加されます。データ系列を選択した場合は、選択したデータ系列の棒に追加されます。特定の棒1本を選択した場合は、選択した棒だけに追加されます。

グラフ要素を設定する

　グラフ要素の詳細な設定を行うには、「（グラフ要素）の書式設定」作業ウィンドウを使います。グラフ要素をダブルクリックすると、作業ウィンドウを表示できます。ダブルクリックしづらい場合は、右クリックして表示されるメニューから「○○の書式設定」を選択しても、作業ウィンドウを表示できます。なお、既に作業ウィンドウが開いている場合、グラフ上でグラフ要素を選択するだけで、作業ウィンドウが選択したグラフ要素の設定項目に切り替わります。

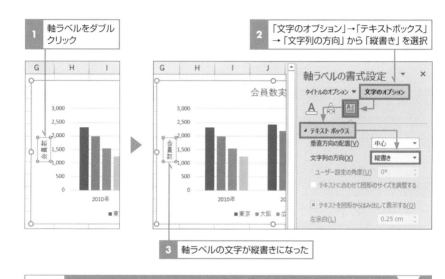

1 軸ラベルをダブルクリック

2 「文字のオプション」→「テキストボックス」→「文字列の方向」から「縦書き」を選択

3 軸ラベルの文字が縦書きになった

Column　「書式」タブを利用する方法もある

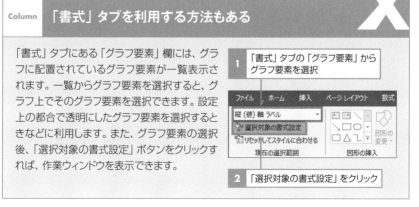

「書式」タブにある「グラフ要素」欄には、グラフに配置されているグラフ要素が一覧表示されます。一覧からグラフ要素を選択すると、グラフ上でそのグラフ要素を選択できます。設定上の都合で透明にしたグラフ要素を選択するときなどに利用します。また、グラフ要素の選択後、「選択対象の書式設定」ボタンをクリックすれば、作業ウィンドウを表示できます。

1 「書式」タブの「グラフ要素」からグラフ要素を選択

2 「選択対象の書式設定」をクリック

02 グラフを自由に操る設定の秘訣

セルの文字をグラフタイトルや軸ラベルに自動表示する

グラフタイトルを選択して数式バーに「=シート名!セル番号」を入力すると、セルに入力した文字をそのままグラフに表示できます。セルの内容を編集すると、グラフにも即座に反映されます。軸ラベルやグラフに配置したテキストボックスなども、同様の方法でセルの文字を表示できます。

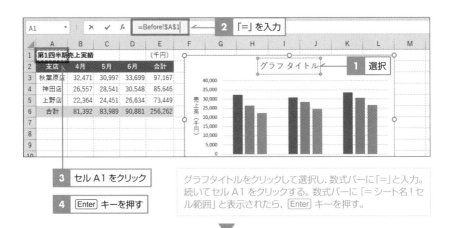

グラフタイトルをクリックして選択し、数式バーに「=」と入力。続いてセルA1をクリックする。数式バーに「=シート名!セル範囲」と表示されたら、Enterキーを押す。

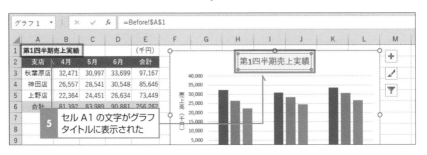

グラフタイトルにセルA1の内容が表示された。セルA1の文字を変更すると、グラフも即座に変化する。

グラフに合計欄付きで元表をリンク貼り付けする

　「図としてコピー」を利用すると、グラフ上にセルの画像を表示できます。合計欄を含めた元表を表示するなど、グラフに付加情報を盛り込めるのがメリットです。併せてリンクも設定すれば、元表の変更が即座にグラフ上の表に反映されます。

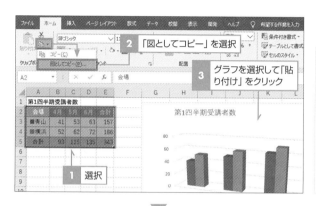

グラフに貼り付ける表の範囲を選択して、「ホーム」タブの「コピー」の「▼」ボタンをクリックし、「図としてコピー」を選択する。続いてグラフを選択し、「ホーム」タブの「貼り付け」をクリックすると、選択した表が図としてグラフに貼り付けられる。

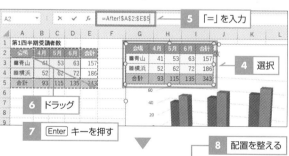

次にリンクの設定をする。貼り付けた表を選択したまま、数式バーに「=」と入力。続いて表のセル範囲をドラッグする。数式バーに「=シート名！セル範囲」と表示されたら、Enter キーを押す。

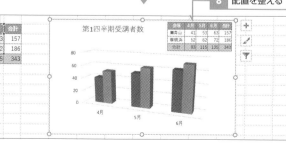

配置を整えて完成。元表のセルの値や書式を編集すると、グラフ上の表に反映される。
なお、塗りつぶしのないセルの背景はグラフ上で透明になる。見づらい場合は元のセルで塗りつぶしを設定するとよい。

棒の色を1本だけ変えて目立たせる

　棒の色や枠線などの書式は、「書式」タブやミニツールバーにあるボタンで変更します。系列単位、または1本単位で変更できます。その際、設定対象を正しく選択することがポイントです。棒をクリックすると、同じ系列のすべての棒が選択されます。その状態で色を設定すれば、系列全体の色が変わります。系列が選択された状態で、さらにもう一度棒をクリックすると、今度はクリックした棒だけが選択されます。その状態で色を設定すれば、1本だけ色が変わります。

▶系列単位で色を変更

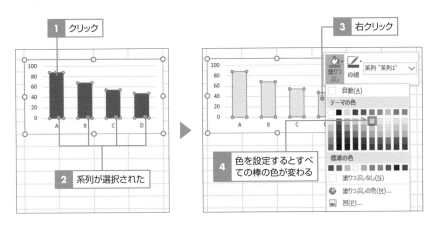

▶1本単位で色を変更

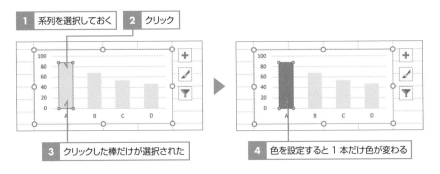

棒グラフの棒を太くする

　棒グラフの棒の太さや重なり方は、「データ系列の書式設定」作業ウィンドウの「要素の間隔」や「系列の重なり」で設定します。

「要素の間隔」で棒の太さを変える

　「要素の間隔」では、棒の間隔を「0%」〜「500%」の範囲で設定します。数値を小さくすると間隔が狭くなり、その分だけ棒が太くなります。1系列の棒グラフで「0%」を設定すると、棒がぴったりくっつきます。

棒をダブルクリックして表示

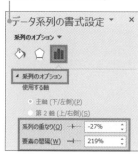

●要素の間隔：0%

棒の間隔が0になる

棒が最も太くなる

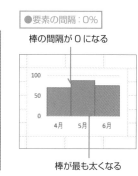

●要素の間隔：500%

棒の間隔が広がる

棒が最も細くなる

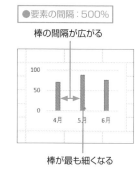

「系列の重なり」で棒を離すか重ねるかを設定

　「系列の重なり」では、隣り合う系列の棒の重なり方を「−100%」〜「100%」の範囲で設定します。負数を指定すると隣り合う系列が離れ、「0%」を指定すると隣り合う系列がくっつきます。正数を指定すると隣り合う系列が重なり、「100%」で完全に重なります。なお、「要素の間隔」と「系列の重なり」をともに「0%」にすると、すべての棒がくっつきます。

●系列の重なり：−50%

棒が離れる

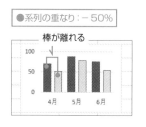

●系列の重なり：0%

棒がくっつく

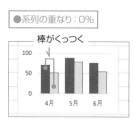

●系列の重なり：50%

棒が重なる

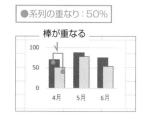

数値軸の範囲を調整して折れ線の変化を大きく見せる

デフォルトでは数値軸の範囲は「自動」になっており、グラフの元データの大きさに応じて最小値や最大値、目盛の間隔が自動的に変わります。これらの設定を変更するには、「軸の書式設定」作業ウィンドウの「軸のオプション」を使用します。一度手動で変更すると、数値軸の範囲は固定されます。表のデータを入力し直してグラフを流用する場合は、固定した数値軸の範囲をデータがはみ出ていないかチェックしてください。

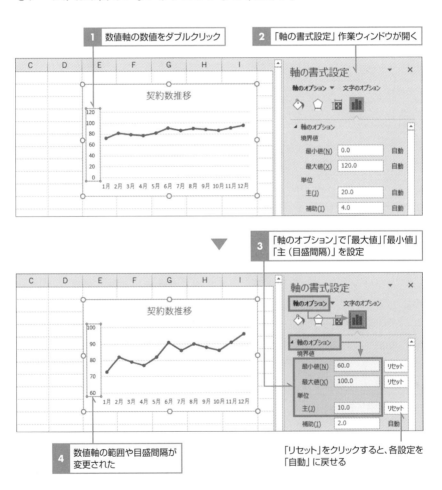

数値軸の数値を万単位や百万単位で表示する

　数値軸の数値の桁数が多い場合は、下の桁を省略してすっきりさせましょう。「軸の書式設定」作業ウィンドウで、「表示単位」の一覧から「千単位」「万単位」「百万単位」などを選べます。また、表示単位に応じて「千」「万」「百万」などのラベルも自動表示できます。

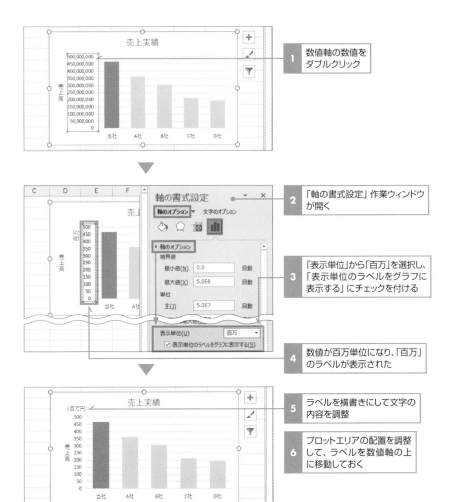

1 数値軸の数値をダブルクリック

2 「軸の書式設定」作業ウィンドウが開く

3 「表示単位」から「百万」を選択し、「表示単位のラベルをグラフに表示する」にチェックを付ける

4 数値が百万単位になり、「百万」のラベルが表示された

5 ラベルを横書きにして文字の内容を調整

6 プロットエリアの配置を調整して、ラベルを数値軸の上に移動しておく

元表にない日付が項目軸に並ぶのはなぜ？

　棒グラフや折れ線グラフの項目軸の種類には、「自動」「テキスト軸」「日付軸」の3種類があります。デフォルトは「自動」で、元表のデータに応じて軸の種類が決まります。元表に文字データが入力されている場合はテキスト軸、日付が入力されている場合は日付軸となります。つまり、元表に日付が入力されていると自動で日付軸になってしまうわけです。日付軸では日付が等間隔で並ぶため、元表の日付が飛び飛びだと抜けている日付が勝手に補われてしまいます。元表にある日付だけをグラフに表示したい場合は、手動で「テキスト軸」に変更しましょう。

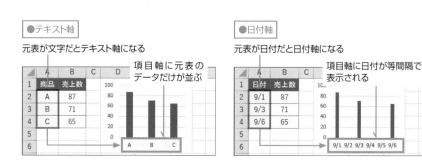

▶軸の種類を変更するには

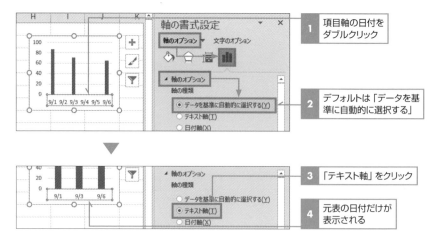

日付軸の日付の表示単位を指定する

　日付軸とテキスト軸では設定項目が異なります。日付軸では、軸に表示する日付の間隔を「6カ月単位」「7日単位」などと指定できます。下図では、6カ月単位で表示しています。併せて表示形式（→ P298）を「yyyy/m」に設定して、日付を「2018/1」のように表示させています。

テキスト軸の項目を間引いて表示する

　「1月、2月、3月…」「2000年、2001年、2002年…」は文字データなので、意味は時系列データでもテキスト軸になります。テキスト軸で表示される項目を間引くには、「間隔の単位」を指定します。

項目軸の項目名が逆順になるのはどうして？

グラフを作成すると、表の上から、または左から順に項目名が取り出され、項目軸の原点に近い方から遠い方に向かって並べられます。そのため、項目名が縦に並ぶ表から横棒グラフを作成すると、表とグラフで項目名の並び順が逆になります。項目名の並び順を揃えるには、縦軸の「軸の書式設定」作業ウィンドウで、「最大項目」「軸を反転する」の2つを設定します。

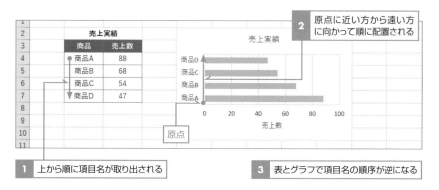

2 原点に近い方から遠い方に向かって順に配置される

1 上から順に項目名が取り出される

3 表とグラフで項目名の順序が逆になる

▶項目名の並び順を揃えるには

1 項目軸をダブルクリックして表示

3 項目名の並び順が揃った

2 選択

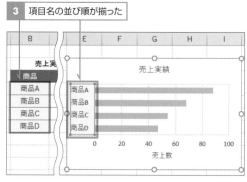

「軸の書式設定」作業ウィンドウで「軸を反転する」にチェックを付けると、縦軸が反転して原点が上側に移動する。同時に横軸が原点側（「商品A」の側）に移動してしまう。「横軸との交点」から「最大項目」を選択すると、横軸が縦軸の最大項目である「商品D」の側に戻る。

正負のグラフで横軸の項目名の位置を調整

　正負の数値が混在する表から縦棒グラフを作成すると、負数の棒と横軸の項目名が重なり、文字が見づらくなります。重なりを解消するには、「軸の書式設定」作業ウィンドウで「ラベルの位置」を既定値の「軸の下 / 左」から「下端 / 左端」に変更します。ラベルとは項目名の文字のことです。

「ラベルの位置」の選択肢

・軸の下 / 左…横軸の下、または縦軸の左にラベルが表示される
・上端 / 右端…プロットエリアの上、または右にラベルが表示される
・下端 / 左端…プロットエリアの下、または左にラベルが表示される
・なし…ラベルを表示しない

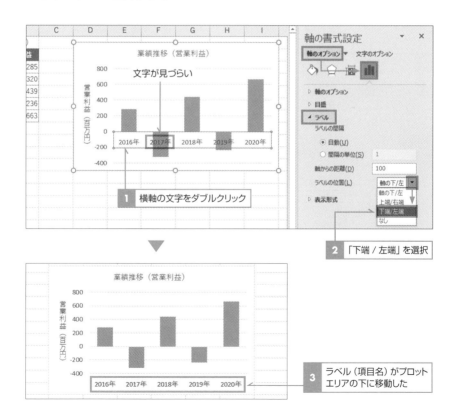

軸やデータラベルのデータの表示形式を設定する

　数値軸やデータラベル上のデータは、元表のセルの表示形式を引き継いでいますが、グラフで独自の表示形式を設定することも可能です。セルの表示形式を設定するのと同様の書式記号（→ P420）が使えます。

▶データラベルの表示形式を設定（100 より大きい数値を赤字にする）

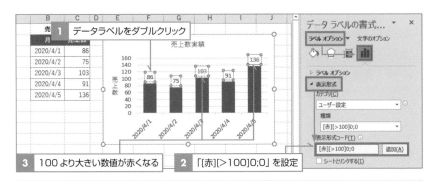

データラベルの数値のうち、100 より大きい数値を赤い文字で表示したい。データラベルをダブルクリックして「データラベルの書式設定」作業ウィンドウを開き、「表示形式コード」欄に「[赤][>100]0;0」を入力して「追加」をクリックすればよい。

▶横（項目）軸の日付の表示形式を設定（曜日を表示する）

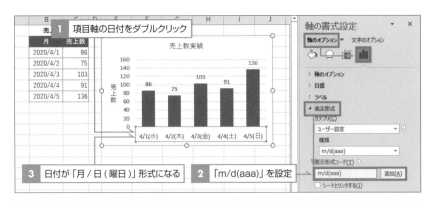

横軸の日付を「月／日（曜日）」形式で表示したい。日付をダブルクリックして「軸の書式設定」作業ウィンドウを開き、「表示形式コード」欄に「m/d(aaa)」を入力して「追加」をクリックする。「カテゴリ」欄から組み込みの表示形式を選択することも可能。

折れ線グラフに直接系列名を表示する

　折れ線グラフは系列の並び順が不規則なので、データラベルに直接系列名を表示した方が凡例を使うよりもわかりやすいグラフになります。折れ線の山や谷、もしくは右端にデータラベルを追加すると見やすいでしょう。マーカー（折れ線の点）を1つ選択した状態で追加しましょう。

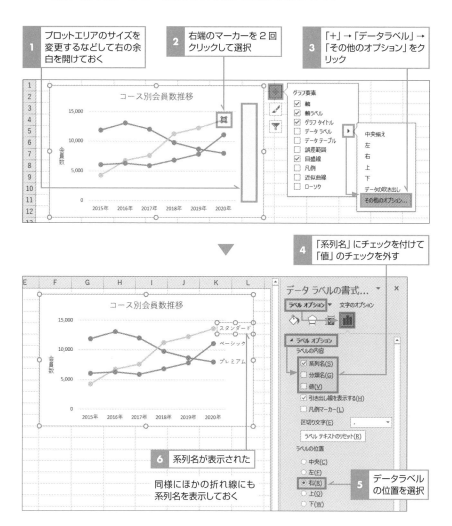

299

円グラフの要素を切り離す

　円グラフで強調したいデータは、円から切り離すと効果的です。ゆっくり2回クリックして扇形を選択し、ドラッグすれば簡単に切り離せます。ここでは、円グラフに分類名とパーセンテージを簡単に表示する方法も併せて紹介します。

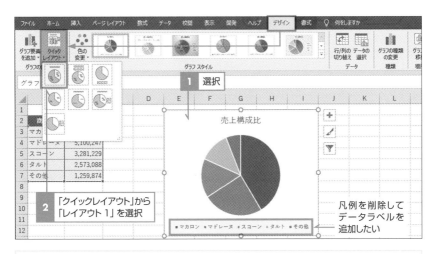

円グラフを選択して、「デザイン」タブの「クイックレイアウト」から「レイアウト1」を選択すると円グラフから凡例が削除され、データラベルが追加されて分類名とパーセンテージが表示される。「クイックレイアウト」とは、選択肢からグラフ要素の組み合わせを選べる機能のこと。

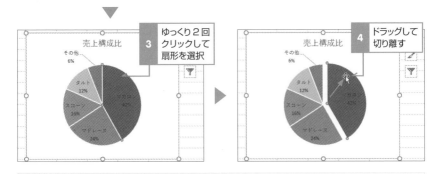

扇形の無地の部分をクリックすると、すべての扇形が選択される。もう1度クリックすると、クリックした扇形だけが選択される。その状態でドラッグすると、扇形を切り離せる。

系列の順序を変えてグラフを見やすくする

　積み上げグラフの積み上げの順序を変えたり、3-D 縦棒グラフの手前の系列と奥の系列を入れ替えたりしたいときは、系列の順序を変更します。「データソースの選択」ダイアログボックスで簡単に変更できます。

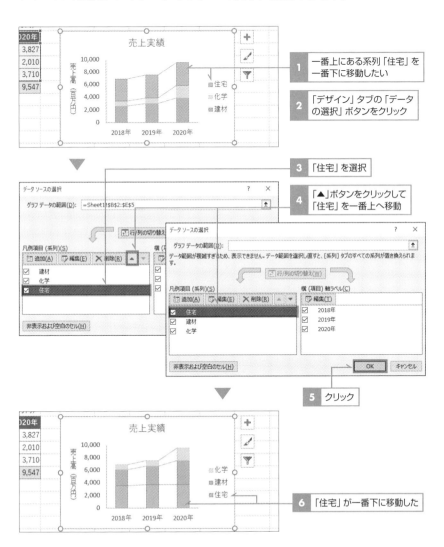

1 一番上にある系列「住宅」を一番下に移動したい

2 「デザイン」タブの「データの選択」ボタンをクリック

3 「住宅」を選択

4 「▲」ボタンをクリックして「住宅」を一番上へ移動

5 クリック

6 「住宅」が一番下に移動した

項目軸や凡例の文字はグラフ上で自由に編集できないの？

　グラフタイトルや軸ラベルの文字はグラフ上でカーソルを表示して直接編集できますが、項目軸や凡例には通常は元表の内容がそのまま表示され、クリックしてもカーソルは現れません。元表とは別の内容を表示したい場合は、「データソースの選択」ダイアログボックスを使います。

項目軸の文字をグラフ側で入力し直す

　項目軸の文字は、「軸ラベル」ダイアログボックスで「={" 項目名 1"," 項目名 2"," 項目名 3"}」の形式で入力します。

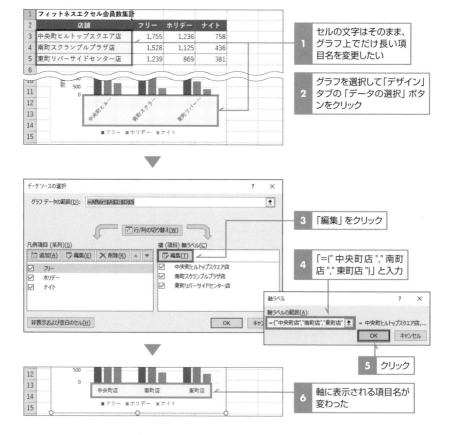

凡例の文字をグラフ側で入力し直す

凡例の文字は、「系列の編集」ダイアログボックスの「系列名」欄に入力します。

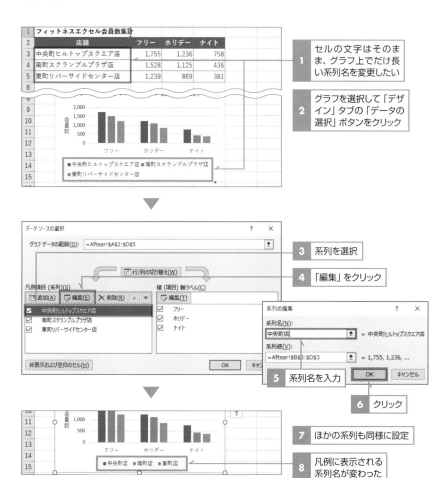

1 セルの文字はそのまま、グラフ上でだけ長い系列名を変更したい

2 グラフを選択して「デザイン」タブの「データの選択」ボタンをクリック

3 系列を選択

4 「編集」をクリック

5 系列名を入力

6 クリック

7 ほかの系列も同様に設定

8 凡例に表示される系列名が変わった

Memo

系列名は、SERIES 関数（→ P328）の第 1 引数で変更することもできます。例えば上図の例では、下記のように編集します。
=SERIES(" 中央町店 ",Before!$B$2:$D$2,Before!$B$3:$D$3,1)

作業列を非表示にしてもグラフが消えないようにする

　作業列のデータを元にグラフを作成することがあります。しかし、作業列を非表示にすると、肝心のグラフも非表示になってしまいます。グラフが消えないようにするには、以下のように操作します。

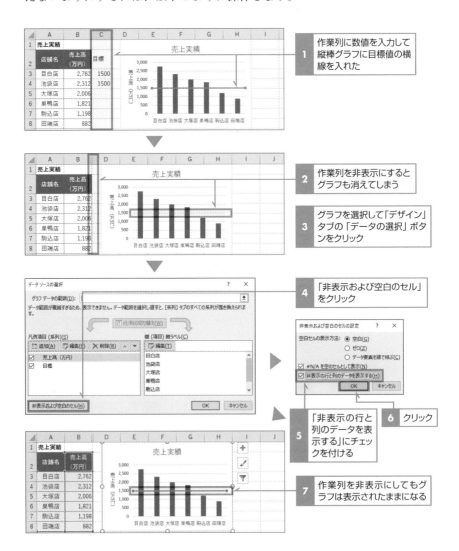

作業列を作らずに系列を追加したい

　グラフに元表以外のデータを盛り込みたいことがあります。作業列にデータを入力するのが一般的ですが、作業列を使いたくない場合は「データソースの選択」ダイアログボックスで系列を追加できます。ここでは、前ページの1つ目の図のC列の作業列を例に、同等の系列を追加してみます。系列値を指定する際は、「=| 数値1, 数値2,…|」の形式で入力してください。

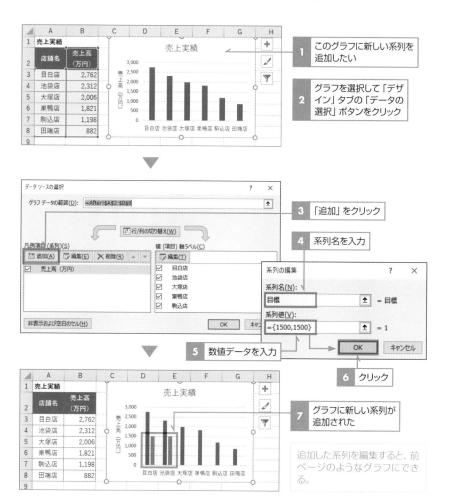

1　このグラフに新しい系列を追加したい

2　グラフを選択して「デザイン」タブの「データの選択」ボタンをクリック

3　「追加」をクリック

4　系列名を入力

5　数値データを入力

6　クリック

7　グラフに新しい系列が追加された

追加した系列を編集すると、前ページのようなグラフにできる。

2軸の複合グラフを作成する

　プロットエリアに棒と折れ線など複数の種類を配置したグラフを「複合グラフ」と呼びます。また、プロットエリアの左右や上下に2種類の軸を配置したグラフを「2軸グラフ」と呼びます。ここでは、売上高を表す棒と営業利益率を表す折れ線の2軸の複合グラフを作成します。

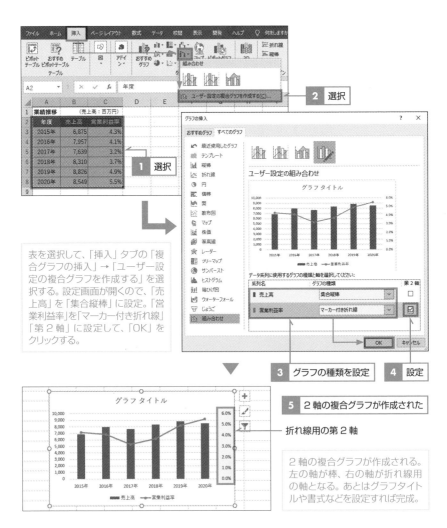

表を選択して、「挿入」タブの「複合グラフの挿入」→「ユーザー設定の複合グラフを作成する」を選択する。設定画面が開くので、「売上高」を「集合縦棒」に設定。「営業利益率」を「マーカー付き折れ線」「第2軸」に設定して、「OK」をクリックする。

2 選択

1 選択

3 グラフの種類を設定

4 設定

5 2軸の複合グラフが作成された

折れ線用の第2軸

2軸の複合グラフが作成される。左の軸が棒、右の軸が折れ線用の軸となる。あとはグラフタイトルや書式などを設定すれば完成。

03 一工夫を加えて魅せるグラフを作る

Chapter 1

Chapter 2

Chapter 3

Chapter 4

Chapter 5

Chapter 6

付録

上下対象の縦棒グラフを作る

収入と支出、売上と原価などを上下対象の縦棒グラフで表したいことがあります。一方のデータを正数、もう一方を負数で入力した表から縦棒グラフを作成すれば、自動で上向きと下向きの棒グラフになります。ただし、そのままでは上下の棒の位置がずれるので、「系列の重なり」を「100%」に設定して棒を一直線上に重ねます。

▶元データと作成するグラフ

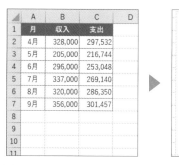
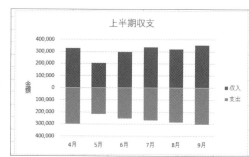

収入と支出の表から、収入を上向き、支出を下向きとした縦棒グラフを作る。

▶作成手順

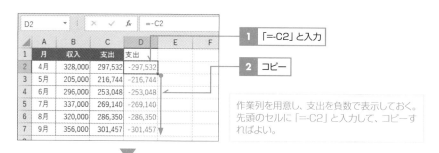

1 「=-C2」と入力

2 コピー

作業列を用意し、支出を負数で表示しておく。先頭のセルに「=-C2」と入力して、コピーすればよい。

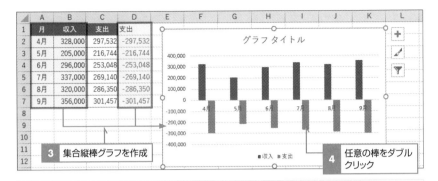

	A	B	C	D	E	F	G	H	I	J	K	L
1	月	収入	支出	支出								
2	4月	328,000	297,532	-297,532								
3	5月	205,000	216,744	-216,744								
4	6月	296,000	253,048	-253,048								
5	7月	337,000	269,140	-269,140								
6	8月	320,000	286,350	-286,350								
7	9月	356,000	301,457	-301,457								

3 集合縦棒グラフを作成

4 任意の棒をダブルクリック

この表 (ここではセル A1～B7 とセル D1～D7) から集合縦棒グラフを作成すると、自動で収入は上向き、支出は下向きのグラフになる。収入の棒と支出の棒のずれを修正するために、任意の棒をダブルクリックする。

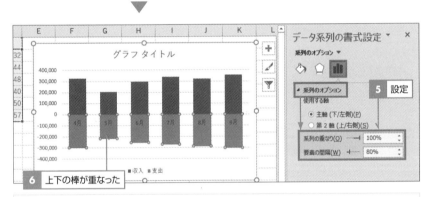

6 上下の棒が重なった

5 設定

「データ系列の書式設定」作業ウィンドウが開く。「系列の重なり」を「100%」にすると、上下の棒が一直線に重なる。ここではさらに「要素の間隔」を「80%」にして棒を太くした。これで上下対象縦棒グラフの体裁になった。

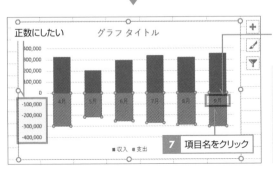

正数にしたい

グラフの下端に移動して文字と棒が重ならないようにしたい

7 項目名をクリック

ここからは見栄えを整えていく。棒と重なっている「4月」「5月」などの項目名をグラフの下端に移動し、縦軸上の支出の負数を正数に変換したい。まずは、横軸の任意の項目名をクリックする。

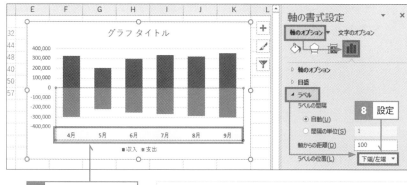

9 項目名が下に移動した

10 数値をクリック

「軸の書式設定」作業ウィンドウの「ラベル」→「ラベルの位置」
で「下端／左端」を選択すると、項目名がグラフの下端に移動
して見やすくなる。

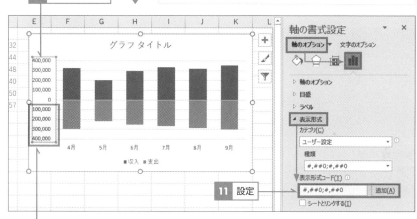

11 設定

12 負数が正数に変わった

縦軸の任意の数値をクリックし
て、縦軸を選択する。「軸の書
式設定」作業ウィンドウの「表示
形式」→「表示形式コード」欄
に「#,##0;#,##0」と入力して
「追加」をクリックすると、縦軸
上の負数が正数で表示される。

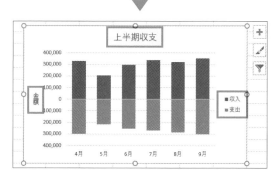

タイトルや軸ラベルを追加し、凡
例の位置を整える。グラフを作
成できたら、P304 を参考に作
業列を非表示にするとよい。

左右対称の横棒グラフを作る

　2系列の一方を左向きの棒、もう一方を右向きの棒で表し、その中央に項目名を配置する、いわゆる人口ピラミッドグラフを作成するには、積み上げ横棒グラフを利用します。左向きの棒のデータを負数で入力すること、項目名を配置するためのダミーの系列を用意することがポイントです。

▶元データと作成するグラフ

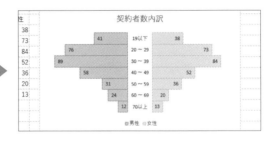

契約者数内訳の表から、男性の人数を左に、女性の人数を右に配置した横棒グラフを作成したい。
中央の空欄の幅は、棒の長さを基準として契約者30人分程度のサイズとする。

▶作成手順

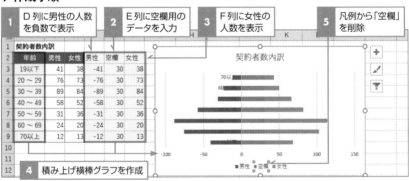

作業列に男性の人数を負数で入力しておく（「=-B3」の数式で求めればよい）。さらに、グラフの中央に空欄を入れるためのダミー系列の「30」を入力。この表（ここではセルA2～A9とセルD2～F9）から積み上げ横棒グラフを作成すると、男性は左向き、女性は右向きのグラフになる。中央の空欄が狭すぎる、または広すぎる場合は、E列の「30」を調整しよう。続いて凡例の「空欄」を2回クリックして選択し、Deleteキーで削除する。

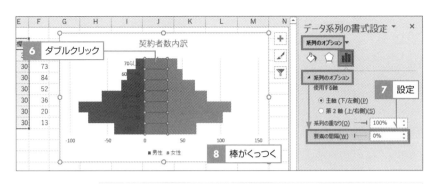

任意の棒をダブルクリックすると、「データ系列の書式設定」作業ウィンドウが開く。「要素の間隔」で「0%」を設定すると、棒同士が隙間なくくっつく。

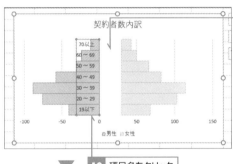

9 塗りつぶしをなしにする

中央の棒を選択して、「書式」タブの「図形の塗りつぶし」から「塗りつぶしなし」を設定する。必要に応じてほかの棒も色を設定する。
現在、項目名が上から「70以上」「60〜69」「50〜59」…と並んでいる。これを逆順にするには、まず項目名をクリックして縦軸を選択する。

10 項目名をクリック

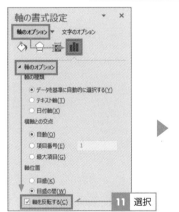

11 選択

「軸の書式設定」作業ウィンドウで「軸を反転する」にチェックを付ける。

12 縦軸の反転に伴い横軸が上に移動した

13 縦軸の反転に伴いグラフが上下反転した

グラフが上下反転した。
現在、横軸の範囲が「-100〜150」なので、グラフが左に偏っている。これを修正していく。

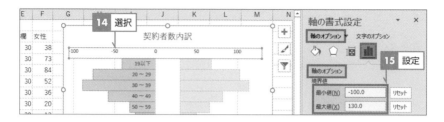

横軸を選択して、「最小値」に「-100」、最大値に「130」（「100」に空欄の「30」を加えた値）を
設定すると、グラフがプロットエリアの中央に移動してバランスがよくなる。

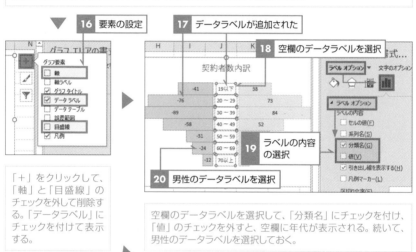

16 要素の設定
17 データラベルが追加された
18 空欄のデータラベルを選択
19 ラベルの内容の選択
20 男性のデータラベルを選択

「+」をクリックして、「軸」と「目盛線」のチェックを外して削除する。「データラベル」にチェックを付けて表示する。

空欄のデータラベルを選択して、「分類名」にチェックを付け、「値」のチェックを外すと、空欄に年代が表示される。続いて、男性のデータラベルを選択しておく。

21 ラベルの位置設定

22 男性のデータラベルが左端に移動し正数になった

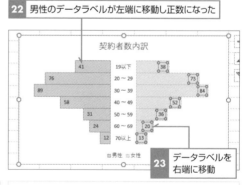

23 データラベルを右端に移動

「内部軸寄り」を選択すると、男性のデータラベルが棒の左端に移動する。「表示形式コード」欄に「0;0;0」と入力して「追加」をクリックすると、男性のデータラベルの数値が正数に変わる。

以上で男性のデータラベルの位置と表示形式が整った。女性のデータラベルを選択して、「ラベルの位置」から「内側上」を選択すると、棒の右端に移動できる。以上で作成完了。なお、作業列 D～F を非表示にする場合は、P304 を参考に設定すること。

積み上げグラフに合計値を表示する

　積み上げ縦棒グラフの上に合計のデータラベルを配置するには、合計値を含めたセル範囲からグラフを作成して、「合計」系列のデータラベルを利用します。余計な合計の棒は透明にすれば非表示にできます。合計の棒を上乗せする分だけ数値軸の最大値が大きくなるので、数値軸の調整を行います。

▶元データと作成するグラフ

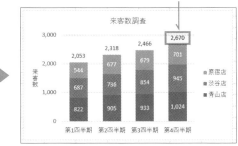

棒の上に合計を表示したい

来客数のデータから積み上げ縦棒グラフを作成し、棒の上に合計値を表示する。

▶作成手順

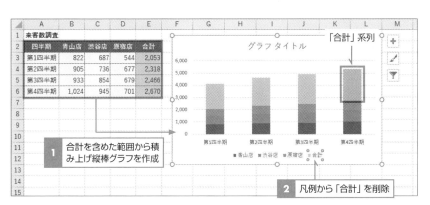

1　合計を含めた範囲から積み上げ縦棒グラフを作成

「合計」系列

2　凡例から「合計」を削除

合計を含めた表のセル範囲から四半期ごとの積み上げ縦棒グラフを作成すると、一番上に「合計」系列が積み上げられる。凡例をクリックして選択し、その状態で「合計」をクリックすると「合計」の文字が選択されるので、[Delete] キーを押して削除する。

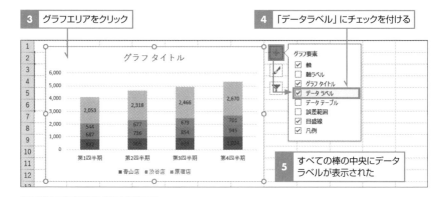

3 グラフエリアをクリック

4 「データラベル」にチェックを付ける

5 すべての棒の中央にデータラベルが表示された

グラフエリアをクリックしてグラフ全体を選択する。「+」をクリックして「データラベル」にチェックを付けると、すべての棒にデータラベルが表示される。

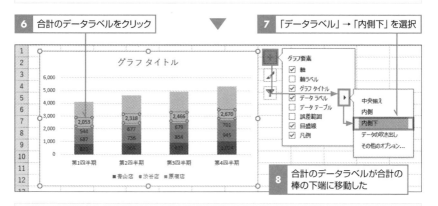

6 合計のデータラベルをクリック

7 「データラベル」→「内側下」を選択

8 合計のデータラベルが合計の棒の下端に移動した

データラベルは各々の棒の中央に表示されるが、合計のデータラベルだけ位置を調整したい。合計のデータラベルを選択し、「+」ボタンをクリックして「データラベル」→「内側下」を選択すると、合計の棒の下端に移動する。

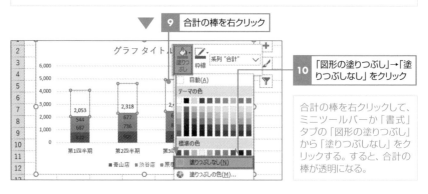

9 合計の棒を右クリック

10 「図形の塗りつぶし」→「塗りつぶしなし」をクリック

合計の棒を右クリックして、ミニツールバーか「書式」タブの「図形の塗りつぶし」から「塗りつぶしなし」をクリックする。すると、合計の棒が透明になる。

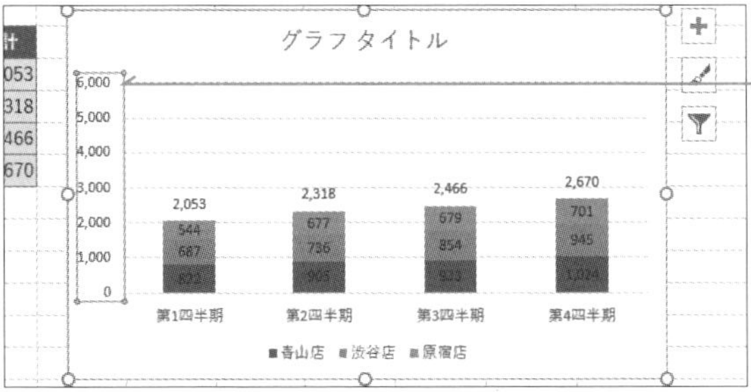

11 数値をダブルクリック

合計を含めてグラフにしたので、棒の高さが本来の2倍になり、それに伴い数値軸の最大値も大きくなっている。これを調整するために、まず数値軸の数値をダブルクリックする。

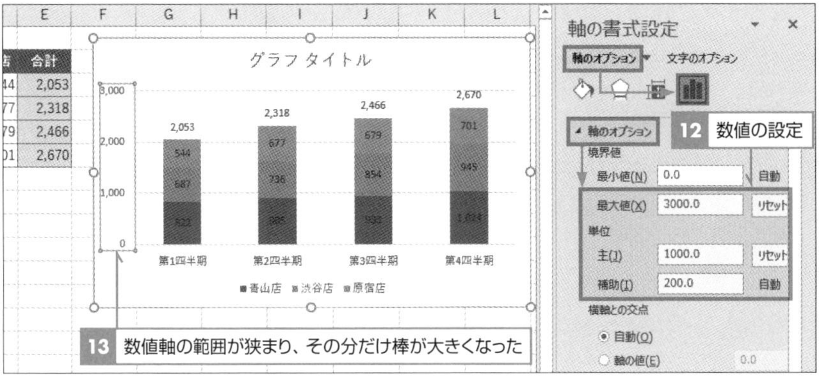

12 数値の設定

13 数値軸の範囲が狭まり、その分だけ棒が大きくなった

「軸の書式設定」作業ウィンドウが開く。「最大値」を半分の「3000」に変更すると、その分だけ棒が大きくなる。ここでは目盛間隔も「1000」に変更した。あとはグラフタイトルや凡例の位置、棒の色などを調整すれば完成する。

Column 積み上げ横棒グラフにも合計値を表示できる

ここで紹介した合計値の表示方法は、積み上げ横棒グラフにも利用できます。

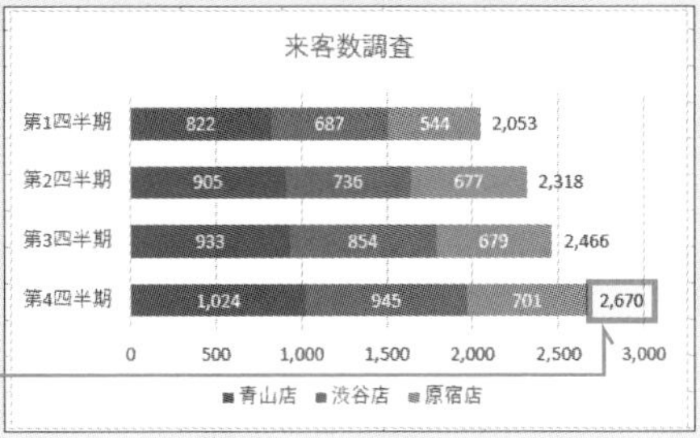

積み上げ横棒グラフに
合計値を表示できる

来客数調査

縦棒グラフにノルマや目標の横線を入れる

　縦棒グラフにノルマや目標値などの基準線を入れるには、縦棒グラフと散布図からなる複合グラフを利用します。散布図は元々プロットエリアに点を表示するグラフですが、点同士を直線で結ぶ機能があります。例えば「1500」の高さに基準線を入れるには、プロットエリアの両端の「1500」の位置に点を配置し、それを結べば OK です。

▶元データと作成するグラフ

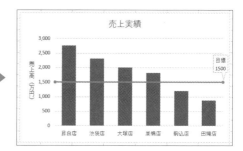

売上実績グラフの「1500」の位置に目標を表す横線を表示する。

▶作成手順

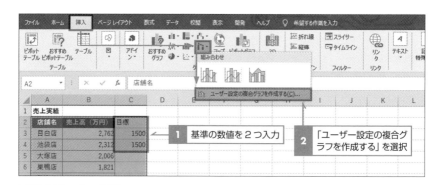

1 基準の数値を2つ入力

2 「ユーザー設定の複合グラフを作成する」を選択

表に作業用の列を用意し、見出しに「目標」と入力。その下の2つのセルに「1500」と入力する。表全体（ここではセル A2〜C8）を選択して、「挿入」タブ→「複合グラフの挿入」→「ユーザー設定の複合グラフを作成する」をクリックする。

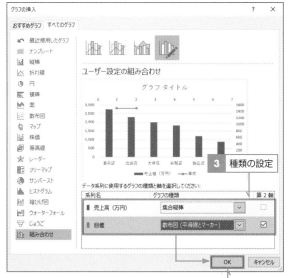

「グラフの挿入」ダイアログボックスが開く。「売上高」「目標」のグラフの種類をそれぞれ「集合縦棒」「散布図（平滑線とマーカー）」とする。「目標」の「第2軸」にチェックが入っていることを確認し、「OK」をクリックする。

3 種類の設定

4 クリック

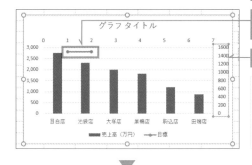

5 (x=1, y=1500) の点と (x=2, y=1500) の点が直線で結ばれた

6 右側の軸を削除しておく

複合グラフが作成される。グラフの四辺に軸が表示されるが、縦棒用の軸が左と下、散布図用の軸が右と上だ。右側の軸は不要なので、クリックして選択し、[Delete] キーで削除しておく。

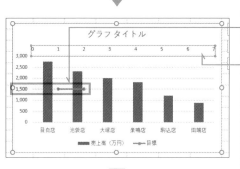

7 散布図が「1500」の高さに表示される

8 数値の上でダブルクリック

右側の軸が削除されると、縦棒と散布図の数値軸が共通になり、散布図の横線が縦棒の「1500」の高さに表示される。続いて、上側の軸をダブルクリックする。なお、上側の横軸が表示されていない場合は、グラフ右上の「+」→「軸」→「第2横軸」から追加すること。

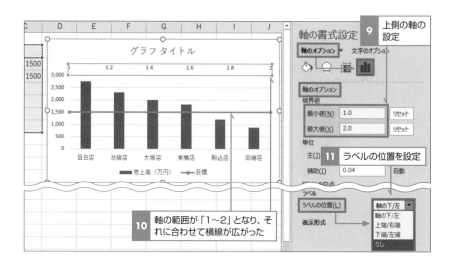

9 上側の軸の設定

軸の書式設定

軸のオプション ▼ 文字のオプション

軸のオプション

境界値
最小値(N) 1.0 リセット
最大値(X) 2.0 リセット

単位
主(J) **11** ラベルの位置を設定
補助(I) 0.04 自動

ラベル
ラベルの位置(L) 軸の下/左 ▼
表示形式 軸の下/左
上端/右端
下端/左端
なし

10 軸の範囲が「1～2」となり、それに合わせて横線が広がった

上側の軸の設定画面が開く。最小値を「1」、最大値を「2」に変更すると、散布図の横線がプロットエリアいっぱいに広がる。続いて「ラベルの位置」から「なし」を選択する。

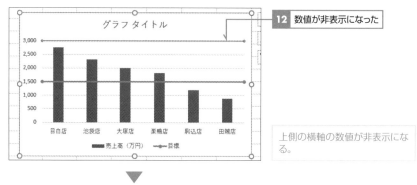

12 数値が非表示になった

上側の横軸の数値が非表示になる。

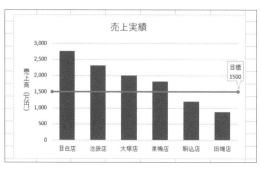

あとは必要に応じて書式設定する。ここでは、グラフタイトルの入力、軸ラベルの配置、凡例の削除、棒の太さの変更、散布図の右側の点にデータラベルの追加を行った。なお、作業列を非表示にする場合は、P304を参考に設定すること。

折れ線グラフの背景を縦に塗り分ける

　折れ線グラフの背景を縦に塗り分けるには、折れ線と縦棒の複合グラフを利用します。縦棒を数値軸の最大値と同じ高さにし、幅を広げて隣同士をぴったりくっつけ、それをグラフの背景に見立てるのです。2色に塗り分けるなら2系列、3色に塗り分けるなら3系列の縦棒を使用します。

▶元データと作成するグラフ

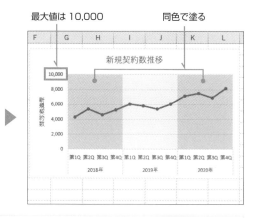

最大値は 10,000　　　　　同色で塗る

	A	B	C	D	E
1	新規契約数推移				
2	年	四半期	契約数		
3	2018年	第1Q	4,311		
4		第2Q	5,374		
5		第3Q	4,617		
6		第4Q	5,248		
7	2019年	第1Q	6,038		
8		第2Q	5,798		
9		第3Q	5,413		
10		第4Q	6,054		
11	2020年	第1Q	7,163		
12		第2Q	7,506		
13		第3Q	6,867		
14		第4Q	8,177		

3年分の四半期別契約数の表から折れ線グラフを作成し、その背景を1年ごとに塗り分けたい。ここでは2018年と2020年を同じ色にして背景を縞模様にする。また、数値軸の最大値は「10,000」とする。

▶作成手順

1　縦棒用のデータを入力

	A	B	C	D	E
1	新規契約数推移				
2	年	四半期	契約数	背景1	背景2
3	2018年	第1Q	4,311	10,000	
4		第2Q	5,374	10,000	
5		第3Q	4,617	10,000	
6		第4Q	5,248	10,000	
7	2019年	第1Q	6,038		10,000
8		第2Q	5,798		10,000
9		第3Q	5,413		10,000
10		第4Q	6,054		10,000
11	2020年	第1Q	7,163	10,000	
12		第2Q	7,506	10,000	
13		第3Q	6,867	10,000	
14		第4Q	8,177	10,000	
15					

2　セル A2〜E14 を選択して、「挿入」タブ→「複合グラフの挿入」→「ユーザー設定の複合グラフを作成する」を選択

背景を2色で塗り分けるので、2系列分の縦棒用のデータを用意する。作成するグラフの最大値が「10,000」なので、「2018年」と「2020年」の1系列目のセルと「2019年」の2系列目のセルにそれぞれ「10000」を入力し、桁区切りスタイルを設定しておく。表全体（ここではセル A2〜E14）を選択して、「挿入」タブ→「複合グラフの挿入」→「ユーザー設定の複合グラフを作成する」を選択する。

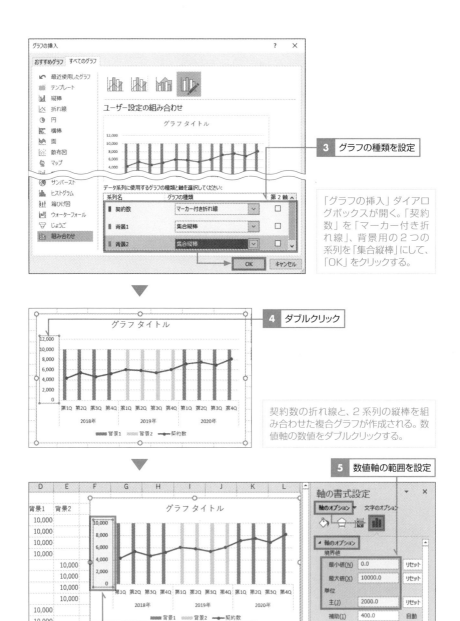

3　グラフの種類を設定

「グラフの挿入」ダイアログボックスが開く。「契約数」を「マーカー付き折れ線」、背景用の2つの系列を「集合縦棒」にして、「OK」をクリックする。

4　ダブルクリック

契約数の折れ線と、2系列の縦棒を組み合わせた複合グラフが作成される。数値軸の数値をダブルクリックする。

5　数値軸の範囲を設定

6　数値軸の最大値と縦棒の高さが揃う

「軸の書式設定」作業ウィンドウが開くので、数値軸の範囲を設定する。最大値を「10,000」にすると、縦棒がプロットエリアの高さいっぱいに表示される。

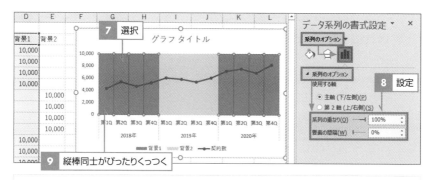

任意の縦棒を選択して、「データ系列の書式設定」作業ウィンドウで「系列の重なり」を「100%」、「要素の間隔」を「0%」にすると、縦棒同士が隙間なくくっつく。

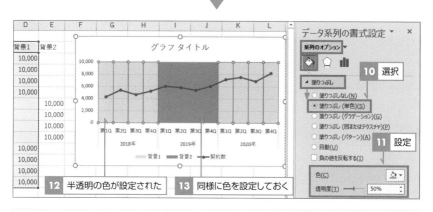

続いて「塗りつぶし」欄で「塗りつぶし（単色）」を選び、色と透明度を設定する。透明度を設定することで背面の目盛が透けて見える。同様に、もう1系列も色を設定する。

Column　作業列の入力セルを変えると細かい縞模様にできる

作業列の入力セルを変更すると、縞模様の幅を調整できます。1行おきに「10000」を入力すれば、横軸の目盛ごとに塗り分けられます。

年	四半期	契約数	背景1	背景2
2018年	第1Q	4,311	10,000	
	第2Q	5,374		10,000
	第3Q	4,617	10,000	
	第4Q	5,248		10,000
2019年	第1Q	6,038	10,000	
	第2Q	5,798		10,000
	第3Q	5,413	10,000	
	第4Q	6,054		10,000
2020年	第1Q	7,163	10,000	
	第2Q	7,506		10,000
	第3Q	6,867	10,000	
	第4Q	8,177		10,000

折れ線グラフの背景を横に塗り分ける

　折れ線グラフの背景を横に塗り分けるには、折れ線と積み上げ面の複合グラフを利用します。ここでは目盛の範囲が「0〜6000」、目盛間隔が「1000」のグラフで目盛ごとに色を塗り分けて、背景を横縞模様にします。縞模様にすることで、目盛の数値が読みやすくなります。

▶元データと作成するグラフ

目盛の範囲は「0〜6000」　　「1000」単位の横縞模様にする

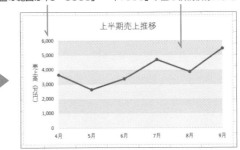

売上高の表から折れ線グラフを作成し、その背景を横縞模様にしたい。目盛の範囲が「0〜6000」、目盛間隔が「1000」なので、プロットエリアを「1000」ごとに 6 等分した縞模様にする。

▶作成手順

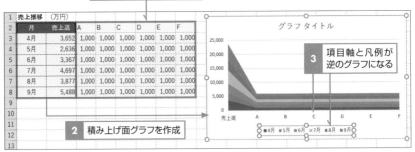

プロットエリアを 6 等分するので作業列を 6 列用意し、積み上げる高さ（ここでは「1000」）を入力しておく。表全体（セル A2〜H8）から積み上げ面グラフを作成すると、最初は項目軸と凡例が逆のグラフが作成される。

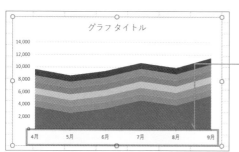

4 「デザイン」タブの「行／列の切り替え」をクリック

5 月が項目軸に表示された

6 凡例を削除しておく

7 積み上げ面を右クリックして「系列グラフの種類の変更」をクリック

「デザイン」タブの「行／列の切り替え」をクリックすると、月が項目軸に表示される。凡例は削除しておく。任意の積み上げ面を右クリックして「系列グラフの種類の変更」を選ぶ。

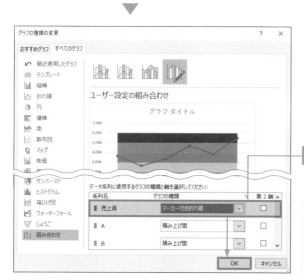

8 グラフの種類を設定

「売上高」を「マーカー付き折れ線」に変更する。背景用の6つの系列は「積み上げ面」のまま、「OK」をクリックする。

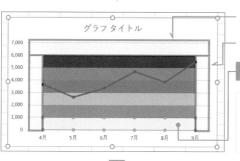

上の余白を削除したい

左右の余白を削除したい

9 1系列ずつ色を変更しておく

折れ線の背景が6色で塗り分けられるので、1系列ずつ選択して色を変更しておく。続いてプロットエリアの上と左右にある余白を削除していく。

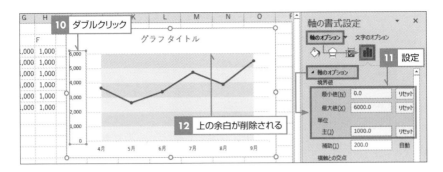

上の余白を削除するには、数値軸の最大値を調整する。数値軸の数値をダブルクリックして「軸の書式設定」作業ウィンドウを開き、軸の範囲や目盛間隔を変更する。

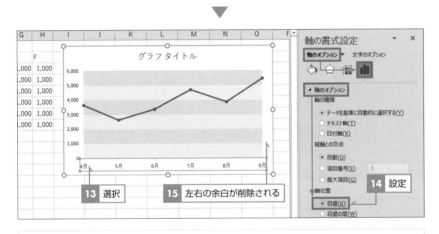

横軸を選択して、「軸位置」から「目盛」を選ぶと、左右の余白が削除される。あとはグラフタイトルや軸ラベルを設定して完成させる。

Column 塗り分ける数だけ系列を用意する

横方向に塗り分ける場合、塗り分けの数だけ作業列が必要です。例えば目標値の上下で塗り分けたいときは、2系列分の作業列を用意します。

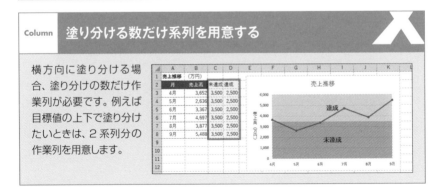

二重の円で分類と明細を表示する

　円グラフの周りに細いドーナツグラフを配置して、明細データと分類データをわかりやすく表します。二重のドーナツグラフの穴を閉じる方法でも円グラフの周りにドーナツグラフを表示できますが、その場合、内側の幅と外側の幅が同じサイズになります。円とドーナツの複合グラフにすれば、外側だけを細くして見栄えよく仕上げられます。いったん二重のドーナツグラフを作成し、一方を円グラフに変える方法で操作します。

▶元データと作成するグラフ

明細データと分類データを上右図のような二重の円グラフで表したい。このようなグラフを簡単に作成するには、左図のような表を用意しておく。

▶作成手順

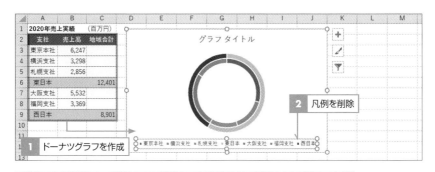

表からドーナツグラフを作成する。凡例は不要なので Delete キーで削除しておく。

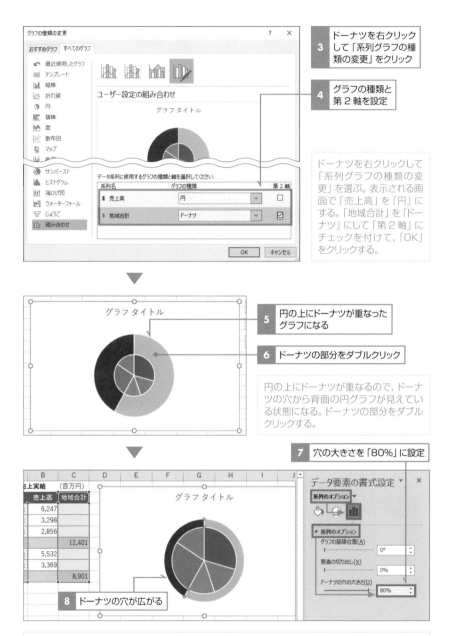

3 ドーナツを右クリックして「系列グラフの種類の変更」をクリック

4 グラフの種類と第2軸を設定

ドーナツを右クリックして「系列グラフの種類の変更」を選ぶ。表示される画面で「売上高」を「円」にする。「地域合計」を「ドーナツ」にして「第2軸」にチェックを付けて、「OK」をクリックする。

5 円の上にドーナツが重なったグラフになる

6 ドーナツの部分をダブルクリック

円の上にドーナツが重なるので、ドーナツの穴から背面の円グラフが見えている状態になる。ドーナツの部分をダブルクリックする。

7 穴の大きさを「80%」に設定

8 ドーナツの穴が広がる

「ドーナツの穴の大きさ」は「0%」～「90%」の範囲で調整できる。ここでは「80%」を設定した。ドーナツの穴が広がり、背面の円グラフの表示領域も広がる。

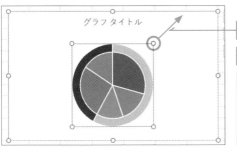

Chapter 1

Chapter 2

Chapter 3

Chapter 4

Chapter 5

Chapter 6

付録

9 Ctrl +ドラッグ

10 色を設定しておく

プロットエリア（円を囲む四角形の枠）を選択して、サイズを大きくする。Ctrl +ドラッグすると、グラフの中心を固定したままサイズ変更できる。色も整えておく。

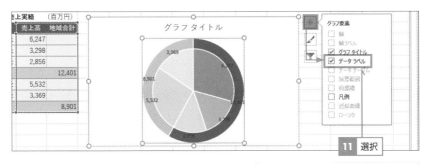

11 選択

「+」→「データラベル」を選択すると、グラフにデータラベルが表示される。

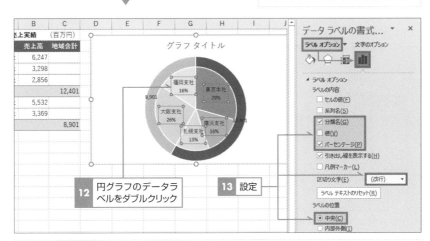

12 円グラフのデータラベルをダブルクリック

13 設定

円グラフのデータラベルをダブルクリックして、表示内容として「分類名」「パーセンテージ」、区切り文字として「（改行）」、位置として「中央」を設定する。ドーナツグラフのデータラベルにも分類名とパーセンテージが改行して表示されるようにしておく。

04

Excel 4

VBA を使わずに実現
グラフ表示の自動化

新しいデータを自動でグラフに追加する

名前付きセル範囲と OFFSET 関数、COUNTA 関数の組み合わせ技はさまざまな自動化を実現しますが、グラフ表示の自動化にも役立ちます。ここでは表に新しいデータが追加されたときに、グラフが自動拡張されるように設定します。

SERIES 関数の仕組み

操作に移る前に SERIES 関数を紹介しておきます。4 つの引数でデータ系列を定義する関数です。グラフでデータ系列を選択すると、数式バーに SERIES 関数が表示されます。下図のように、引数を表やグラフと照らし合わせると、関数の概要がつかめます。

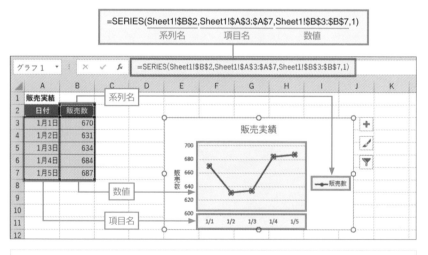

折れ線をクリックして選択すると、数式バーに SERIES 関数が表示される。第 1 引数は系列名、第 2 引数は項目名、第 3 引数は数値を表す。第 4 引数は複数の系列があるグラフでデータ系列の順序を表すもので、集合縦棒グラフの棒の並び順や積み上げ棒グラフの積み上げ順などを決める。

=SERIES (系列名 , 項目名 , 数値 , 順序)

系列名…系列名を指定。グラフの凡例に表示される
項目名…項目名を指定。グラフの項目軸に表示される
数値…データ系列の数値を指定
順序…データ系列を並べる順序を「1、2、3……」の数値で指定
グラフのデータ系列を定義する。グラフでデータ系列を選択したときに数式バーに表示される関数
で、セルに入力することはできない。

項目名と数値のセル範囲を自動参照する名前を設定

　グラフを自動拡張するには、準備として表の範囲を自動取得する仕組み作りが必要です。項目名のセル範囲と数値のセル範囲にそれぞれ名前を付けて、名前の範囲が自動拡張するように数式を設定します。設定する数式は下図のとおり、OFFSET 関数に COUNTA 関数を組み込んだものです。そもそも OFFSET 関数は、指定したセルを始点として、指定した高さと幅のセル範囲を返す関数です。COUNTA 関数でデータ数を求め、それを OFFSET 関数の「高さ」として指定すれば、常にその時点での項目名や数値のセル範囲を取得できます。

　なお、下図の数式は、「日付」欄に隙間なくデータが入力されていることを前提としています。日付の列の途中に空欄があると、数式が成り立たなくなるので注意してください。

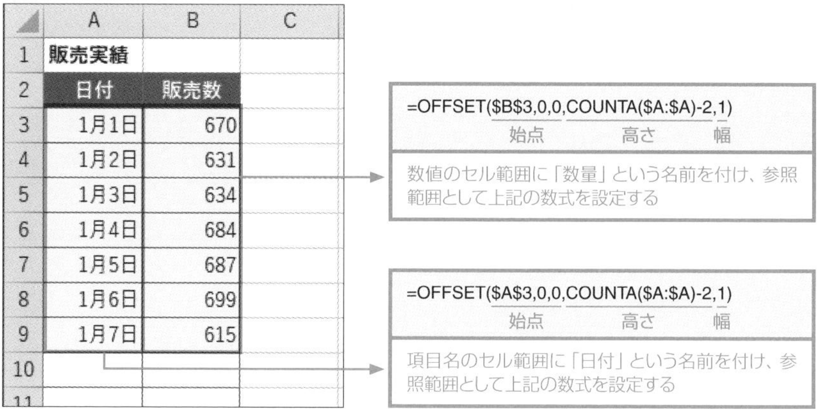

	A	B	C
1	販売実績		
2	日付	販売数	
3	1月1日	670	
4	1月2日	631	
5	1月3日	634	
6	1月4日	684	
7	1月5日	687	
8	1月6日	699	
9	1月7日	615	
10			
11			

=OFFSET($B$3,0,0,COUNTA($A:$A)-2,1)
　　　　　　始点　　　　高さ　　　幅

数値のセル範囲に「数量」という名前を付け、参照範囲として上記の数式を設定する

=OFFSET($A$3,0,0,COUNTA($A:$A)-2,1)
　　　　　　始点　　　　高さ　　　幅

項目名のセル範囲に「日付」という名前を付け、参照範囲として上記の数式を設定する

表のデータ数は、A 列のデータ数からセル A1 のタイトルとセル A2 の列見出しの分の「2」を引いて「COUNTA($A:$A)-2」で求められる。「日付」の参照範囲は、セル A3 を始点として「A 列のデータ数 -2」行 1 列分のセル範囲。「数量」の参照範囲は、セル B3 を始点として、「A 列のデータ数 -2」行 1 列分のセル範囲。

=OFFSET(基準 , 行数 , 列数 ,[高さ],[幅])	→ P243
=COUNTA(値 1,[値 2] ……)	→ P243

操作手順

実際に操作してみましょう。「日付」「数量」という名前を定義して、その名前を SERIES 関数に組み込みます。

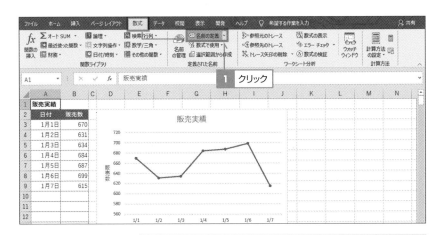

> セル A2〜B9 から折れ線グラフが作成されている。まずは、名前を設定するために、「数式」タブの「名前の定義」ボタンをクリックする。

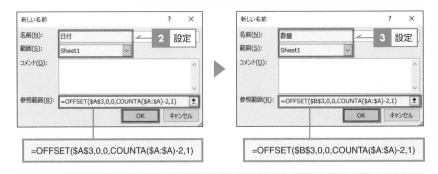

=OFFSET($A$3,0,0,COUNTA($A:$A)-2,1)

=OFFSET($B$3,0,0,COUNTA($A:$A)-2,1)

「新しい名前」ダイアログボックスが開いたら、「名前」欄に「日付」と入力し、「範囲」からグラフが配置されているシート（ここでは「Sheet1」）を選択。「参照範囲」欄に数式を入力して「OK」をクリックする。同様に「数量」という名前も定義する。数式が入力しづらい場合はダイアログボックスのサイズを大きくするとよい。

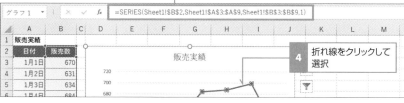

定義した名前を折れ線に組み込む。まず折れ線をクリックして選択し、数式バーにSERIES関数の数式を表示させる。SERIES関数の第2引数の「\$A\$3:\$A\$9」の部分を「日付」に、第3引数の「\$B\$3:\$B\$9」の部分を「数量」に変更する。

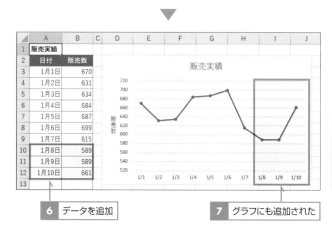

6 データを追加

7 グラフにも追加された

表の末尾にデータを追加してみる。すると、入力したデータが即座にグラフに追加される。

Column 名前の適用範囲

前ページの手順 2 3 では名前の適用範囲として「Sheet1」(グラフが配置されているシート) を指定しましたが、初期値の「ブック」のままでもかまいません。その場合、手順 5 で SERIES 関数の引数を変更すると、「Sheet1! 日付」「Sheet1! 数量」の「Sheet1」の部分がブック名に変わります。

常に新しい方から 12 カ月分のデータをグラフ表示する

P328 で表に追加したデータを自動でグラフにも追加する方法を紹介しましたが、名前に設定する数式を少し変えるだけで、常に新しい方から○件分のデータをグラフ表示できるようになります。ここでは簡単に手順を説明します。詳しい操作手順は P330 を参照してください。

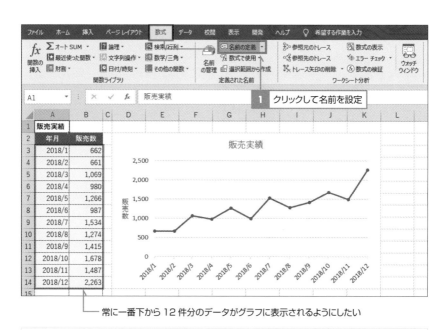

—— 常に一番下から 12 件分のデータがグラフに表示されるようにしたい

セル A2〜B14 から 12 カ月分の折れ線グラフが作成されている。表にデータを追加したときに、グラフが最新 12 カ月分のデータに変わるようにしたい。準備として「数式」タブの「名前の定義」ボタンをクリックし、下表のように名前を設定しておく。

名前	範囲	参照範囲
年月	Sheet1	=OFFSET($A$3,COUNTA($A:$A)-14,0,12,1)
数量	Sheet1	=OFFSET($B$3,COUNTA($A:$A)-14,0,12,1)

▼

=OFFSET (参照 , 行数 , 列数 ,[高さ],[幅])	→	P243
=COUNTA (値 1,[値 2] ……)	→	P243

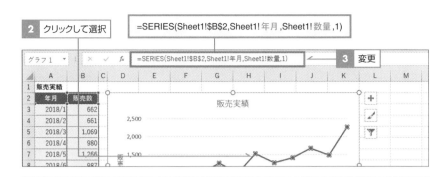

定義した名前をグラフに組み込む。まず、折れ線をクリックして選択し、数式バーで SERIES 関数の
第 2 引数のセル番号の部分を「年月」に、第 3 引数のセル番号の部分を「数量」に変更する。

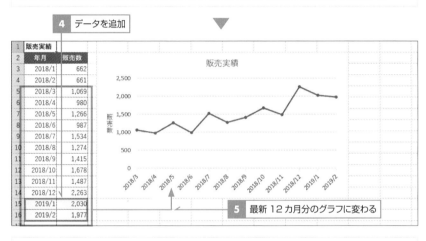

表にデータを追加してみる。ここでは 2 件のデータを追加した。すると、先頭 2 件のデータがグラ
フから削除され、追加した 2 カ月分のデータがグラフにも追加される。常に最新 12 カ月分のグラ
フになる。

Column　**最新●件分をグラフに自動表示するには**

最新 12 件分ではなく最新●件分をグラフにするには、数式を以下のように変更します。
なお、数式中の「－2」はセル A1 のタイトルとセル A2 の列見出しの分の「2」を A 列
のデータ数から引くためのものです。「●」の部分には件数の数値を当てはめてください。

・年月：=OFFSET($A$3,COUNTA($A:$A)-2-●,0,●,1)
・数量：=OFFSET($B$3,COUNTA($A:$A)-2-●,0,●,1)

ドロップダウンリストでグラフ化する項目を指定する

　「コンボボックス」は、「▼」ボタンをクリックして表示されるリストから項目を選択できるコントロールです。ここではコンボボックスから支店名を選択すると、選択した支店の売上データがグラフに表示されるようにします。あらかじめ表の支店名と数値を参照するための名前を設定しておき、コンボボックスで支店が変更されたときに名前の参照範囲も変更されるようにすることがポイントです。

▶こんな仕組みを作成する

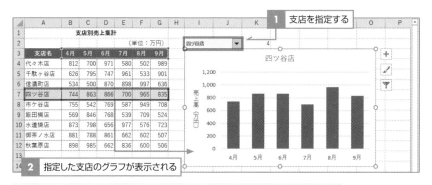

コンボボックスで支店を指定すると、その支店のグラフが表示されるようにする。

▶操作手順

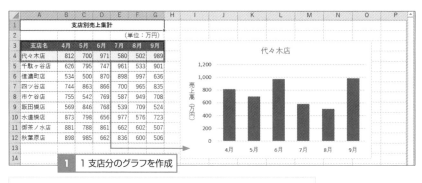

1支店分のセル（ここではセルA3～G4）から縦棒グラフを作成しておく。

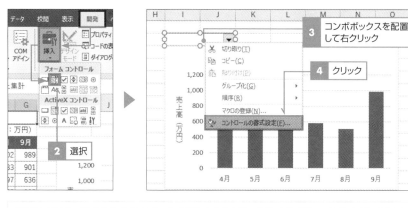

「開発」タブ（→ P71）の「コントロールの挿入」から「コンボボックス（フォームコントロール）」を選択し、シート上をドラッグして配置する。配置したコンボボックスを右クリックして、「コントロールの書式設定」をクリックする。

「オブジェクトの書式設定」ダイアログボックスが開く。「入力範囲」に支店名のセル A4〜A12 を指定し、「リンクするセル」にセル K2 を指定する。それぞれ指定欄にカーソルを置いてシート上でセルをドラッグまたはクリックすればよい。指定できたら「OK」をクリックする。

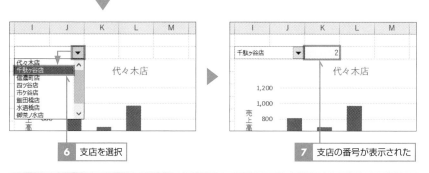

動作を確認してみる。「▼」ボタンをクリックすると、支店名のリストが表示される。支店を選択すると、リンクするセルに支店名の番号が表示される。ここでは 2 番目の支店を選択したので、セル K2 に「2」が表示された。

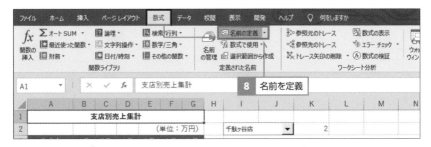

8 名前を定義

名前	範囲	参照範囲	数式の意味
支店	Sheet1	=OFFSET($A$3,$K$2,0,1,1)	セル A3 から「セル K2 の値」行下のセル
売上	Sheet1	=OFFSET($B$3,$K$2,0,1,6)	セル B3 から「セル K2 の値」行下のセルを始点として 1 行 6 列のセル範囲

「数式」タブの「名前の定義」ボタンをクリックして、「支店」「売上」という名前を定義しておく。参照範囲の数式は上表のとおり。この設定により、セル K2 に表示されている番号の支店の支店名が「支店」という名前で、数値データが「売上」という名前で参照されるようになる。

▼

=SERIES(Sheet1!$A$4,Sheet1!$B$3:$G$3,Sheet1!$B$4:$G$4,1)

9 クリックして選択

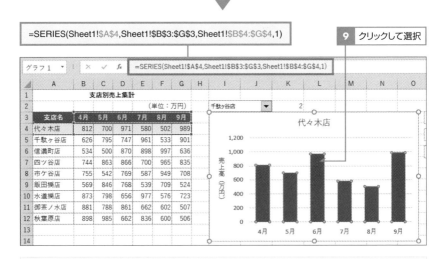

定義した名前をグラフに組み込む。まず、棒グラフの棒をクリックして選択し、数式バーに SERIES 関数を表示する。

=OFFSET(参照 , 行数 , 列数 ,[高さ ,[幅])	→ P243
=SERIES(系列名 , 項目名 , 数値 , 順序)	→ P329

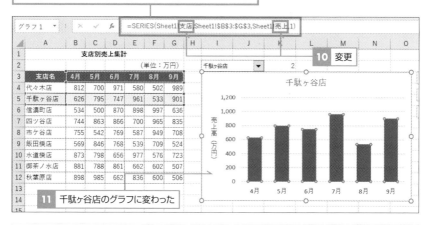

=SERIES(Sheet1!支店,Sheet2!$B$3:$G$3,Sheet1!売上,1)
グラフ 1
=SERIES(Sheet1!支店,Sheet1!$B$3:$G$3,Sheet1!売上,1)
10 変更
支店別売上集計
（単位：万円）
千駄ヶ谷店
2
千駄ヶ谷店
売上高（万円）
11 千駄ヶ谷店のグラフに変わった

支店名	4月	5月	6月	7月	8月	9月
代々木店	812	700	971	580	502	989
千駄ヶ谷店	626	795	747	961	533	901
信濃町店	534	500	870	898	997	636
四ツ谷店	744	863	866	700	965	835
市ケ谷店	755	542	769	587	949	708
飯田橋店	569	846	768	539	709	524
水道橋店	873	798	656	977	576	723
御茶ノ水店	881	788	861	662	602	507
秋葉原店	898	985	662	836	600	506

SERIES 関数の第 1 引数の「$A$4」の部分を「支店」に、第 3 引数の「$B$4:$G$4」の部分を「売上」に変更する。現在、コンボボックスで「千駄ヶ谷店」が選択されているので、数式を確定するとグラフが千駄ヶ谷店のデータに変わる。

Column　入力規則のドロップダウンリストを利用するには

コンボボックスの代わりに、入力規則のドロップダウンリストを利用することもできます。セル I2 に入力規則を設定した場合、セル K2 には下図の数式を入力してください。なお、IFERROR 関数を使用するのは、セル I2 のデータを削除したときにエラー値になるのを防ぐためです。

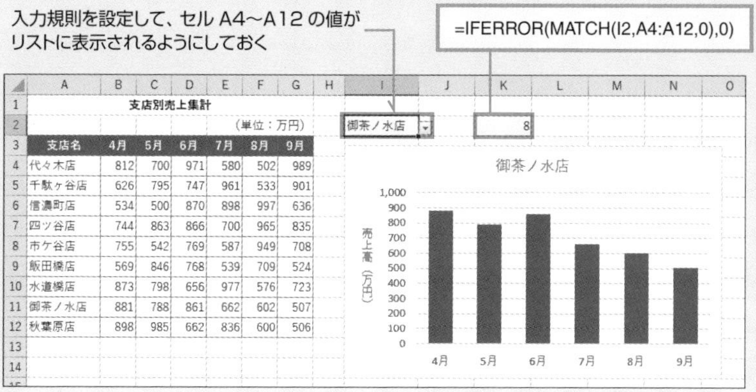

入力規則を設定して、セル A4～A12 の値がリストに表示されるようにしておく
=IFERROR(MATCH(I2,A4:A12,0),0)
支店別売上集計
（単位：万円）
御茶ノ水店
8
御茶ノ水店
売上高（万円）

支店名	4月	5月	6月	7月	8月	9月
代々木店	812	700	971	580	502	989
千駄ヶ谷店	626	795	747	961	533	901
信濃町店	534	500	870	898	997	636
四ツ谷店	744	863	866	700	965	835
市ケ谷店	755	542	769	587	949	708
飯田橋店	569	846	768	539	709	524
水道橋店	873	798	656	977	576	723
御茶ノ水店	881	788	861	662	602	507
秋葉原店	898	985	662	836	600	506

スクロールバーでグラフ表示の期間を指定する

　フォームコントロールの「スクロールバー」を上手に利用すると、グラフに表示する期間をスクロールバー操作で手早く切り替えられるようになります。ここでは1週間分の縦棒グラフの下にスクロールバーを配置し、「＜」「＞」ボタンのクリックで1日ずつ、バーのクリックで7日ずつグラフの日付がずれるようにします。グラフの元データがずれる仕組みには、名前付きセル範囲とOFFSET関数の組み合わせ技を利用します。

▶こんな仕組みを作成する

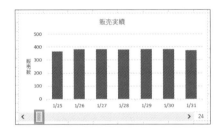
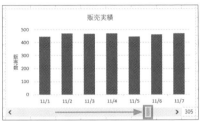

スクロールバーのつまみのドラッグに応じて、グラフに表示される期間が変わるようにする。

▶操作手順

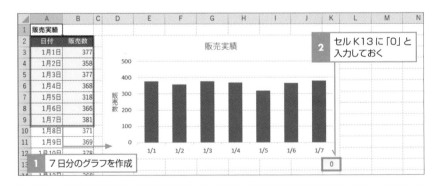

表に1月1日（セルA3）から12月31日（セルA368）の期間の販売数のデータが入力してある。まず、7日分のセル（ここではセルA2～B9）から縦棒グラフを作成し、作業用のセル（ここではセルK13）に「0」と入力しておく。

名前	範囲	参照範囲	数式の意味
日付	Sheet1	=OFFSET($A$3,$K$13,0,7,1)	セル A3 から「セル K13 の値」行下のセルを始点として 7 行 1 列のセル範囲
数量	Sheet1	=OFFSET($B$3,$K$13,0,7,1)	セル B3 から「セル K13 の値」行下のセルを始点として 7 行 1 列のセル範囲

「数式」タブの「名前の定義」ボタンをクリックして、「日付」「数量」という名前を定義しておく。参照範囲の数式は上表のとおり。この設定により、セル K13 に表示されている数値に応じて、「日付」「数量」という名前が参照する 7 日分のセル範囲が変わるようになる。

=SERIES(Sheet1!$B$2,Sheet1!$A$3:$A$9,Sheet1!$B$3:$B$9,1)

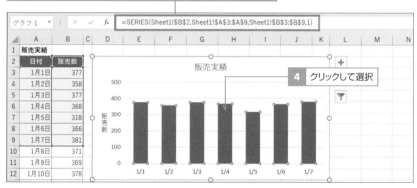

=SERIES(Sheet1!$B$2,Sheet1!日付,Sheet1!数量,1)

定義した名前をグラフに組み込む。まず、棒グラフの棒をクリックして選択し、数式バーで SERIES 関数の第 2 引数の「$A$3:$A$9」の部分を「日付」に、第 3 引数の「$B$3:$B$9」の部分を「数量」に変更する。この時点でグラフは変化しない。

| =OFFSET(参照 , 行数 , 列数 ,[高さ],[幅]) | → P243 |

| =SERIES(系列名 , 項目名 , 数値 , 順序) | → P329 |

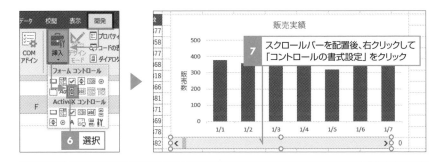

7 スクロールバーを配置後、右クリックして「コントロールの書式設定」をクリック

6 選択

「開発」タブ（→ P71）の「コントロールの挿入」から「スクロールバー（フォームコントロール）」を選択し、ワークシート上をドラッグして配置する。配置したスクロールバーを右クリックして、「コントロールの書式設定」をクリックする。

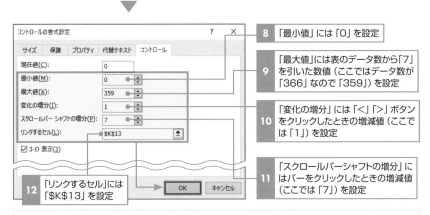

8 「最小値」には「0」を設定

9 「最大値」には表のデータ数から「7」を引いた数値（ここではデータ数が「366」なので「359」）を設定

10 「変化の増分」には「<」「>」ボタンをクリックしたときの増減値（ここでは「1」）を設定

11 「スクロールバーシャフトの増分」にはバーをクリックしたときの増減値（ここでは「7」）を設定

12 「リンクするセル」には「$K$13」を設定

設定画面が開くので、図のように設定して「OK」をクリックする。以上の設定で、つまみが左端にあるときのスクロールバー値が「0」、右端にあるときの値が「359」となり、その値はセルK3に表示されるようになる。以上で設定完了。

「<」「>」ボタンをクリックすると、グラフが1日分ずつずれる

バーの部分をクリックすると、グラフが7日分ずつずれる

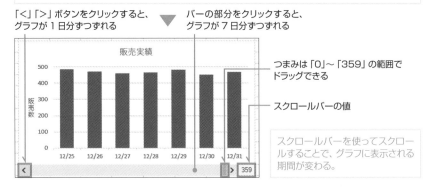

つまみは「0」〜「359」の範囲でドラッグできる

スクロールバーの値

スクロールバーを使ってスクロールすることで、グラフに表示される期間が変わる。

データを最大限に活用!
集計と分析

第 **5** 章

01 データベースの基礎

データベース機能を利用するための表の作り方

Excel にはさまざまなデータベース機能が搭載されています。ここではデータベース形式の表の作り方と活用の基本を解説します。

表作成のルール

下記のルールに沿って作成したデータベース形式の表では、並べ替えや抽出、集計などのデータベース機能をスムーズに使用できます。

❶先頭行に列見出し（その列の名前）を入力する
❷先頭行にデータ行とは異なる書式を設定する
❸1 件分のデータを 1 行に、1 つのデータを 1 つのセルに入力する
　（1 件のデータを複数行に分けない、セル結合は禁止）
❹表に隣接するセルにデータを入力しない
❺表内に空白行や空白列を作らない
※表内に空白セルがあるのは OK

	A	B	C	D	E	F	G	H	I
1	会員名簿								
2									
3	会員No	氏名	会員種別	性別	生年月日	年齢	住所		
4	1001	飯塚　健	ゴールド	男	1988/10/12	32	東京都目黒区中目黒		
5	1002	松　省吾	ブロンズ	男	1973/8/16	47	千葉県浦安市今川		
6	1003	柿谷　沙織	ブロンズ	女	1982/9/22	38	東京都大田区大森西		
7	1004	碓井　優香	シルバー	女	1982/8/7	38	埼玉県座市北野		
8	1005	政本　譲	ブロンズ	男	1972/1/17	48	東京都調布市深大寺北町		
9	1006	山口　元也	ブロンズ	男	1980/6/2	40	東京都渋谷区恵比寿南		
10	1007	太田　愛子	シルバー	女	1964/5/3	56	東京都世田谷区奥沢		
11	1008	津田　仁	シルバー	男	1994/11/26	26	埼玉県所沢市けやき台		
12	1009	千葉　康之	ゴールド	男	1989/3/1	31	埼玉県戸田市笹目		
13	1010	三戸部　隆	ブロンズ	男	1993/9/10	27	埼玉県富士見市関沢		
14	1011	鈴木　学	ブロンズ	男	1981/6/27	※			
15	1012	大塚　八重	プラチナ	女	1969/5/13	51	東京都八王子市石川町		

📖 データベース機能の利用＜並べ替え＞

　前ページで紹介したデータベース形式の表であれば、並べ替えをする際に並べ替えの基準とする列のセルを１つ選択するだけで、先頭行を除いた表全体を並べ替えられます。「昇順」ボタンを使うと、数値の小さい順、日付の古い順、あいうえお順に並べ替えられます。「降順」ボタンを使う場合は「昇順」の逆順になります。先頭行を異なる書式に設定していない場合、先頭行も並べ替えられてしまう可能性があるので注意してください。

1	「年齢」の列のセルを選択

2	「データ」タブの「昇順」ボタンをクリック

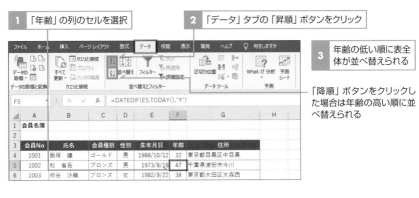

3	年齢の低い順に表全体が並べ替えられる

「降順」ボタンをクリックした場合は年齢の高い順に並べ替えられる

Column **複数の列を基準に並べ替えを実行するには**

　表内のセルを選択して「データ」タブの「並べ替え」ボタンをクリックすると「並べ替え」ダイアログボックスが開きます。最初は１つ分の設定欄しか表示されませんが、「レベルの追加」をクリックすると設定欄を複数追加できるので、優先度の高い順に並べ替えを指定します。

1	最優先する並べ替えを指定

2	「レベルの追加」をクリック

優先順位は「▲」「▼」で入れ替えられる

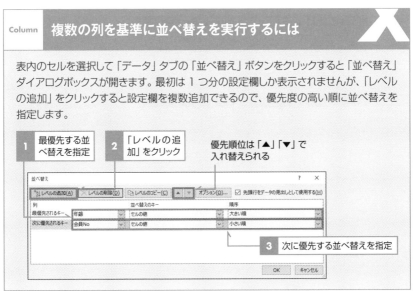

3	次に優先する並べ替えを指定

Column	文字列の並び順がおかしいときは	

文字列の列を基準に並べ替えると、通常はふりがなのあいうえお順に並びます。並び順がおかしい場合は、P224を参考にセルに正しいふりがな情報が含まれているかどうかを確認し、含まれていない場合は設定してください。

📖 データベース機能の利用＜オートフィルター＞

データベース形式の表では、「オートフィルター」と呼ばれる抽出機能を利用できます。抽出を実行することで、注目するデータだけを取り出して分析を行えます。

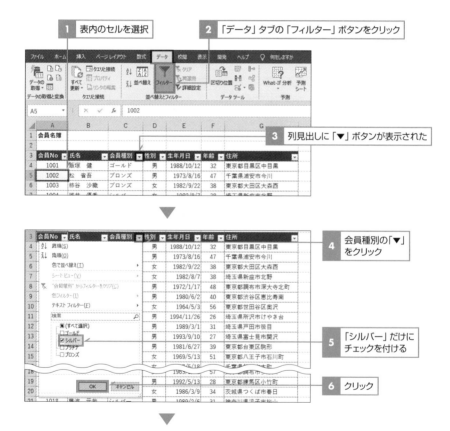

7 「シルバー」を抽出できた

8 続けて性別から「女」を抽出すれば、「シルバーかつ女」のデータを抽出できる

3	会員No	氏名	会員種別	性別	生年月日	年齢	住所
7	1004	碓井　優香	シルバー	女	1982/8/7	38	埼玉県新座市北野
10	1007	太田　愛子	シルバー	女	1964/5/3	56	東京都世田谷区奥沢
11	1008	津田　仁	シルバー	男	1994/11/26	26	埼玉県所沢市けやき台
16	1013	小林　由美子	シルバー	女	1987/5/18	33	千葉県船橋市本町
19	1016	長谷川　亨	シルバー	男	1992/5/13	28	東京都練馬区小竹町
21	1018	藤波　元哉	シルバー	男	1989/2/6	31	神奈川県逗子市桜山
24							

Column　抽出を解除するには

特定の列の抽出を解除するには、その列の「▼」ボタンをクリックして「"○○"からフィルターをクリア」をクリックします。

すべての抽出を解除して「▼」ボタンも解除するには、「データ」タブの「フィルター」ボタンをクリックします。

Column　「○○フィルター」を利用しよう

「▼」ボタンをクリックしたときに表示されるメニューは、その列のデータの種類によって変わります。文字列データの列の場合は「テキストフィルター」が表示され、「指定の値で始まる」「指定の値を含む」のような複雑な条件を指定できます。「数値フィルター」では数値の範囲、「日付フィルター」では日付の範囲などを指定できます。

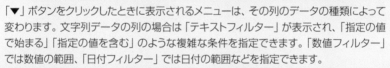

「テキストフィルター」を使うと複雑な条件指定を行える

データベースをテーブルに変換するメリット

　前項でデータベース形式の表はデータベース機能をスムーズに使用できることを説明しましたが、表をテーブルに変換すれば下記のようにさらに便利になります。特に理由のない限り、P134を参考に表をテーブルに変換しておくことをお勧めします。

・テーブルの範囲が自動拡張される
　テーブルに変換すると、自動で見栄えのよいデザインが適用されます。表にデータを追加すると、新しい行にも自動で書式が適用されます。また、入力済みの行に設定されている数式が新しい行に自動入力されます。

・そのままオートフィルターを実行できる
　テーブルの列見出しには自動で「▼」ボタンが表示され、すぐに抽出を実行できます。

・修正不要の数式を立てられる
　例えば「=SUM(テーブル1[金額])」という数式を立てると、「テーブル1」という名前のテーブルの「金額」列の数値を合計できます。テーブルにデータを追加すると合計値は即座に自動更新されるので、数式の修正は不要です。詳しくはP174を参照してください。

・ピボットテーブルの操作がラクになる
　ピボットテーブルのもとになる表にデータが追加された場合、「更新」ボタンをクリックするだけで新しいデータを集計に追加できます。

	A	B	C	D	E	F	G	H	I	J	K
1	会員名簿										
2										テーブル	
3	会員No	氏名	会員種別	性別	生年月日	年齢	住所				
4	1001	飯塚　健	ゴールド	男	1988/10/12	32	東京都目黒区中目黒				
5	1002	松　省吾	ブロンズ	男	1973/8/16	47	千葉県浦安市今川				
6	1003	柿谷　沙織	ブロンズ	女	1982/9/22	38	東京都大田区大森西				
7	1004	碓井　優香	シルバー	女	1982/8/7	38	埼玉県新座市北野				
8	1005	政本　護	ブロンズ	男	1972/1/17	48	東京都調布市深大寺北町				
9	1006	山口　元也	ブロンズ	男	1980/6/2	40	東京都渋谷区恵比寿南				
10	1007	太田　愛子	シルバー	女	1964/5/3	56	東京都世田谷区奥沢				

表から重複せずにデータを取り出したい

表の特定の列に入力されているデータを、重複を除外して1つずつ抜き出したいことがあります。「フィルターオプションの設定」という機能を使用すると簡単です。

▶「都道府県」欄からデータを1種類につき1つずつ取り出す

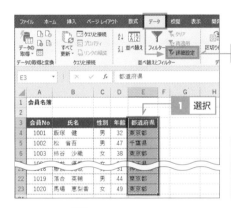

「都道府県」欄からデータを1種類につき1つずつ取り出したい。まず、「都道府県」欄のセルを見出しも含めて選択し、「データ」タブの「詳細設定」ボタンをクリックする。

「フィルターオプションの設定」ダイアログボックスが開く。「抽出先」欄で「指定した範囲」を選択。「リスト範囲」に手順1の範囲が選択されていることを確認する。「抽出範囲」にセルG3を指定し、「重複するレコードは無視する」にチェックを付けて、「OK」をクリックする。

「都道府県」欄からデータを1種類につき1つずつ取り出せた。こうして取り出したデータは、例えば都道府県ごとの会員数をカウントする集計表の見出しとして利用できる。

オリジナルの順序でデータを並べ替える

　文字列データが入力された列を基準として昇順に並べ替えると、通常は五十音順に並べ替えられます。五十音順ではなく特定の順序で並べ替えたい場合は、「ユーザー設定リスト」に並び順を登録したうえで、「並べ替え」ダイアログボックスを使用して並べ替えの設定を行います。ここでは、会員リストの会員種別が「プラチナ、ゴールド、シルバー、ブロンズ」の順に並ぶようにします。

▶項目の並び順をユーザー設定リストに登録する

1 「Excel のオプション」ダイアログボックスを表示する

P56 を参考に「Excel のオプション」ダイアログボックスを表示し、「詳細設定」画面の下の方にある「ユーザー設定リストの編集」をクリックする。

ここにセル範囲を指定して「インポート」をクリックすると、セルに入力されている項目を取り込める

「ユーザー設定リスト」ダイアログボックスが開く。「リストの項目」欄に項目を1行に1つずつ並べ替えの順序で入力して「OK」をクリックする。

▶並べ替えを実行する

並べ替える表のセルを1つ選択して、「データ」タブの「並べ替え」をクリックする。

「並べ替え」ダイアログボックスの「最優先されるキー」欄で並べ替えの基準の列（ここでは「会員種別」）を選択し、「順序」欄のリストから「ユーザー設定リスト」を選択する。

表示されるリストから目的のリスト（「プラチナ , ゴールド…」）を選択する。「OK」をクリックすると「並べ替え」ダイアログボックスに戻るので「OK」をクリックして閉じる。

3	会員No	氏名		会員種別	性別	年齢	住所
4	1012	大塚	八重	プラチナ	女	51	東京都八王子市石川町
5	1019	落合	英輔	プラチナ	男	44	東京都東区日本堤
6	1001	飯塚	健	ゴールド	男	32	東京都目黒区中目黒
7	1009	千葉	康之	ゴールド	男	31	埼玉県戸田市笹目
8	1015	金子	真紀	ゴールド	女	57	東京都調布市多摩川
9	1020	馬場	恵梨香	ゴールド	女	49	東京都町田市玉川学園
10	1004	椎井	優香	シルバー	女	38	埼玉県新座市北野

「プラチナ , ゴールド , シルバー , ブロンズ」の順に表が並べ替えられた。

VBA 条件をリストで指定して抽出する

　オートフィルターによるデータ抽出の操作は非常に簡単ですが、それでも実行までに数クリックが必要です。いつも同じような条件で抽出するなら、VBAを使用して抽出の仕組みを作りましょう。ここでは、リスト入力が設定されているセルで指定した項目を条件に抽出を実行します。

▶会員種別ごとに抽出する仕組みを作る

	リスト入力を設定		「抽出」マクロを登録

	A	B	C	D	E	F	G	H	I	J
1	会員名簿									
2		会員種別条件：	ゴールド		抽出	解除		3 「抽出解除」マクロを登録		
3			プラチナ							
4	会員No	氏名	ゴールド シルバー ブロンズ	別	年齢	住所				
5	1001	飯塚　健		男	32	東京都目黒区中目黒				
6	1002	松　省吾	ブロンズ	男	47	千葉県浦安市今川				
7	1003	柿谷　沙織	ブロンズ	女	38	東京都大田区大森西				
8	1004	碓井　優香	シルバー	女	38	埼玉県新座市北野				
9	1005	玫本　譲	ブロンズ	男	48	東京都調布市深大寺北町				
10	1006	山口　元也	ブロンズ	男	40	東京都渋谷区恵比寿南				
11	1007	太田　愛子	シルバー	女	56	東京都世田谷区奥沢				
12	1008	津田　仁	シルバー	男	26	埼玉県所沢市けやき台				

▶コード

```
1   ' 表の3列目からセルC2の項目を抽出する
2   Sub 抽出()
3       Range("A4").AutoFilter 3, Range("C2").Value
4   End Sub
5
6   ' オートフィルターを解除する
7   Sub 抽出解除()
8       ActiveSheet.AutoFilterMode = False
9   End Sub
```

抽出条件を入力するセルC2に、リスト入力の設定をしておく（→P110）。その際、「元の値」として「プラチナ,ゴールド,シルバー,ブロンズ」を指定する。VBEで標準モジュールを追加し（→P94）、上記のコードを入力する。シートにボタンを2つ配置し、それぞれに「抽出」マクロと「抽出解除」マクロを登録する（→P79）。

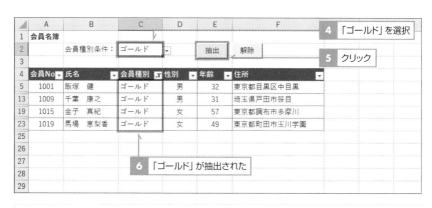

セル C2 のリストから「ゴールド」を選択して「抽出」ボタンをクリックすると、「ゴールド」のデータ が抽出される。「解除」ボタンをクリックすると、抽出が解除される。

3行目のコードでは、「セル A4 を含む表にオートフィルターを設定して、その3列目からセル C2 の値を抽出する」という処理を行っています。

Range(" セル番号 ").AutoFilter 列番号 , 抽出条件

「セル番号」には表内のセルを指定します。「列番号」は、抽出対象の列が表の左から数えて何列目にあるかを数値で指定します。抽出条件の指定方法は下表を参考にしてください。

▶「抽出条件」の記述例

```
1   ' 表の 5 列目から「40」を抽出する
2   Range("A4").AutoFilter 5, 40
3
4   ' 表の 5 列目から「40 以上」を抽出する
5   Range("A4").AutoFilter 5, ">=40"
6
7   ' 表の 5 列目から「セル I2 の値以上」を抽出する
8   Range("A4").AutoFilter 5, ">=" & Range("I2").Value
9
10  ' 表の 6 列目から「東京都○○市○○」を抽出する
11  Range("A4").AutoFilter 6, " 東京都 * 市 *"
12
13  ' 表の 6 列目から「セル I3 の値で始まる文字列」を抽出する
14  Range("A4").AutoFilter 6, Range("I3").Value & "*"
```

ピボットテーブルを使用して集計／分析する

ピボットテーブルでクロス集計表を作る

データを商品別や月別に集計すると、数値の傾向が浮き彫りになり、データ分析に役立ちます。ここでは、データの集計機能であるピボットテーブルの操作を紹介します。

ピボットテーブルとは

ピボットテーブルとは、データベース形式の表（→ P342）から集計表を作成する機能です。データベース形式の表の各列のことを「フィールド」と呼びます。ピボットテーブルでは「行見出しは○○フィールド、列見出しは○○フィールド、集計値は○○フィールド」のような指定方法で集計項目を指定するだけで、簡単に集計を行えます。

▶集計元の表とピボットテーブル

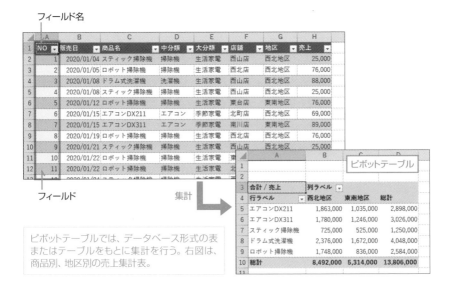

フィールド名

フィールド

集計

ピボットテーブルでは、データベース形式の表またはテーブルをもとに集計を行う。右図は、商品別、地区別の売上集計表。

　ピボットテーブルの作成にはフィールドリストを使用します。フィールドリストの上部にはフィールド名が一覧表示され、下部には「フィルター」「行」「列」「値」の4つのエリアが表示されます。集計項目は、この4つのエリアで指定します。

　例えば「行」エリアに商品名、「列」エリアに地区、「値」エリアに売上を配置すると、商品別地区別に売上を集計する2次元の集計表（クロス集計表）が作成されます。

▶ピボットテーブルの画面構成

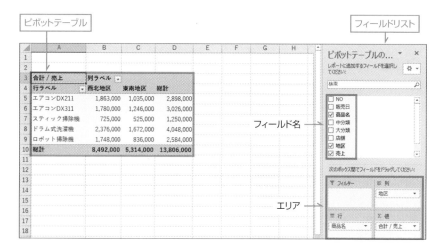

▶「行」「列」「値」にフィールドを配置した2次元の集計表

「行」エリアに「商品名」、「列」エリアに「地区」、「値」エリアに「売上」を配置すると、商品別地区別に売上の合計を集計するクロス集計表が作成される。

353

📕 ピボットテーブルでクロス集計表を作る

　ここでは売上明細が入力されたテーブルをもとに、商品別地区別に売上を集計するクロス集計表を作成します。

▶商品別地区別のクロス集計表を作成する

テーブル内のセルを1つ選択して、「挿入」タブの「ピボットテーブル」ボタンをクリックする。

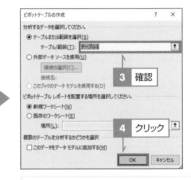

「テーブル／範囲」欄にテーブル名またはセル範囲が表示される。表示が正しいことを確認して、「OK」をクリックする。

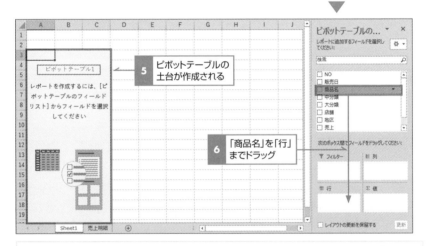

新しいシートが追加され、ピボットテーブルの土台が作成される。まず、フィールドリストから「商品名」を「行」エリアまでドラッグする。なお、フィールドリストが表示されない場合はピボットテーブル内のセルを選択する。選択しても表示されない場合は、ピボットテーブルの任意のセルを右クリックして「フィールドリストを表示する」を選択する。

	A	B	C	D	E	
1						
2						
3	合計／売上	列ラベル ▼				
4	行ラベル ▼	西北地区	東南地区	総計		
5	エアコンDX211	1863000	1035000	2898000		
6	エアコンDX311	1780000	1246000	3026000		
7	スティック掃除機	725000	525000	1250000		
8	ドラム式洗濯機	2376000	1672000	4048000		
9	ロボット掃除機	1748000	836000	2584000		
10	総計	8492000	5314000	13806000		
11						
12		**9** 商品別地区別の売上集計表を作成できた				
13						
14						
15						
16						

「地区」を「列」エリアに、「売上」を「値」エリアにドラッグする。「値」エリアには「合計／売上」と表示される。

クロス集計表の形をしたピボットテーブルが作成される。手順 **6** ～ **8** で指定したとおり、行見出しに商品名、列見出しに地区が配置された、売上集計表となる。

Column　集計方法や表示形式を設定するには

「値」エリアに数値のフィールドを配置すると合計、文字列のフィールドを配置するとデータの個数が集計されます。集計の種類を変更するには、任意の集計値のセルを右クリックして「値フィールドの設定」ダイアログボックスを表示します。このダイアログボックスでは集計方法や表示形式を設定できますが、設定は「売上」フィールドのすべての数値（ここではセル B5～D10）に適用されます。

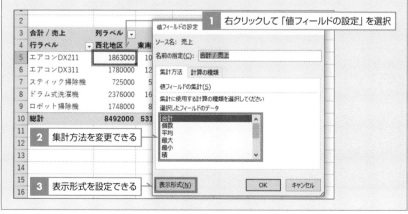

日付をグループ化して集計の単位を変える

　バージョンが 2016 以降の Excel では、数カ月分の日付が入力されているフィールドを［行］エリアか［列］エリアに配置すると、日付が自動的に月単位でグループ化されます。グループ化の単位は、「グループ化」ダイアログボックスを使用して年単位や四半期単位などに変更できます。Excel 2013 の場合も、「グループ化」ダイアログボックスを使用すれば日付を目的の単位でグループ化できます。

▶四半期単位でグループ化する

「列」エリアに「地区」、「値」に「合計／売上」フィールドが配置されている。「販売日」フィールドを「行」エリアにドラッグする。

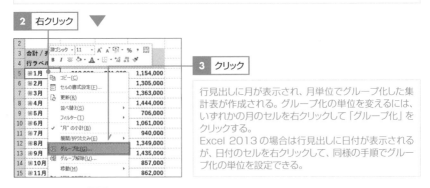

行見出しに月が表示され、月単位でグループ化した集計表が作成される。グループ化の単位を変えるには、いずれかの月のセルを右クリックして「グループ化」をクリックする。
Excel 2013 の場合は行見出しに日付が表示されるが、日付のセルを右クリックして、同様の手順でグループ化の単位を設定できる。

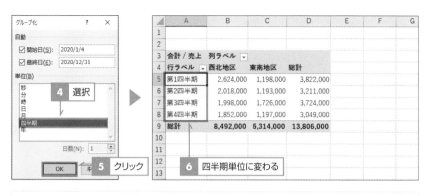

「グループ化」ダイアログボックスが開く。「単位」欄で「四半期」だけを選択して「OK」をクリックすると、行見出しが四半期単位に変わる。

なお、「グループ化」ダイアログボックスでは複数の単位も指定可能。例えば「四半期」と「月」を指定すると、四半期と月で階層化された集計表を作成できる。

Column　行見出しや列見出しに階層を付けるには

「行」エリアや「列」エリアに複数のフィールドを配置したり、「グループ化」ダイアログボックスで複数の単位を指定したりすると、「商品分類→商品」「四半期→月」のような階層のある集計表を作成できます。

下図では「行」エリアに「大分類」と「商品名」を追加して、商品を分類ごとに集計しています。分類のセルに表示される「−」や「+」のボタンをクリックすると、詳細データを折り畳んだり展開したりできます。

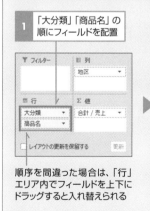

1 「大分類」「商品名」の順にフィールドを配置

順序を間違った場合は、「行」エリア内でフィールドを上下にドラッグすると入れ替えられる

2 「商品分類→商品」に階層化された集計表が作成される

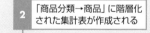

3 「−」「+」ボタンで詳細データを折り畳んだり展開したりできる

累計や順位、構成比を求める

「値」フィールドの数値は、オプションとして累計、順位、比率などの計算の種類を指定できます。ここでは設定方法を紹介します。

▶売上の累計を求める

「行」エリアに「販売日」フィールドを配置し、四半期単位でグループ化しておく。「値」エリアには「売上」フィールドを2回配置する。2回目に配置したフィールドにドラッグしては「合計／売上2」の名前が付く。なお、「列」エリアにある「Σ値」は、「値」エリアに複数のフィールドを配置したときに自動で表示される。

2 右クリックして「値フィールドの設定」をクリック

集計表に売上の合計が2列表示される。「売上2」を累計値に変えるには、「売上2」の任意のセルを右クリックして「値フィールドの設定」をクリックする。

7 フィールド名が「累計」に変わった

3	行ラベル	合計／売上	累計
4	第1四半期	3,822,000	3,822,000
5	第2四半期	3,211,000	7,033,000
6	第3四半期	3,724,000	10,757,000
7	第4四半期	3,049,000	13,806,000
8	総計	13,806,000	

8 売上の累計が表示された

「値フィールドの設定」ダイアログボックスが表示される。「名前の指定」欄に「累計」と入力する。「計算の種類」タブで「累計」を選択し、基準フィールドが「販売日」になっていることを確認して「OK」をクリックする。

売上の累計が表示される。
なお、「値フィールドの設定」ダイアログボックスの「集計方法」タブでは、集計方法として「合計」「個数」「平均」などを指定できる（→ P355）。「集計方法」として「個数」、「計算の種類」として「累計」を指定すると、データ数の累計を計算できる。

▶「計算の種類」の設定例

順位を求める

「売上 2」フィールドで「計算の種類」を「降順での順位」、「基準フィールド」を「商品名」とすると、売上の高い順に順位を表示できる。

構成比を求める

「売上 2」フィールドで「計算の種類」を「列集計に対する比率」とすると、総計を100％として比率を表示できる。

前月比を求める

「売上 2」フィールドで「計算の種類」を「基準値に対する比率」、「基準フィールド」を「販売日」、「基準アイテム」を「(前の値)」とすると、売上の前月比を表示できる。

Chapter 1
Chapter 2
Chapter 3
Chapter 4
Chapter 5
Chapter 6
付録

ドリルダウンを利用してデータを掘り下げる

集計表のデータを分析するときは、最初に大きな分類で集計すると大まかな概要をつかめます。その中で気になる項目を見つけたら、「大分類→中分類→商品」「年→四半期→月」「地区→支店→部署」のように集計の階層を1段階ずつ掘り下げて、問題点を分析します。このような分析手法を、ドリルで穴を掘り進める様子になぞらえて「ドリルダウン分析」と呼びます。ピボットテーブルでは、気になる項目をダブルクリックすることでドリルダウンを行えます。

▶品目を細かくドリルダウンする

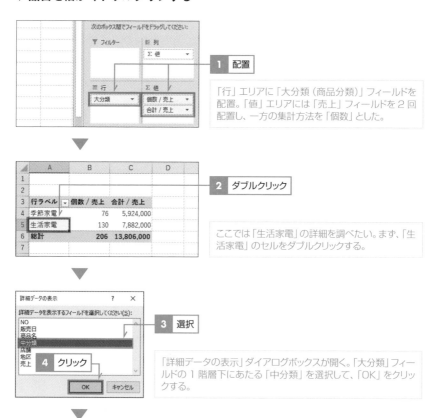

1 配置

「行」エリアに「大分類（商品分類）」フィールドを配置。「値」エリアには「売上」フィールドを2回配置し、一方の集計方法を「個数」とした。

2 ダブルクリック

ここでは「生活家電」の詳細を調べたい。まず、「生活家電」のセルをダブルクリックする。

3 選択

4 クリック

「詳細データの表示」ダイアログボックスが開く。「大分類」フィールドの1階層下にあたる「中分類」を選択して、「OK」をクリックする。

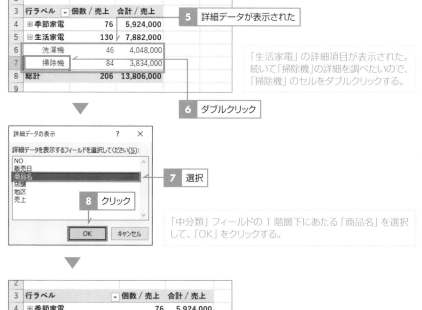

3	行ラベル　▾	個数 / 売上	合計 / 売上
4	⊞季節家電	76	5,924,000
5	⊟生活家電	130	7,882,000
6	洗濯機	46	4,048,000
7	掃除機	84	3,834,000
8	総計	206	13,806,000

5 詳細データが表示された

「生活家電」の詳細項目が表示された。続いて「掃除機」の詳細を調べたいので、「掃除機」のセルをダブルクリックする。

6 ダブルクリック

詳細データの表示

詳細データを表示するフィールドを選択してください(S):

NO
販売日
商品名
店舗
地区
売上

7 選択

8 クリック

OK　キャンセル

「中分類」フィールドの1階層下にあたる「商品名」を選択して、「OK」をクリックする。

3	行ラベル　▾	個数 / 売上	合計 / 売上
4	⊞季節家電	76	5,924,000
5	⊟生活家電	130	7,882,000
6	⊞洗濯機	46	4,048,000
7	⊟掃除機	84	3,834,000
8	スティック掃除機	50	1,250,000
9	ロボット掃除機	34	2,584,000
10	総計	206	13,806,000

9 詳細データが表示された

「掃除機」の詳細項目が表示された。

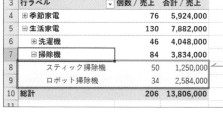

ドリルダウンを行うと、「行」エリアに「中分類」「商品名」が自動追加される。

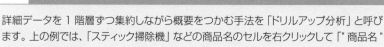

Column　ドリルアップするには

詳細データを1階層ずつ集約しながら概要をつかむ手法を「ドリルアップ分析」と呼びます。上の例では、「スティック掃除機」などの商品名のセルを右クリックして「"商品名"の削除」を選択するか、フィールドリストの「行」エリアから「商品名」を削除すると、ピボットテーブルから商品名の行を削除できます。

ドリルスルーを利用して詳細データを確認する

　集計結果のもととなる詳細データを取り出して、より詳しく調べる手法を「ドリススルー分析」と呼びます。例えば、集計表の中から極端に落ち込んだ売上の原因を調べたいときなどにドリルスルー分析を行います。ピボットテーブルでは、集計値のセルをダブルクリックすることでドリルスルーを行えます。

▶「西北地区」の「スティック掃除機」の元データを調べる

1 ダブルクリック

「西北地区」の「スティック掃除機」の元データを調べたいので、該当のセルをダブルクリックする。

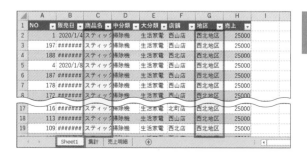

2 新しいシートに西北地区のスティック掃除機のデータが一覧表示された

新しいシートが追加され、「西北地区」の「スティック掃除機」の元データが一覧表示された。このデータを利用して詳細な分析が行える。必要に応じて列幅を調整すること。

Memo

集計値のセルをダブルクリックしたときにドリルスルーが行われない場合は、「分析」タブの「ピボットテーブル」→「オプション」をクリックします。「ピボットテーブルオプション」ダイアログボックスが表示されるので、「データ」タブで「詳細を表示可能にする」にチェックを付けます。

ピボットグラフを利用する

　ピボットテーブルでデータ分析をする際に役立つのがピボットグラフです。ピボットテーブルだけでは見えてこない数値の傾向がグラフ化することで鮮明になります。ここではピボットグラフの作成方法を紹介します。

▶ピボットグラフを作成する

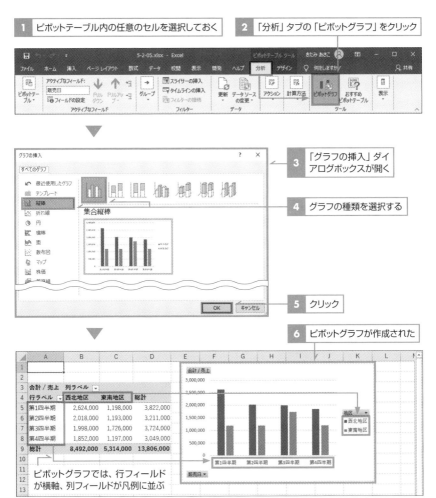

1 ピボットテーブル内の任意のセルを選択しておく

2 「分析」タブの「ピボットグラフ」をクリック

3 「グラフの挿入」ダイアログボックスが開く

4 グラフの種類を選択する

5 クリック

6 ピボットグラフが作成された

ピボットグラフでは、行フィールドが横軸、列フィールドが凡例に並ぶ

集計の視点を変えてダイス分析する

　集計の視点を変えて多角的にデータ分析する手法を、サイコロ（ダイス）がいろいろな面を見せながら転がる様子にたとえて「ダイス分析」と呼びます。例えば、「販売日別店舗別」の売上表の項目を入れ替えて「店舗別商品別」の売上表に作り変えることで、思いもよらない新しい発見があるかもしれません。ピボットテーブルではフィールドリストでフィールドを入れ替えることで、ダイス分析を行えます。

▶分析の視点を「販売日別店舗別」から「店舗別商品別」に変える

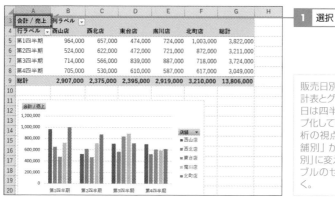

販売日別店舗別の売上集計表とグラフがある。販売日は四半期単位でグループ化してある。ここでは分析の視点を「販売日別店舗別」から「店舗別商品別」に変える。ピボットテーブルのセルを選択しておく。

「販売日」を「行」エリアからシートにドラッグする。すると、ピボットテーブルとピボットグラフから「販売日」が削除される。

「列」エリアから「行」エリアに「店舗」をドラッグして移動する。

4 ドラッグして追加

「中分類」をフィールドリストから「列」エリアにドラッグして追加する。

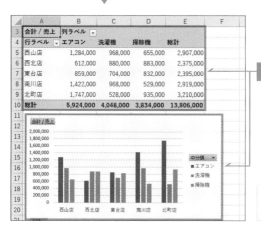

5 店舗別商品別に変わった

ピボットテーブルとピボットグラフが「店舗別商品別」に変わった。

Column 行や列の項目を絞り込む

「行ラベル」「列ラベル」と表示されているセルの「▼」をクリックすると、行見出しや列見出しの項目が一覧表示されます。分析したい項目だけにチェックを付けて「OK」ボタンをクリックすると、ピボットテーブルやピボットグラフに表示される項目を絞り込めます。

集計の切り口を変えてスライス分析する

　食材を薄く切ることを「スライス」、スライスする道具を「スライサー」と呼びますが、ピボットテーブルでは集計表を特定の切り口で切り取って分析することを「スライス分析」と呼びます。「スライサー」の機能を使うと、ワンクリックで切り口を切り替えてデータを分析できます。

▶「販売日別地区別」の集計表を商品ごとにスライスする

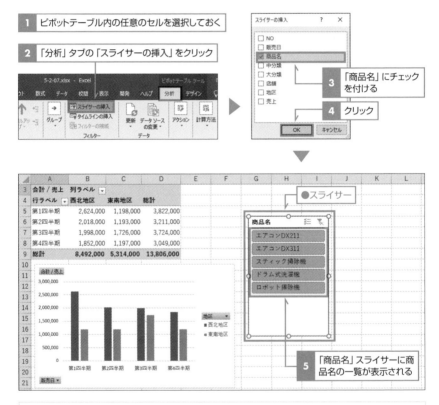

1 ピボットテーブル内の任意のセルを選択しておく

2 「分析」タブの「スライサーの挿入」をクリック

3 「商品名」にチェックを付ける

4 クリック

5 「商品名」スライサーに商品名の一覧が表示される

●スライサー

「分析」タブの「スライサーの挿入」をクリックすると、「スライサーの挿入」ダイアログボックスにフィールドの一覧が表示される。「商品名」を選択すると、シート上に「商品名」スライサーが表示される。

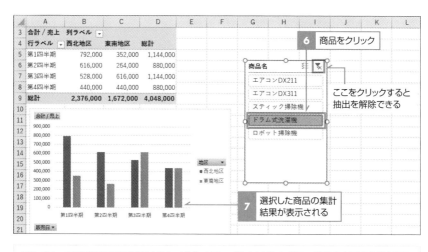

	A	B	C	D
3	合計／売上	列ラベル		
4	行ラベル	西北地区	東南地区	総計
5	第1四半期	792,000	352,000	1,144,000
6	第2四半期	616,000	264,000	880,000
7	第3四半期	528,000	616,000	1,144,000
8	第4四半期	440,000	440,000	880,000
9	総計	2,376,000	1,672,000	4,048,000

6 商品をクリック

商品名
エアコンDX211
エアコンDX311
スティック掃除機
ドラム式洗濯機
ロボット掃除機

ここをクリックすると抽出を解除できる

7 選択した商品の集計結果が表示される

スライサーで特定の商品を選択すると、ピボットテーブルとピボットグラフがその商品の集計結果に切り替わる。なお、スライサーが不要になった場合は、商品の抽出を解除してからスライサーをクリックして選択し、[Delete] キーを押す。

Column　タイムラインを利用して集計期間を切り替える

「分析」タブの「タイムラインの挿入」をクリックして日付のフィールドを指定すると、集計期間を示すバーが表示されます。バーを操作すると、集計対象の期間を簡単に絞り込めます。

	A	B	C	D	E	F	G
3	合計／売上	列ラベル					
4	行ラベル	西山店	西北店	東台店	南川店	北町店	総計
5	エアコン	247,000	207,000	69,000	356,000	494,000	1,373,000
6	洗濯機	176,000	264,000	176,000	88,000	176,000	880,000
7	掃除機	101,000	151,000	227,000	277,000	202,000	958,000
8	総計	524,000	622,000	472,000	721,000	872,000	3,211,000

●タイムライン

販売日
2020 年 第 2 四半期　　月
2020
3　4　5　6　7　8　9　10　11　12

バーをドラッグして集計期間を指定する

年 や 月 など、バーの単位を選択できる

03 外部データの利用

外部データの利用の概要

Excel で外部データを利用するには、主に以下の方法があります。

・コピー／貼り付け

「コピー／貼り付け」はもっとも単純な方法で、あらゆる外部データに使用できます。データは元データから切り離されます。

・開く

「開く」は、「ファイルを開く」ダイアログボックスでファイルの種類を指定して Excel で開く方法です。この方法は、タブやカンマなどで区切られたテキストファイル（「.txt」「.csv」など）のデータを Excel で使いたいときに利用できます。Excel で編集した内容を上書き保存することもできますが、テキストファイルに保存されるのはデータだけです。書式やグラフなどを設定した場合は、ブックとして別ファイルに保存することになります。

なお、「開く」ダイアログボックスではファイルの種類として Access データベースも指定可能ですが、その場合は「外部データの取り込み」の機能が働きます。実際に Access のファイルが Excel で開かれるわけではありません。

→ P370　テキストファイル（.txt、.csv）を開く

・外部データの取り込み

「外部データの取り込み」では、Excel から外部ファイルに接続する形でデータが読み込まれます。元データが修正されたときは、「更新」ボタンを使用すると変更が Excel に反映されます。テキストファイルや Access データベースなどに接続できます。

なお、Microsoft 365 と Excel 2019 では、リボンに外部データの取り込みに関するボタンがありません。「Access から（レガシ）」などのボタンをクイッ

クアクセスツールバーに登録して機能を利用することもできますが、上位機能である「取得と変換」を利用したほうが便利です。

→ P372　Access データを読み込む（外部データの取り込み）

・取得と変換（Power Query）

「取得と変換」では、Excel から外部ファイルに接続する形でデータが読み込まれます。元データが修正されたときは、「更新」ボタンを使用すると変更が Excel に反映されます。テキストファイルや Access データベース、Excel ブックなどに接続できます。

「取得と変換」の特徴は、「Power Query」というツールを使用して外部データの加工をしながら読み込みを行えることです。例えば、不要な行や列を削除したり、計算式の列を追加したり、データを整形したりできます。加工には「Power Query エディター」を使いますが、機能が充実しており、さまざまな加工を簡単に行えます。設定した加工はブック内に「クエリ」として記録されるので、「更新」を実行すると前回と同様の加工が施された状態で新しいデータを読み込めます。常にデータを加工してから読み込めるので、月次処理など定型的な処理にも威力を発揮します。

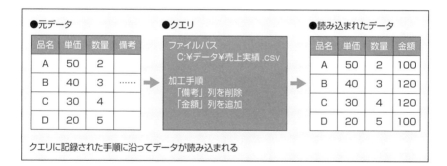

クエリに記録された手順に沿ってデータが読み込まれる

なお、バージョン 2016 以降の Excel では「取得と変換」を標準で使用できますが、Excel 2013 では Microsoft のダウンロードセンターから「Microsoft Power Query for Excel」をダウンロードして使用します。

→ P374　Power Query によるデータの取得

※テキストファイル、Access、Excel のデータの取得を紹介します。

→ P378　Power Query によるデータの変換

テキストファイル（.txt、.csv）を開く

　テキストファイルは、「開く」ダイアログボックスを使用して Excel で開くことができます。拡張子が「.txt」のテキストファイルは、開くときに「テキストファイルウィザード」が起動して、区切り文字や列のデータ形式などを指定できます。なお、開いたファイルを編集後、上書き保存できるのはデータだけです。書式などを保存したい場合は、Excel ブック形式で名前を付けて保存してください。

▶拡張子が「.txt」のテキストファイルを開く

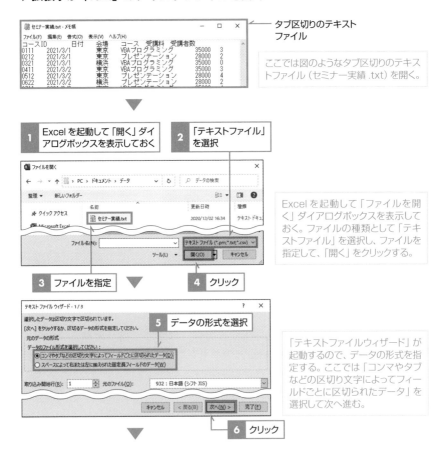

タブ区切りのテキストファイル

ここでは図のようなタブ区切りのテキストファイル (セミナー実績 .txt) を開く。

1 Excel を起動して「開く」ダイアログボックスを表示しておく

2 「テキストファイル」を選択

Excel を起動して「ファイルを開く」ダイアログボックスを表示しておく。ファイルの種類として「テキストファイル」を選択し、ファイルを指定して、「開く」をクリックする。

3 ファイルを指定

4 クリック

5 データの形式を選択

「テキストファイルウィザード」が起動するので、データの形式を指定する。ここでは「コンマやタブなどの区切り文字によってフィールドごとに区切られたデータ」を選択して次へ進む。

6 クリック

元データがどのように区切られているかを指定する画面が開く。ここではタブ区切りのテキストファイルを開くので「タブ」を選択して次へ進む。

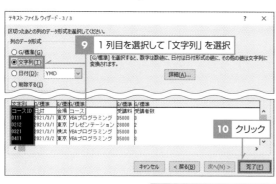

各列のデータ形式を指定する画面が開く。下部のプレビュー欄を見ながら指定する。ここでは1列目を選択して、「文字列」を指定した。ほかはそのまま、「完了」をクリックする。
なお、データ形式を指定しない場合、数字は数値、日付は日付、そのほかは文字列としてセルに読み込まれる。

11　テキストファイルが開いた

	A	B	C	D	E	F	G	H
1	コースID	日付	会場	コース	受講料	受講者数		
2	0111	2021/3/1	東京	VBAプログ	35000	3		
3	0212	2021/3/1	東京	プレゼンテ	28000	2		
4	0321	2021/3/1	横浜	VBAプログ	35000			
5	0411	2021/3/2	東京	VBAプログ	35000			
6	0512	2021/3/2	東京	プレゼンテ	28000			
7	0622	2021/3/2	横浜	プレゼンテ	28000	2		
8	0711	2021/3/3	東京	VBAプログ	35000	4		

12　先頭に「0」が付いたまま表示された

テキストファイルが開く。1列目の「コースID」を「文字列」としたので、先頭に「0」が付いたまま文字列として表示された。指定を忘れると数値として表示され、先頭の「0」が消えるので注意すること。

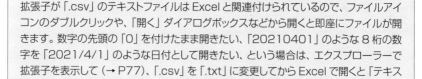

Column　**CSV形式のファイルを開くには**

拡張子が「.csv」のテキストファイルはExcelと関連付けられているので、ファイルアイコンのダブルクリックや、「開く」ダイアログボックスなどから開くと即座にファイルが開きます。数字の先頭の「0」を付けたまま開きたい、「20210401」のような8桁の数字を「2021/4/1」のような日付として開きたい、という場合は、エクスプローラーで拡張子を表示して（→P77）、「.csv」を「.txt」に変更してからExcelで開くと「テキストウィザード」を使用してデータ形式を指定しながら開くことができます。

Access データを読み込む（外部データの取り込み）

「外部データの取り込み」を使用して、Access のデータを読み込む操作を紹介します。Excel 2013 の画面を使用して解説します。Microsoft 365 や Excel 2019/2016 でも同様に操作できますが、これらのバージョンでは標準で Power Query を使用できるので、そちらを使用したほうが機能的に便利です（→ P374）。なお Microsoft 365 と Excel 2019 では、P50 を参考に「リボンにないコマンド」から「Access から（レガシ）」ボタンをクイックアクセスツールバーに登録して実行します。

▶Access データベースファイルからデータを読み込む

新しいシートを表示し、「データ」タブの「外部データの取り込み」→「Access データベース」をクリックする。365/2019 の場合はクイックアクセスツールバーに登録した「Access から（レガシ）」ボタンをクリックする。

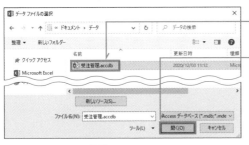

「データファイルの選択」ダイアログボックスが開くので、ファイル（受注管理 .accdb）を指定して「開く」をクリックする。

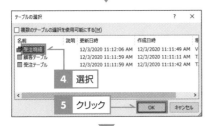

「テーブルの選択」画面が開き、データベースファイルに含まれるテーブルオブジェクトとクエリオブジェクトが一覧表示される。ここでは「受注明細」を選択して「OK」をクリックする。

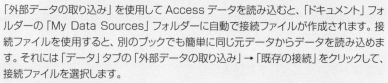

9 Access のデータを Excel のテーブル形式で読み込めた

Excel での表示方法として「テーブル」が選択されていることを確認し、データを読み込むセルを指定する。ここでは初期値のセル A1 のまま「OK」をクリックする。

シートのセル A1 を先頭として、Access データベースのデータをテーブル形式で読み込めた。元ファイルのデータに変更があった場合、「データ」タブの［すべて更新］ボタンか「デザイン」タブの［更新］ボタンをクリックすると反映される。なお、「デザイン」タブはテーブル内のセルが選択されているときにだけ表示される。

Column 接続ファイルが作成される

「外部データの取り込み」を使用して Access データを読み込むと、「ドキュメント」フォルダーの「My Data Sources」フォルダーに自動で接続ファイルが作成されます。接続ファイルを使用すると、別のブックでも簡単に同じ元データからデータを読み込めます。それには「データ」タブの「外部データの取り込み」→「既存の接続」をクリックして、接続ファイルを選択します。

データを接続する必要がなくなったときは、「データ」タブの「接続」ボタンをクリックして、表示される一覧から接続名を選択し、「削除」ボタンで解除します。接続を解除すると、元データから切り離され、更新されなくなります。接続ファイルも不要なら「My Data Sources」フォルダーから削除します。

Column テキストファイルを読み込むには

「データ」タブの「外部データの取り込み」→「テキストファイル」を使用すると、「.txt」「.csv」などのテキストファイルを読み込めます。いずれの場合も、P370 で紹介したテキストファイルウィザードが起動して読み込む条件を指定できます。「データ」タブの「すべて更新」ボタンをクリックすると、ファイルの選択画面が開き、元データの変更を反映できます。

Power Query によるデータの取得

「Power Query」は、外部データの読み込みと加工を行うツールです。接続先や加工の手順などの情報は「クエリ」としてブックに記録されます。ここでは外部データとしてテキストファイル、Access データベース、Excel ブックの読み込みを紹介しますが、基本的な操作の流れは共通です。

1.「データ」タブのボタンをクリック
2.「データの取り込み」ダイアログボックスでファイルを指定
3. プレビューを確認して「読み込み」を実行

プレビューを確認する際に、必要に応じてデータの加工を行えます。加工の方法については P378 で紹介します。Power Query の対応バージョンについては P369 を参照してください。

テキストデータを読み込む

ここでは P370 と同じタブ区切りのテキストファイルをシートに読み込みます。CSV 形式など、ほかの形式のテキストファイルも手順は同じです。

▶テキストデータをシートに読み込む

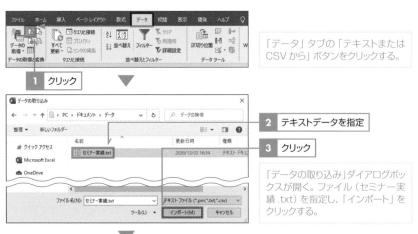

「データ」タブの「テキストまたは CSV から」ボタンをクリックする。

1 クリック

2 テキストデータを指定

3 クリック

「データの取り込み」ダイアログボックスが開く。ファイル（セミナー実績.txt）を指定し、「インポート」をクリックする。

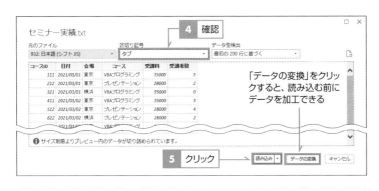

読み込むデータのプレビューが表示された。区切り文字（ここでは「タブ」）を確認して、「読み込み」をクリックする。なお、読み込む前にデータを加工したい場合は、「データの変換」をクリックすると Power Query エディターが起動して加工できる。読み込んだあとで Power Query エディターを起動して加工することも可能。加工方法は P378 参照。数字の先頭の「0」を消さないようにするなどの指定を行える。

▼

「デザイン」「クエリ」タブが表示された

新しいシートが追加され、テキストファイルのデータがテーブル形式で読み込まれる。テーブル内のセルを選択すると、リボンに「テーブルツール」の「デザイン」タブと「クエリツール」の「クエリ」タブが表示される。画面右側には「クエリと接続」作業ウィンドウが開き、クエリ名が表示される。クエリとは、接続先のパスや加工の手順などの情報を記録したもの。「クエリと接続」作業ウィンドウが表示されない場合は「データ」タブの「クエリと接続」をクリックする。

Column | 読み込み先を指定するには

手順 5 の「読み込み」ボタンの右にある「▼」ボタンをクリックして「読み込み先」をクリックすると、P373 の手順 6 と同様の「データのインポート」ダイアログボックスが表示され、データを読み込むセルを指定できます。

📖 Access データを読み込む

Access のデータベースには複数の表が含まれていることがありますが、Excel からデータを読み込むときは、接続する表を指定して読み込みます。

▶Access データをシートに読み込む

「データ」タブの「データの取得」→「データベースから」→「Microsoft Access データベースから」をクリックする。すると「データの取り込み」ダイアログボックスが開くので、ファイル（受注管理 .accdb）を指定する。

2 「データの取り込み」ダイアログボックスでデータベースファイルを指定

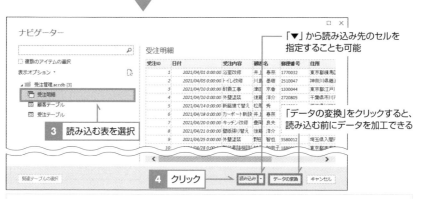

「▼」から読み込み先のセルを指定することも可能

「データの変換」をクリックすると、読み込む前にデータを加工できる

3 読み込む表を選択

4 クリック

読み込む表（Access のテーブルオブジェクトまたはクエリオブジェクト）を指定して、「読み込み」をクリックする。

テーブル形式で読み込めた

クエリ名が表示された

新しいシートが追加され、Access のデータが Excel のテーブル形式で読み込まれる。画面右側には「クエリと接続」作業ウィンドウが開き、クエリ名が表示される。

▤ Excel データを読み込む

Excel のデータを読み込むときは、接続するシートを指定します。

▶Excel データをシートに読み込む

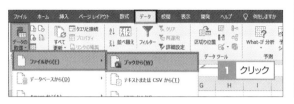

「データ」タブの「データの取得」→「ファイルから」→「ブックから」をクリックする。すると「データの取り込み」ダイアログボックスが開くので、ファイル（売上実績 .xlsx）を指定する。

| 2 | 「データの取り込み」ダイアログボックスで Excel ファイルを指定 |

「▼」から読み込み先のセルを指定することも可能

「データの変換」をクリックすると、読み込む前にデータを加工できる

読み込む表を指定して「読み込み」をクリックすると、新しいシートにテーブル形式で読み込まれる。

▤ 最新のデータに更新するには

データを更新する方法は複数あります。使いやすい方法を使用してください。

- 「データ」タブの「すべて更新」をクリックする
- 「テーブルツール」の「デザイン」タブの「更新」をクリックする
- 「クエリツール」の「クエリ」タブの「更新」をクリックする
- 「クエリと接続」作業ウィンドウのクエリ名の右にある「最新の情報に更新」をクリックする

Power Query によるデータの変換

Power Query によって読み込んだデータは、「Power Query エディター」を使用して加工できます。加工手順は、接続先のパスなどの情報とともにクエリに記録されます。ここではテキストファイルから読み込んだ外部データを加工しますが、Access や Excel からデータを読み込んだ場合も、Power Query エディターの使い方は同じです。

▶Power Query エディターを起動する

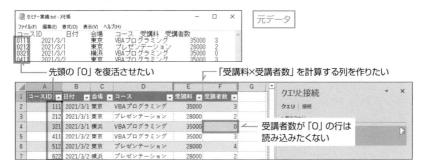

テキストファイル (セミナー実績 .txt) を読み込んだら、「コース ID」の先頭の「0」が消えてしまった。この「0」を復活させたい。また、「受講料×受講者数」を計算する列を追加したい。さらに、受講者数が「0」の行は読み込みたくない。

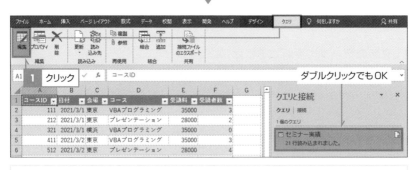

Power Query エディターを起動するには、「クエリ」タブの「編集」ボタンをクリックする。もしくは「クエリと接続」作業ウィンドウのクエリ名をダブルクリックしてもよい。

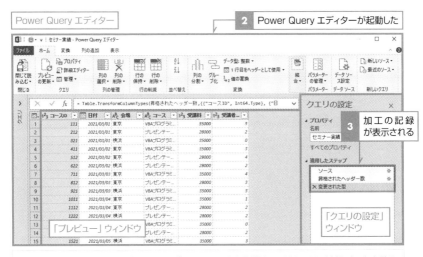

Power Query エディターが起動した。「クエリの設定」作業ウィンドウには、外部データを読み込む際に自動で設定された加工の記録が表示されている。「プレビュー」ウィンドウでデータの状態を見ながら加工していく。

▶先頭の「0」を表示するために「コース ID」を文字列に変換する

3 表示される確認画面で「現在のものを置換」をクリック

「コース ID」の先頭の「0」が消えてしまったのは、データが数値と見なされたから。「0」を表示させるには、「コース ID」の見出しをクリックして列全体を選択し、「ホーム」タブの「データ型」→「テキスト」を選択する。確認画面が表示されたら、「現在のものを置換」をクリックする。

4 「0」が表示された

「コース ID」が文字列に変換され、先頭に「0」が表示された。

▶「受講料×受講者数」を計算する列を追加する

「受講料×受講者数」を計算する列を追加するには、「列の追加」タブの「カスタム列」ボタンをクリックする。

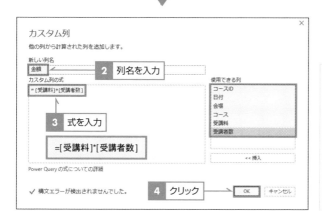

設定画面が開く。「新しい列名」欄に「金額」と入力し、「カスタム列の式」欄に図の式を入力する。その際、右のボックスで「受講料」などの文字をダブルクリックすると、式の中に入力できる。入力が済んだら、「OK」をクリックする。

表の末尾に「金額」列が追加され、「受講料×受講者数」が計算された。

Column	列の位置を入れ替えるには

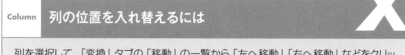

列を選択して、「変換」タブの「移動」の一覧から「左へ移動」「右へ移動」などをクリックすると、列を指定した方向に移動できます。

▶読み込む行を絞り込む

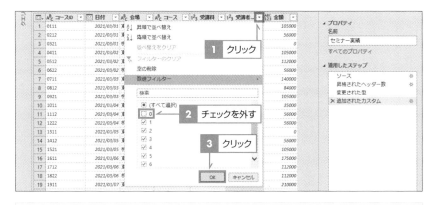

「受講者数」が「0」のセミナーは開催中止になっているので読み込みたくない。「受講者数」の列見出しに表示される「▼」ボタンをクリックして、「0」のチェックを外し、「OK」をクリックする。

4 「0」の行が消えた

「0」の行が消えた。

▶Excel のシートに読み込む

Power Query エディターで設定した加工を Excel のシートに反映させるには、「ホーム」タブの「閉じて読み込む」ボタンをクリックする。

先頭に「0」が表示された　　　「0」の行が消えた　　　「金額」列が追加された

Power Query エディターが閉じ、最初に読み込んだデータが加工したデータで置き換えられた。

Column 加工の設定を変更するには

Power Query エディターで行った加工は、「クエリの設定」ウィンドウに 1 ステップずつ記録されます。例えば「0」を非表示にした加工は「フィルターされた行」と表示されます。その右端にある歯車のアイコンをクリックすると、フィルターの条件など、加工の設定を修正できます。また、左端にある「×」のアイコンをクリックすると、加工操作を取り消せます。

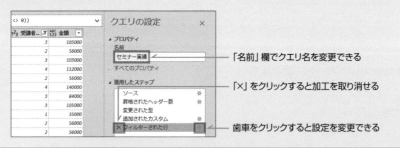

Column 更新時にも加工が適用される

Excel の「データ」タブの「すべて更新」ボタンをクリックするなどして更新を行うと、クエリに記録した加工が施された状態で最新のデータが Excel のシートに読み込まれます。毎月最新のデータを読み込んで集計処理を行うような場合に、面倒な加工の処理を自動化できるので便利です。

Chapter 1

Chapter 2

Chapter 3

Chapter 4

Chapter 5

Chapter 6

付録

Column **接続するファイルのパスを変更するには**

接続先の外部ファイルの保存場所が変わったときなどは、Power Query エディターの「ホーム」タブにある「データソース設定」ボタンをクリックします。表示される画面で「ソースの変更」をクリックして、パスを指定し直します。

Column **Power Query エディターの操作例**

Power Query エディターの機能は豊富です。いくつか操作例を挙げるので参考にしてください。

・不要な列を削除する
読み込む必要がない列を削除するには、列を選択して、「ホーム」タブの「列の削除」ボタンをクリックします。

・列見出しを正しく認識させる
表の上にタイトルなどが入力されているデータを読み込むと、下図のように列見出しが正しく認識されずに「Column1」「Column2」のような仮の列名が表示されることがあります。この場合、「ホーム」タブの「行の削除」→「上位の行を削除」をクリックして 1 行目を削除します。すると、本来の列見出しが 1 行目に繰り上がるので、「ホーム」タブの「1 行目をヘッダーとして使用」ボタンをクリックすると、本来の列見出しの位置に表示されます。

	A⁵C Column1	A⁵C Column2	A⁵C Column3	A⁵C Column4
1	セミナー実績			
2	コースID	日付	会場	コース
3	0111	2021/3/1	東京	VBAプログラミング
4	0212	2021/3/1	東京	プレゼンテーション
5	0321	2021/3/1	横浜	VBAプログラミング
6	0411	2021/3/2	東京	VBAプログラミング
7	0512	2021/3/2	東京	プレゼンテーション
8	0622	2021/3/2	横浜	プレゼンテーション
9	0711	2021/3/3	東京	VBAプログラミング
10	0812	2021/3/3	東京	プレゼンテーション
11	0921	2021/3/3	横浜	VBAプログラミング
12	1011	2021/3/4	東京	VBAプログラミング

← 仮の列見出しが表示されている

← 表のタイトルが表示されている

本来の列見出しが表示されている

・「2021/4/1 0:00:00」を「2021/4/1」と表示する
Access から日付データを読み込むときなどに、末尾に「0:00:00」が付加されることがあります。日付の列を選択して「変換」タブの「日付」→「日付のみ」をクリックすると、末尾の時刻が消え、日付だけを表示できます。

04 データ分析とシミュレーション

過去のデータから未来を予測する 365 2019 2016

Excel 2016以降では、「予測シート」という機能を使用すると、時系列に並んだ実績データをもとに、今後のデータを予測できます。過去の月別売上データから今後3カ月分の売上を予測したい、というようなときに役に立ちます。

時系列データのセルには、日付や数値を等間隔で入力しておきます。「1月、2月、3月…」などの文字列データは使用できないので、その場合は数値の「1、2、3…」を入力しましょう。時系列データと実績データの2列分のセルを選択して「予測シート」を実行すると、新しいシートに予測値の表と折れ線グラフが作成されます。予測値は、FORECAST.ETS関数を使用して計算されます。この関数は、指数平滑化法という分析手法に基づいた予測値を返す関数です。また、デフォルトでは95％の信頼区間（95％の確率で値が含まれる範囲のこと）を表す折れ線も表示されます。

▶売上実績表をもとに今後の売上を予測する

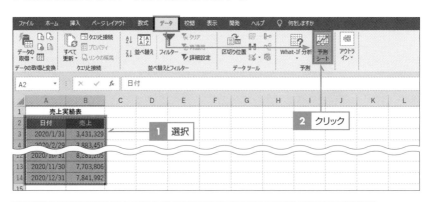

日付と売上のセル範囲を選択して、「データ」タブの「予測シート」ボタンをクリックする。

3 「予測ワークシートの作成」ダイアログボックスが開く

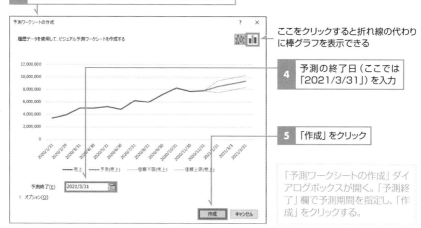

ここをクリックすると折れ線の代わりに棒グラフを表示できる

4 予測の終了日（ここでは「2021/3/31」）を入力

5 「作成」をクリック

「予測ワークシートの作成」ダイアログボックスが開く。「予測終了」欄で予測期間を指定し、「作成」をクリックする。

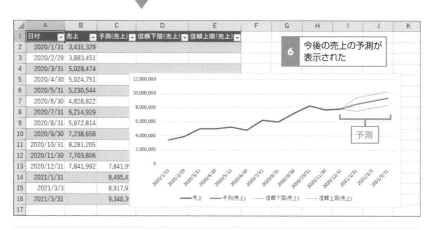

6 今後の売上の予測が表示された

新しいシートに表とグラフが表示される。表には日付、売上、予測、信頼下限、信頼上限の5つの項目が表示される。グラフの濃い線が売上の実績、薄い線が予測。

Memo

季節性のある売上を予測する場合は、手順 **3** の画面で「オプション」をクリックします。「季節性」欄にある「手動設定」をクリックして季節パターンの数値を入力すると、季節の傾向を考慮した予測を行えます。季節性を設定する場合、2サイクル以上の実績データが必要です。
例えば夏に売れ、冬に落ち込むといった季節変動のある商品の売上の場合、2年分以上の月別売上データを用意し、「季節性」に「12」を設定します。

計算結果が目的値になるように逆算する

数式を使って売上や利益などのシミュレーションを行う際に、目標値を達成するために必要な数字を逆算したいことがあります。そんなときに役立つのが「ゴールシーク」です。方程式を解くかのように、数式の結果が目標値になるための参照セルの値を簡単に逆算できます。

ゴールシークを実行するには、「数式入力セル」と「変化させるセル」（ゴールシークの結果を入力するセル）の2つが必要です。

▶「ゴールシーク」は数式の逆算機能

売上金額が 5,000 になる販売数を求めたい

▲	A	B	C	D
1	販売価格	販売数	売上金額	
2	1000	?	=A2*B2	
3				
4		変化させるセル	数式入力セル	
5				

通常の計算では販売数を入力すると売上金額が計算されるが、ゴールシークでは売上金額の数式の結果が「5,000」になるように販売数を入力できる。逆算で入力するセルを「変化させるセル」、逆算する数式のセルを「数式入力セル」と呼ぶ。

ここでは「販売価格が 1,000 円、販売にかかる固定費が 80 万円、1 個当たりの変動費が 600 円という条件のもと、100 万円の利益を出すには商品を何個売ればよいか」を例としてゴールシークの使い方を紹介します。

▶利益目標を達成するための販売数を逆算する

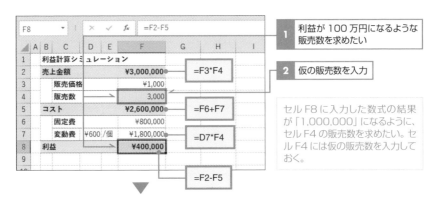

1 利益が 100 万円になるような販売数を求めたい

2 仮の販売数を入力

セル F8 に入力した数式の結果が「1,000,000」になるように、セル F4 の販売数を求めたい。セル F4 には仮の販売数を入力しておく。

「データ」タブの「What-If 分析」→「ゴールシーク」を選択する。

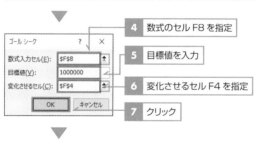

4 数式のセル F8 を指定

5 目標値を入力

6 変化させるセル F4 を指定

7 クリック

「ゴールシーク」ダイアログボックスが表示されるので、数式入力セル、目標値、変化させるセルを指定する。セル番号は、シート上でセルをクリックして入力すればよい。

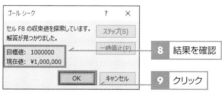

8 結果を確認

9 クリック

結果を確認して「OK」をクリックする。なお、思い通りの結果が得られなかった場合は、「キャンセル」をクリックする。

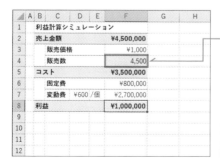

10 利益が 100 万円になる販売数が入力された

求めた販売数がセル F4 に入力される。ここでは 4,500 個販売すれば 100 万円の利益をあげられることがわかった。
数式や目標値によっては、解答が見つからない場合がある（解なしの方程式を解くような場合）。その場合はダイアログボックスに「解答が見つかりませんでした。」と表示される。

ゴールシークでは、数式の結果が目標値に近付くように「変化させるセル」の値を少しずつ変えながら反復計算を行い最適な解答を求めます。そのため、下図のように、正確な解答が求められないことがあります。

「xの2乗」が「9」になるような「x」を求めたい

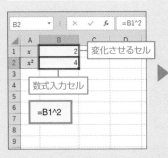

ゴールシークの結果が「3」になるはずが、「2.999958…」になってしまう

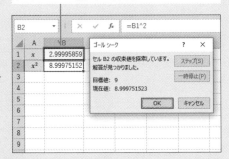

デフォルトでは反復回数が100回に達するか、誤差が0.001以内になると計算が停止します。思うような解答が得られない場合は、「Excelのオプション」ダイアログボックスの「数式」画面で「最大反復回数」を大きくし、「変化の最大値」を小さくすると精度が上がる可能性があります。ただし、精度を上げると計算に時間がかかるので少しずつ調整するとよいでしょう。

ゴールシークの結果は、「変化させるセル」にあらかじめ入力されている値によって異なる結果になる場合があります。例えば、「=B1^2」という数式の結果が「9」となるセルB1の値には「3」と「-3」が考えられます。セルB1の初期値を「2」としてゴールシークを実行した場合、セルB1は上図のように「2.999958…」に変化します。一方、初期値を「-2」とした場合、セルB1は「-2.999958…」に変化します。ゴールシークを実行するときは、変化させるセルの結果におおよその当たりを付けて初期値を設定するとよいでしょう。

初期値を「-2」としてゴールシークを実行

	A	B	C
1	x	-2	
2	x^2	4	
3			
4			

ゴールシークの結果が負数になる

	A	B	C
1	x	-2.9999586	
2	x^2	8.99975152	
3			
4			

ソルバーを使用して最適解を見つける

　計算結果が目標値になるように逆算する機能には、ゴールシークのほかに「ソルバー」があります。ここではソルバーの概要と使用方法を紹介します。

ソルバーの概要

　ゴールシークでは変化させるセルを１つしか指定できないのに対し、ソルバーでは複数のセルを指定できます。例えば、「単価が 100 円の商品 A と 50 円の商品 B を合わせて 1,000 円購入するには何個ずつ購入すればよいか」のような逆算に利用できます。

▶「ソルバー」では複数の値を求めることができる

支払金額が 1,000 になる商品 A と商品 B の個数をそれぞれ求めたい

▲	A	B	C	D	E	F	G	H
1	商品名	単価	個数	金額				
2	商品A	¥100	？	=B2*C2	変化させるセル			
3	商品B	¥50	？	=B3*C3				
4		合計	=C2+C3	=D2+D3	数式入力セル			
5								

ソルバーでは数式入力セルの結果が目標値になるように、複数のセルの値を求めることができる。

　上図の計算では、商品 A と商品 B の個数の組み合わせは「10 個と 0 個」「9 個と 2 個」「8 個と 4 個」など、複数あります。そこで、ソルバーでは解答を絞り込むための「制約条件」を指定します。例えば「個数は整数で求める」「商品 A と商品 B を合計 14 個以上買う」「商品 A と商品 B をそれぞれ 6 個以上買う」などの制約条件を付けると、「商品 A は 6 個、商品 B は 8 個」に絞り込めます。

▶解答を絞り込むための制約条件を設定

▲	A	B	C	D			H
1	商品名	単価	個数	金額	制約条件 1：整数		
2	商品A	¥100	6	¥600			
3	商品B	¥50	8	¥400	制約条件 2：6 以上		
4		合計	14	¥1,000			
5					制約条件 3：14 以上		

ソルバーでは解答を絞り込むための制約条件を指定できる。

なお、ソルバーは、Excel の標準の状態では使用できません。使用できるようにするには、「ソルバーアドイン」を有効にする必要があります。P67 を参考に有効にしてください。有効にすると、「データ」タブに「ソルバー」ボタンが表示されます。

ソルバーの実行

　ここではソルバーを使用して、備品の購入シミュレーションを行います。商品ラインアップには、デスク単品、ワゴン単品、チェア単品、および割安のセット商品（デスク＋ワゴン、デスク＋チェア）が用意されています。単品とセット商品をうまく組み合わせて、デスク 10 個、ワゴン 8 個、チェア 6 個をもっとも安く入手するための購入数を求めます。

▶ソルバーを使用して各商品の購入数を求める

1 合計金額を最小値にする各商品の数量を求めたい

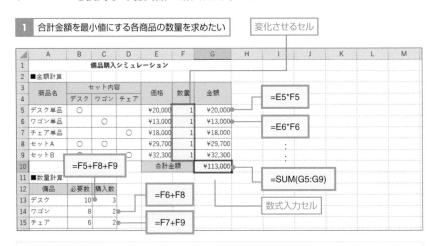

合計金額を最小値にする各商品の数量を求めたい。合計金額のセル G10 が数式入力セル、数量のセル F5〜F9 が変化させるセルとなる。制約条件は、「数量のセル F5〜F9 の値が整数であること」「各備品の購入数（セル C13〜C15）が必要数（セル B13〜B15）と等しいこと」の 2 つです。

2 クリック

「データ」タブの「ソルバー」ボタンをクリックする。「ソルバー」ボタンがない場合は、P67 を参考に追加すること。

3 「ソルバーのパラメーター」ダイアログボックスが開く

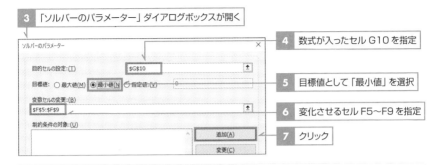

4 数式が入ったセル G10 を指定

5 目標値として「最小値」を選択

6 変化させるセル F5〜9 を指定

7 クリック

「ソルバーのパラメーター」ダイアログボックスが開く。数式入力セル、目標値、変化させるセルを指定する。セル番号は、シート上でセルをクリックまたはドラッグして入力すればよい。続いて、制約条件を指定するために、「追加」をクリックする。

8 セル F5〜F9 を指定　　**9** 「int」を選択

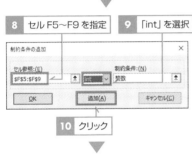

10 クリック

「制約条件の追加」ダイアログボックスが表示される。「数量のセル F5〜F9 の値が整数である」という制約条件を追加するには、「セル参照」欄にセル F5〜F9 を指定し、その横のボックスから「int」を選択する。すると、「制約条件」欄に自動で「整数」と入力される。次の制約条件を入力するために、「追加」をクリックする。

11 セル C13〜C15 を指定　　**12** 「=」を選択

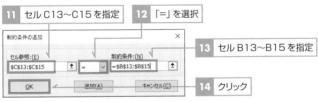

13 セル B13〜B15 を指定

14 クリック

「各備品の購入数が必要数と等しい」という制約条件を追加するには、「セル参照」欄にセル C13〜C15 を指定し、その横のボックスから「=」を選択。「制約条件」欄にセル B13〜B15 を指定する。指定できたら「OK」をクリックする。

Memo

「制約条件」欄では、「100 以上」「100 に等しい」のような条件も指定できます。例えば「セル A1〜A3 の各値が 100 以上」という条件を指定するには、「セル参照」欄にセル A1〜A3 を指定し、その横のボックスで「>=」を選択。「制約条件」欄に「100」を入力します。

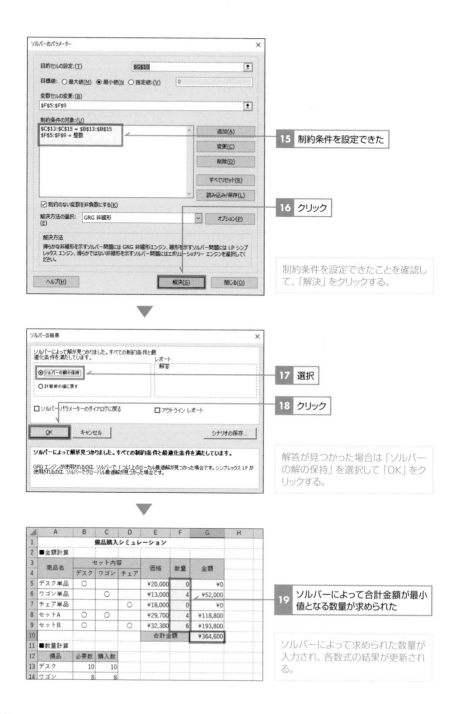

15 制約条件を設定できた

制約条件を設定できたことを確認して、「解決」をクリックする。

16 クリック

17 選択

18 クリック

解答が見つかった場合は「ソルバーの解の保持」を選択して「OK」をクリックする。

19 ソルバーによって合計金額が最小値となる数量が求められた

ソルバーによって求められた数量が入力され、各数式の結果が更新される。

	A	B	C	D	E	F	G	H
1			備品購入シミュレーション					
2	■金額計算							
3	商品名	セット内容			価格	数量	金額	
4		デスク	ワゴン	チェア				
5	デスク単品	○			¥20,000	0	¥0	
6	ワゴン単品		○		¥13,000	4	¥52,000	
7	チェア単品			○	¥18,000	0	¥0	
8	セットA	○	○		¥29,700	4	¥118,800	
9	セットB	○		○	¥32,300	6	¥193,800	
10					合計金額		¥364,600	
11	■数量計算							
12	備品	必要数	購入数					
13	デスク	10	10					
14	ワゴン	8	8					

もっと使い倒す！
ファイル管理と連携

第**6**章

Excel
01 ファイル操作のテクニック

xlsx ファイルの正体は zip ファイル

　Excel ブック（拡張子「.xlsx」）の実体は、複数のファイルを zip 形式で圧縮した zip ファイルです。シート構成、データ、書式などの情報がそれぞれ xml 形式のファイルに格納され、関連情報のファイルと一緒に圧縮されています。情報を別ファイルに分散させることで、ファイルの破損を一部にとどめられる、情報を個別に取り出して再利用できるなどのメリットがあります。また、圧縮によりファイルサイズが小さくなるのも利点です。ブックの拡張子を「.xlsx」から「.zip」に変更すれば、そのファイル構成を確認できます。万が一に備えて、あらかじめファイルをバックアップしてから試してください。

▶xlsx ファイルを zip ファイルに変換

1	チェックを付けて拡張子を表示
2	「xlsx」を「zip」に変更
3	「はい」をクリック

エクスプローラーの「表示」タブの「ファイル名拡張子」にチェックを付けて、ファイルの拡張子を表示しておく。ファイル名「売上実績 .xlsx」の「xlsx」の部分を「zip」に変更し、表示される確認画面で「はい」をクリックする。

ブックが zip ファイルに変わる。これを解凍すれば、ブックを構成する各ファイルを取り出せる。

　右図は、Windows のコマンドプロンプトで「tree」コマンドを使用して、「売上実績 .zip」のフォルダー構成を表示したものです。データや書式は以下のファイルに保存されています。

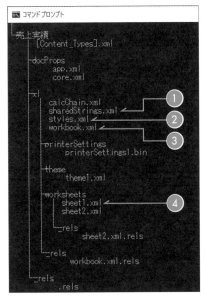

① xl/sharedStrings.xml
セルに入力した文字情報を保存

② xl/styles.xml
書式情報を保存

③ xl/workbook.xml
ファイルパスやシート構成などの情報を保存

④ xl/worksheets/sheet1.xml
セルに入力した数値や数式を保存

　xml ファイルは IE や Chrome などのブラウザーで表示できます。下図は Chrome で開いた「sheet1.xml」と元ファイルを並べたものです。シートに入力した数値や数式が xml ファイルの中に確認できます。zip ファイル中のほかのファイルの不具合によりブックが破損した場合でも、「sheet1.xml」を開けばデータを取り出せるというわけです。

▶「sheet1.xml」と元ファイルの比較

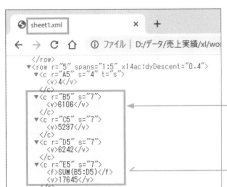

セル B5〜セル D5 の値や、セル E5 の数式「SUM(B5:D5)」とその計算結果が保存されている

シートに貼り付けた画像をファイルとして取り出す

　シートに貼り付けた画像は、そのブックの実体である zip ファイルの「xl/media」フォルダーに画像ファイルとして保存されています。ブックを zip ファイルに変換すれば、複数の画像をファイルとして取り出すことができます。画像をトリミングして貼り付けた場合でも、「図の圧縮」を実行してトリミング部分を削除するなどしていなければ、トリミング部分も含めた形で取り出せます。

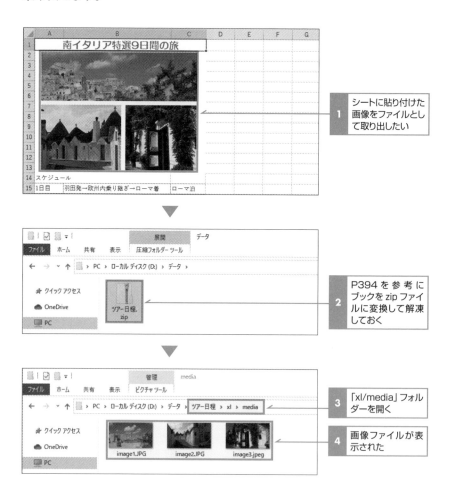

上書き保存するときに 1 つ前のブックも残す

「バックアップファイルを作成する」というオプションをオンにしておくと、ブックを上書き保存するときに、前に保存したブックが「○○のバックアップ.xlk」という名前で同じフォルダーに保存されます。上書き保存するたびにバックアップファイルも 1 つ前のブックに置き換わります。最新のブックと 1 つ前のブックが常に存在することになるので、ブックが壊れたときや間違った内容で上書きしてしまったときの復旧に役立ちます。

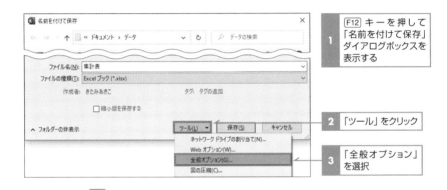

1 [F12] キーを押して「名前を付けて保存」ダイアログボックスを表示する

2 「ツール」をクリック

3 「全般オプション」を選択

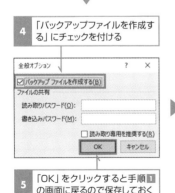

4 「バックアップファイルを作成する」にチェックを付ける

5 「OK」をクリックすると手順 **1** の画面に戻るので保存しておく

6 名前を付けて保存したあと上書き保存するとバックアップファイルが作成される

7 バックアップする必要がなくなった場合は、手順 **4** のチェックを外す

▶ショートカットキー

「名前を付けて保存」ダイアログボックスの表示：[F12] キー

ブックを 10 分前の状態に戻したい

　Excel では、トラブルに備えて標準で 10 分ごとに自動回復用のデータの自動保存が行われます。自動保存された時刻は、「ファイル」タブの「情報」にある「ブックの管理」欄に一覧表示されます。一覧から時刻をクリックすると、その時刻に自動保存されたブックを、現在編集中のブックとは別ウィンドウで開くことができます。誤って消してしまったデータを現在のブックにコピーしたり、自動保存のブックで現在のブックを上書きしたりと、目的に応じた処理を行えます。なお、ブックに変更がない場合は自動保存は行われません。

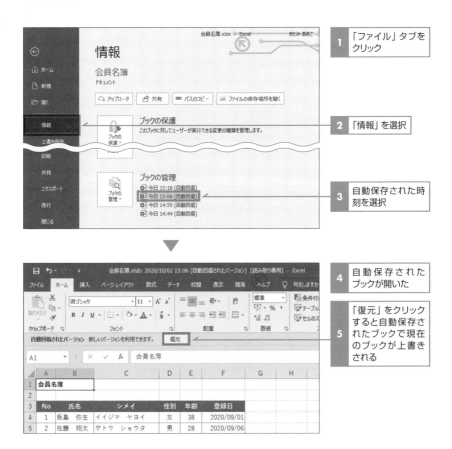

1　「ファイル」タブをクリック

2　「情報」を選択

3　自動保存された時刻を選択

4　自動保存されたブックが開いた

5　「復元」をクリックすると自動保存されたブックで現在のブックが上書きされる

ブックをパスワードで保護する

　ブックにパスワードを設定すると、パスワードを知らない第三者がブックを開けなくなります。社外秘のデータや社員の個人情報など、勝手に中身を見られては困るブックはパスワードで保護しましょう。パスワードは大文字と小文字が区別されます。設定したパスワードを忘れると、ブックを開けなくなるので注意してください。

1　「ファイル」タブをクリック

2　「情報」を選択

3　「ブックの保護」をクリック

4　「パスワードを使用して暗号化」を選択

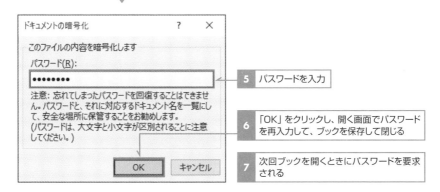

5　パスワードを入力

6　「OK」をクリックし、開く画面でパスワードを再入力して、ブックを保存して閉じる

7　次回ブックを開くときにパスワードを要求される

Memo

パスワードを解除するには、再度手順 5 の画面を表示します。「パスワード」欄に入力されている文字をすべて削除して、「OK」ボタンをクリックし、ブックを上書き保存します。

ブックに含まれる個人情報を削除する

　ブックのプロパティには、意図せずにユーザー名や会社名などの個人情報が含まれることがあります。ブックを社外に配布・公開する場合などで個人情報を含めたくない場合は、事前にドキュメント検査をして、個人情報が見つかった場合は削除しておきましょう。ドキュメント検査は、削除し忘れたコメントや外部リンクなどの発見にも役に立ちます。

> **1** 「ファイル」タブ→「情報」を「選択」　　　　**2** プロパティに個人情報が表示される

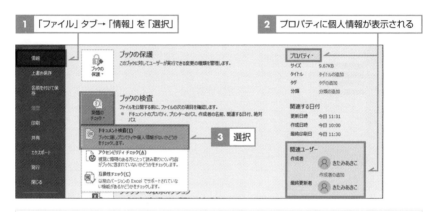

> **3** 選択

「ファイル」タブの「情報」の画面には作成者名や最終更新者などが表示される。また、「プロパティ」→「詳細プロパティ」からは会社名が表示される場合がある。これらの情報を削除するには「問題のチェック」→「ドキュメント検査」を選択する。

> **4** チェック
>
> **5** クリック

ファイルの保存確認のメッセージが表示される場合は保存しておく。「プロパティ」欄に表示される個人情報を削除するには「ドキュメントのプロパティと個人情報」にチェックを付ける。そのほかの検査項目にも必要に応じてチェックを付けて、「検査」をクリックする。

6 クリック

検査結果が表示される。「ドキュメントのプロパティと個人情報」欄の「すべて削除」をクリックすると、作成者などの個人情報を削除できる。コメントやヘッダー／フッターなどにもユーザー名が含まれている場合があるが、「すべて削除」をクリックすると必要な情報まで失われる可能性があるので、手動で修正した方がよい。

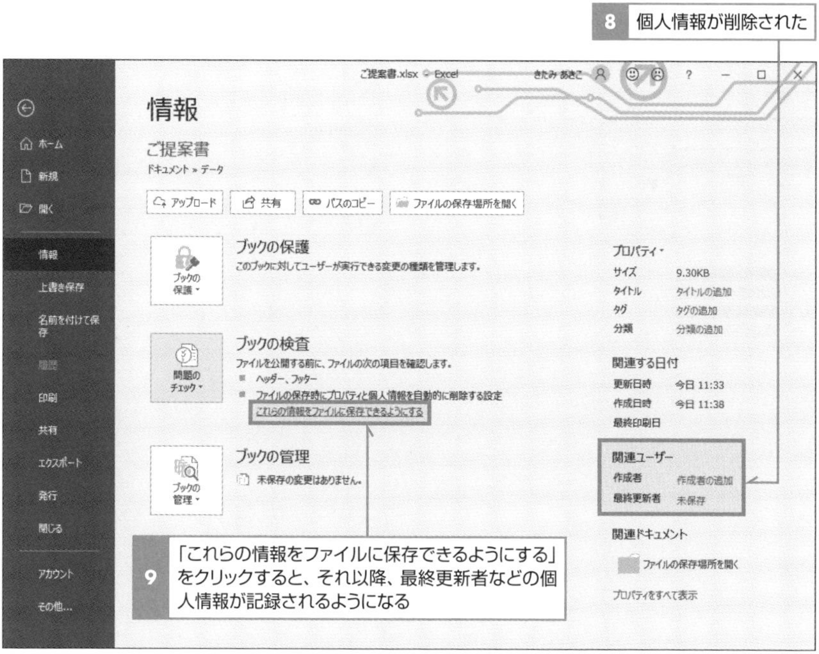

7 クリック

8 個人情報が削除された

9 「これらの情報をファイルに保存できるようにする」をクリックすると、それ以降、最終更新者などの個人情報が記録されるようになる

個人情報が削除された。通常は上書き保存をすると最終更新者が記録されるが、今後は上書き保存した場合でも最終更新者は記録されない。

配布用のブックの互換性を調べたい

　新機能や新関数を使用したブックを旧バージョンのユーザーに配布すると、配布先でブックの内容が正しく表示されない心配があります。「互換性チェック」を実行すると、旧バージョンで開いたときに問題が出るかどうかをチェックできます。例えば新関数を使用した場合、新関数を入力したセルや非対応のバージョンなどを確認でき、対策に役立ちます。

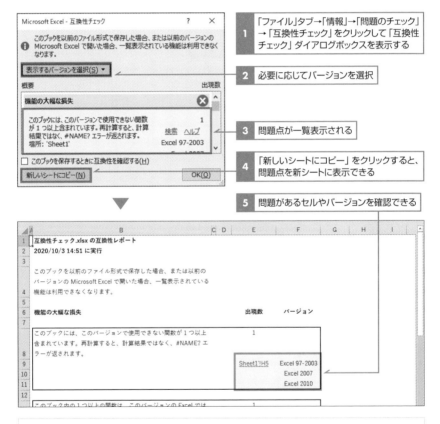

1 「ファイル」タブ→「情報」→「問題のチェック」→「互換性チェック」をクリックして「互換性チェック」ダイアログボックスを表示する

2 必要に応じてバージョンを選択

3 問題点が一覧表示される

4 「新しいシートにコピー」をクリックすると、問題点を新シートに表示できる

5 問題があるセルやバージョンを確認できる

「互換性チェック」ダイアログボックスを表示すると、互換性の問題点と問題が出るバージョンが一覧表示される。初期設定では現在の Excel より下の全バージョンが対象になるが、「表示するバージョンを選択」欄で調べる対象のバージョンを選択することもできる。問題点が多い場合は「新しいシートにコピー」をクリックすると、問題点の一覧が新しいシートに表示されるので、じっくり対処できる。

リンクファイルのリンクを解除／修正する

　リンクを含むブックを開くと、リンクを更新するかどうかを確認するメッセージ画面やセキュリティの警告が表示されます。メールで送られてきたブックなどでよくわからない場合は、むやみに更新しないようにしましょう。更新しなくてもブックは最後に保存された状態で開くので、まずはリンクの状態を調べます。「リンクの編集」ダイアログボックスを使用すると、リンク元を確認したり、リンクの更新や解除を行えます。リンクを解除した場合、リンクの数式が値に置き換わります。

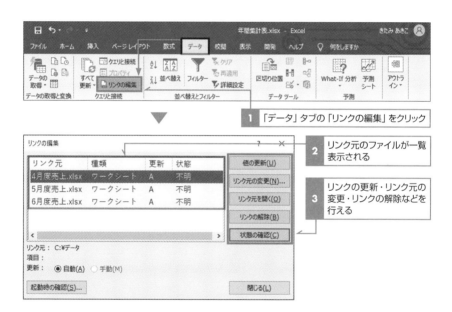

1 「データ」タブの「リンクの編集」をクリック

2 リンク元のファイルが一覧表示される

3 リンクの更新・リンク元の変更・リンクの解除などを行える

Column　**リンクを含むセルを検索するには**

Ctrl + F キーを押すと、「検索と置換」ダイアログボックスが表示されます。「検索する文字列」欄に、「リンクの編集」ダイアログボックスの「リンク元」欄に表示されるファイル名を入力します。「オプション」をクリックして「検索場所」として「ブック」を選択して検索すると、リンクを含むセルを発見できます。

いつものフォント、列幅、印刷設定で新規ブックを作成

　新規ブックの作成後に書式や印刷設定などをいつも同じ設定に変更している場合は、最初からその設定で新規ブックが作成されるようにしておくと便利です。それには設定済みのブックを「Book.xltx」「Sheet.xltx」という名前で XLSTART フォルダーに保存します。「Book.xltx」はブックを新規作成する場合のテンプレート、「Sheet.xltx」はシートを追加したときの新規シートのテンプレートです。XLSTART フォルダーの場所を確認したうえで、保存操作を行ってください。

▶オプション設定と XLSTART フォルダーの場所の確認を行う

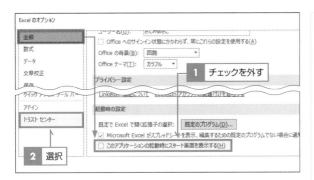

P56 を参考に「Excel のオプション」ダイアログボックスを開き、「全般」の画面で「このアプリケーションの起動時にスタート画面を表示する」のチェックを外しておく。次に「トラストセンター」（旧バージョンでは「セキュリティセンター」）をクリックして、表示される画面で「トラストセンターの設定」ボタンを選択する。

「トラストセンター」ダイアログボックスが開く。「信頼できる場所」で「ユーザースタートアップ」を選択すると、画面下にパスが表示されるので確認しておく。Excel 2019 の場合、標準のパスは「C:￥Users￥（ユーザー名）￥AppData￥Roaming￥Microsoft￥Excel￥XLSTART￥」。確認が済んだら「キャンセル」をクリックし、「Excel のオプション」ダイアログボックスの「OK」をクリックする。以上で Excel を起動すると「ホーム」画面を通過せずに直接新規ブックが開くようになる。

▶「Book.xltx」「Sheet.xltx」を保存する

1 新規ブックにいつもの設定をしておく

2 F12 キーを押す

新規ブックを作成し、書式や印刷設定などいつも行う設定をしておく。ここでは、行高、テーマのフォント、用紙サイズを変更した。続いて、F12 キーを押す。

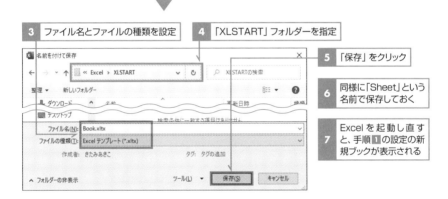

3 ファイル名とファイルの種類を設定

4 「XLSTART」フォルダーを指定

5 「保存」をクリック

6 同様に「Sheet」という名前で保存しておく

7 Excel を起動し直すと、手順 **1** の設定の新規ブックが表示される

「名前を付けて保存」ダイアログボックスが開く。「ファイル名」に「Book」と入力し、「ファイルの種類」から「Excel テンプレート」を選択。ファイルの場所として「XLSTART」フォルダーを指定して保存する。「XLSTART」フォルダーが表示されない場合はエクスプローラーの「表示」にある「隠しファイル」にチェックを入れると表示されるようになる。続いてもう 1 度「名前を付けて保存」ダイアログボックスを開き、「Sheet」という名前で「XLSTART」フォルダーにテンプレートとして保存しておく。Excelを起動し直すと、手順 **1** の設定の新規ブックが開く。シートを追加すると、同じ設定のシートが追加される。

Column ## 新規ブックや新規シートの状態を元に戻すには

エクスプローラーで「XLSTART」フォルダーを開き、「Book.xltx」「Sheet.xltx」を削除すると、新規ブックや新規シートが Excel の標準の状態に戻ります。

Chapter 1
Chapter 2
Chapter 3
Chapter 4
Chapter 5
Chapter 6
付録

クラウドストレージ OneDrive の利用

OneDrive の概要

　本書の最後に、OneDrive の概要と 2021 年 2 月現在の利用方法を紹介します。OneDrive のようなクラウドサービスでは不定期に仕様が更新されるため、本書の手順どおりに操作できないことも起こり得ます。しかし、ポイントをつかんでおけば直感的に使えるでしょう。

OneDrive とは

　「OneDrive」は、Microsoft が運営するオンラインストレージ（インターネット上に用意されたファイルの保存領域）です。OneDrive を使えば、自宅のパソコンでアップロードしたブックを、タブレットやスマートフォンを使って外出先で確認・編集できます。編集した内容で更新しておけば、帰宅後自宅のパソコンで作業を続行できます。インターネットにつながる環境であれば、いつでもどこからでもブックにアクセスできるのです。ファイルのバックアップや仲間とのデータの共有といった用途にも使えます。

▶ **OneDrive を利用してネット経由でブックを閲覧・編集する**

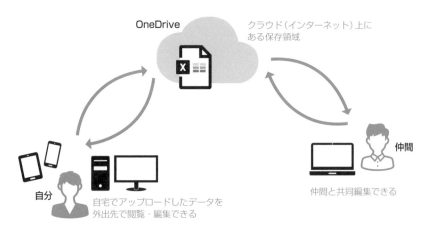

OneDrive を使用するには

OneDrive は、Microsoft アカウントに紐付いているサービスです。Microsoft アカウントを取得すれば、特別な手続きをすることなくすぐに OneDrive を使用できます。Microsoft アカウントは、Microsoft のサイト（account.microsoft.com）から無料で取得することが可能です。無料で利用できる OneDrive の容量は 5GB ですが、容量を追加する有料プランもあります。

なお、Windows や Office を持っている場合は、サインインするときの Microsoft アカウントをそのまま使えるので、別途取得する必要はありません。Microsoft 365 Personal のユーザーであれば、OneDrive の容量は 1TB 増量されます（2021 年 2 月現在）。

▶Microsoft アカウントの取得

「Microsoft アカウントの作成」から Microsoft アカウントを無料で取得できる

Google や Apple などさまざまな事業者がオンラインストレージを提供していますが、OneDrive は Microsoft が運営するサービスなので Windows や Office に統合されており、シームレスに連携します。

スマホやタブレットの場合は、アプリストアから OneDrive アプリをダウンロードすると、OneDrive を便利に使用できます。また、アプリストアから Office Mobile をダウンロードすれば、Word や Excel などの Office 文書を外出先で手軽に編集できるようになります。

OneDrive にブックを保存して利用する

OneDrive には Word のドキュメントや Excel のブック、写真などさまざまなファイルを保存できます。ここでは、Excel のブックの保存方法と確認方法を見ていきます。

📓 Excel から OneDrive を利用する

Excel と OneDrive の連携はシームレスです。Microsoft アカウントでサインインしていれば、ローカルドライブに保存するのと同じ感覚で、ブックを OneDrive に保存（アップロード）できます。OneDrive にはあらかじめ「ドキュメント」フォルダーが用意されていますが、適宜フォルダーを作成してファイルを整理しましょう。ローカルドライブに保存するときと同様に、保存時に新しいフォルダーを作成できます。

▶Excel から OneDrive にブックを保存する

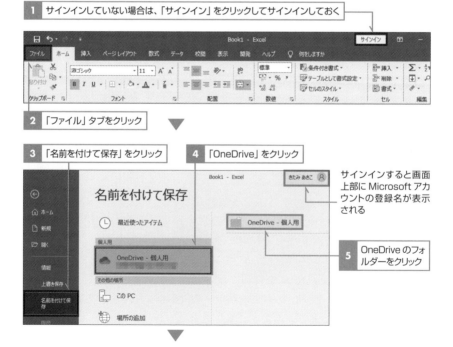

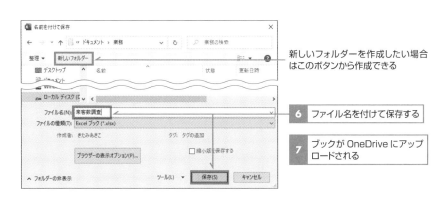

新しいフォルダーを作成したい場合はこのボタンから作成できる

| 6 | ファイル名を付けて保存する |

| 7 | ブックが OneDrive にアップロードされる |

　ブックを開く操作も、ローカルドライブの場合と変わりありません。「ファイル」タブの「開く」の画面で、「OneDrive」のフォルダーを指定して開きます。

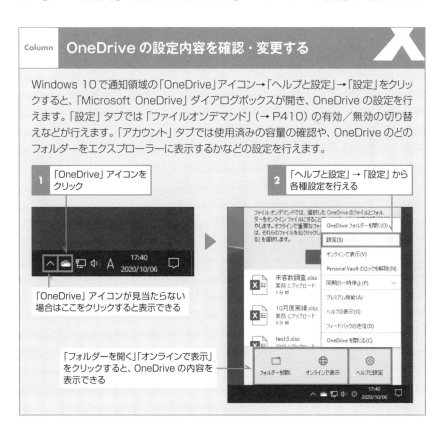

Column　**OneDrive の設定内容を確認・変更する**

Windows 10 で通知領域の「OneDrive」アイコン→「ヘルプと設定」→「設定」をクリックすると、「Microsoft OneDrive」ダイアログボックスが開き、OneDrive の設定を行えます。「設定」タブでは「ファイルオンデマンド」（→ P410）の有効／無効の切り替えなどが行えます。「アカウント」タブでは使用済みの容量の確認や、OneDrive のどのフォルダーをエクスプローラーに表示するかなどの設定を行えます。

1　「OneDrive」アイコンをクリック

2　「ヘルプと設定」→「設定」から各種設定を行える

「OneDrive」アイコンが見当たらない場合はここをクリックすると表示できる

「フォルダーを開く」「オンラインで表示」をクリックすると、OneDrive の内容を表示できる

🖥 エクスプローラーから OneDrive にアクセスする

　初期設定ではパソコンの「C:¥Users¥（ユーザー名）¥OneDrive」フォルダーと OneDrive との自動同期が有効になっています。OneDrive の内容はパソコンのエクスプローラーから簡単に操作できます。エクスプローラーで OneDrive のフォルダーを開き、ブックアイコンをダブルクリックすれば、OneDrive 上のブックを開いて Excel で編集できます。また、ローカルのフォルダーから OneDrive のフォルダーにファイルをドラッグすれば、簡単に OneDrive にアップロードできます。

　なお、Windows 10 では「ファイルオンデマンド」という機能が実装されています。これが有効になっている場合、OneDrive の内容をあらかじめパソコンにダウンロードしておくか、実際に使用するときにダウンロードするかをファイルやフォルダーごとに選択できます。その状況は、下表のようにアイコンで表示されます。

▶エクスプローラーから OneDrive の内容を確認

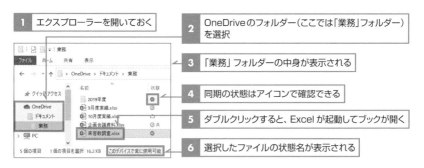

アイコン	説明
① ☁	**<オンライン時に使用可能>**ファイルはクラウドのみに存在する。ファイルの実体はローカルに存在せず、エクスプローラーにファイルの情報だけが表示される。ダブルクリックするとファイルがダウンロードされて、②の状態に変わる。
② ✓	**<このデバイスで使用可能>**既にダウンロードされており、クラウドとローカルの両方にファイルが存在する。オフラインでも使用可能。①のファイルをダブルクリックすると、この状態に変わる。
③ ✓	**<このデバイスで常に使用可能>**常にローカルに保存するファイル。クラウドとローカルの両方にファイルが存在する。オフラインでも使用可能。ファイルオンデマンドが無効な場合のファイルはこの状態になる。
④ ✓ 👤	人のマークが付いているファイルは共有されていることを表す。

　同期の状態は、下図のようにショートカットメニューから変更できます。「このデバイス上で常に保持する」を選択するとファイルがダウンロードされ、前ページの表の③の状態に変わります。「空き領域を増やす」を選択すると、ローカルからファイルの実体が削除され、前ページの表の①の状態に変わります。

▶個々のファイルの同期の状態を変更する

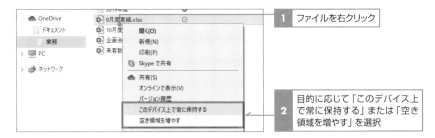

　なお、図では説明のための例として①②③の状態をファイルごとに設定していますが、実際にはフォルダー単位で設定する方が運用が容易です。フォルダーの状態は、その中にあるフォルダーやファイルにも適用されます。③の設定のフォルダーによく使うファイルを集めておけば、ダウンロードのタイムロスをカットして素早くファイルを使用できます。①の設定のフォルダーに保存したファイルは使用する際にダウンロードされますが、パソコンの空き容量が少なくなってきたらフォルダーに「空き領域を増やす」を再設定すれば、フォルダー内から一気に実体を削除できます。

　さて、ブックがローカルに保存されている場合（②③の状態）、オフラインでブックを開いて編集することができます。上書き保存した場合、次にオンラインになったタイミングで自動的にアップロードされます。

　ただし、オフライン中に別のパソコンで同じブックを更新すると、次にオンラインになったときに正しくアップロードできず、状態欄に赤い×印のアイコンが表示されます。その場合、ショートカットメニューから「同期に関する問題を修正」→「Office で開いて統合する」を選択すると、互いの編集を統合できる場合があります。統合できない場合は、「同期に関する問題を修正」→「両方のファイルを保持する」を選択すると、ファイル名にコンピューター名を付加したファイルが保存されるので、2つのファイルを見比べてじっくり対処できます。

ブラウザーを使用して OneDrive にアクセスする

OneDrive の内容をブラウザーから確認することも可能です。「onedrive.live.com」を開いて Microsoft アカウントでサインインすれば表示できます。自宅のパソコンの場合は、通知領域の「OneDrive」アイコン→「オンラインで表示」をクリックすると、自動でブラウザーが起動して OneDrive が表示されるので簡単です。ブックをクリックすると、ブラウザー上で動作する Excel Online が開き、Excel がインストールされていない環境でもブックの編集を行えます。

1 ブラウザーを起動して「onedrive.live.com」を開いておく

ファイルのアップロードやダウンロード、共有の設定を行える

2 ブックをクリック

3 ブラウザー上で Excel Online が起動してブックが開く

Excel Online での編集は自動保存されるので手動保存の必要はない

「デスクトップアプリで開く」をクリックすると、パソコンの Excel でファイルを編集できる

OneDrive を利用してブックを共有する

ブックに共有の設定をすれば、ほかの人にデータを見せたり、共同で編集したりできます。ここでは OneDrive に保存したブックの共有方法を解説します。

Excel から共有の設定をする

OneDrive に保存したブックであれば、Excel から共有の設定を行えます。共有相手のメールアドレスを入力して「共有」ボタンをクリックすると、ブックを開くためのリンクが共有相手にメールで送信されます。その際、共有相手の権限を「編集可能」「表示可能」の 2 つから選べます。ブックを編集されては困る場合は「表示可能」を選択しましょう。

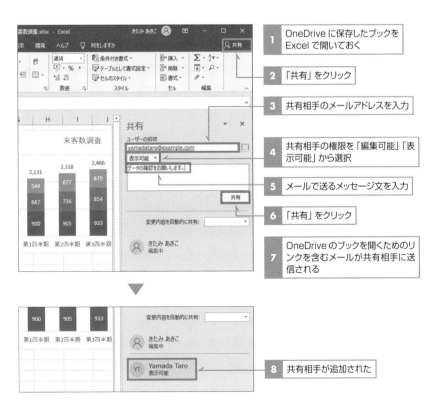

1 OneDrive に保存したブックを Excel で開いておく

2 「共有」をクリック

3 共有相手のメールアドレスを入力

4 共有相手の権限を「編集可能」「表示可能」から選択

5 メールで送るメッセージ文を入力

6 「共有」をクリック

7 OneDrive のブックを開くためのリンクを含むメールが共有相手に送信される

8 共有相手が追加された

共有を解除するには

OneDrive のブックを Excel で開き、「共有」作業ウィンドウで共有相手を
右クリックして「ユーザーの削除」をクリックすると、共有を解除できます。

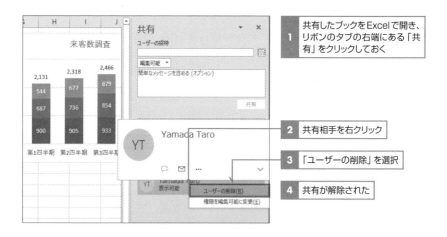

1　共有したブックをExcelで開き、リボンのタブの右端にある「共有」をクリックしておく

2　共有相手を右クリック

3　「ユーザーの削除」を選択

4　共有が解除された

複数のファイルをフォルダーごと共有する

　OneDrive で同じ相手と複数のファイルを保存したい場合は、フォルダーを作成して共有の設定を行いましょう。共有したフォルダーにファイルを保存すれば、複数のファイルをまとめて共有できます。なお、以下で紹介する共有方法は、フォルダーにもファイルにも使用できます。

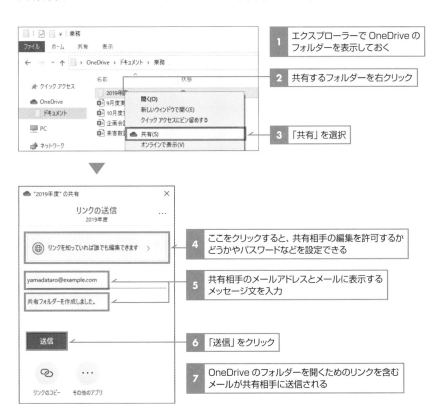

1 エクスプローラーで OneDrive のフォルダーを表示しておく

2 共有するフォルダーを右クリック

3 「共有」を選択

4 ここをクリックすると、共有相手の編集を許可するかどうかやパスワードなどを設定できる

5 共有相手のメールアドレスとメールに表示するメッセージ文を入力

6 「送信」をクリック

7 OneDrive のフォルダーを開くためのリンクを含むメールが共有相手に送信される

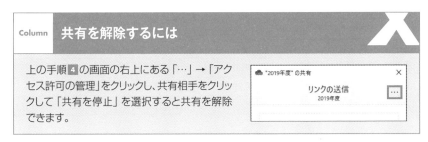

Column　共有を解除するには

上の手順 **4** の画面の右上にある「…」→「アクセス許可の管理」をクリックし、共有相手をクリックして「共有を停止」を選択すると共有を解除できます。

Excel

付録❶
便利なショートカットキー

全体の操作	
F1	ヘルプを表示する
Alt	アクセスキーを有効にする
Shift + F10	ショートカットメニューを表示する
Ctrl + F1	リボンの表示／非表示を切り替える
Ctrl + Shift + U	数式バーを展開する／折り畳む
Ctrl + P	「ファイル」タブの「印刷」画面を表示する
Alt + F4	Excel を終了する
ブックの操作	
Ctrl + N	ブックを新規作成する
Ctrl + O	ブックを開く
Ctrl + S	上書き保存する
F12	「名前を付けて保存」ダイアログボックスを表示する
Ctrl + W	ブックを閉じる
ウィンドウの操作	
Ctrl + F10 ／ Win + ↑	ウィンドウを最大化する
Ctrl + F10 ／ Win + ↓	ウィンドウのサイズを元に戻す（縮小）
Ctrl + F9 ／ Win + ↓	ウィンドウを最小化する
Ctrl + F6 ／ Ctrl + Tab	ブックを切り替える
Ctrl +マウスホイールを奥に回す	拡大表示する
Ctrl +マウスホイールを手前に回す	縮小表示する
ワークシートの操作	
Shift + F11 ／ Alt + Shift + F1	ワークシートを挿入する
Ctrl + PageUp	左のシートに切り替える
Ctrl + PageDown	右のシートに切り替える
Ctrl + Shift + PageUp	現在のシートを選択しながら左のシートに切り替える
Ctrl + Shift + PageDown	現在のシートを選択しながら右のシートに切り替える

スクロール操作	
PageUp	1 画面上にスクロールする
PageDown	1 画面下にスクロールする
Alt + PageUp	1 画面左にスクロールする
Alt + PageDown	1 画面右にスクロールする

アクティブセルの移動	
Ctrl + Home	ワークシートの先頭セルに移動する
Home	アクティブセルと同じ行の A 列のセルに移動する
Ctrl + End	使用されているセル範囲の最後のセルに移動する
Enter	下のセルに移動する
Shift + Enter	上のセルに移動する
Tab	右のセルに移動する／ 次のロックされていないセルに移動する
Shift + Tab	左のセルに移動する／ 前のロックされていないセルに移動する
Ctrl + ↓	データが入力された範囲の最終行のセルに移動する
Ctrl + ↑	データが入力された範囲の先頭行のセルに移動する
Ctrl + →	データが入力された範囲の右端列のセルに移動する
Ctrl + ←	データが入力された範囲の左端列のセルに移動する
Ctrl + G ／ F5	「ジャンプ」ダイアログボックスを表示する

セル範囲の選択	
Ctrl + Shift + :（文字キー）／ Ctrl + *（テンキー）	アクティブセル領域（アクティブセルを含む空白行と空白列で囲まれた長方形の領域）を選択する
Ctrl + A	ワークシート全体またはアクティブセル領域を選択する
Shift + Space	選択範囲を含む行全体を選択する
Ctrl + Space	選択範囲を含む列全体を選択する
Ctrl + Shift + ↓	データが入力された範囲の最終行のセルまでを選択する
Ctrl + Shift + ↑	データが入力された範囲の先頭行のセルまでを選択する
Ctrl + Shift + →	データが入力された範囲の右端列のセルまでを選択する
Ctrl + Shift + ←	データが入力された範囲の左端列のセルまでを選択する
Shift + ↓	選択範囲を 1 行下のセルまで拡張／縮小する
Shift + ↑	選択範囲を 1 行上のセルまで拡張／縮小する
Shift + →	選択範囲を 1 列右のセルまで拡張／縮小する
Shift + ←	選択範囲を 1 列左のセルまで拡張／縮小する

Shift + BackSpace	選択を解除する（アクティブセルだけが選択される）
F8	選択範囲の拡張モードのオン／オフを切り替える

データと数式の入力

F2	編集モードにする ／ 編集モードと入力モードを切り替える
Alt + Enter	セル内で改行する
Ctrl + ;	今日の日付を入力する
Ctrl + :	現在の時刻を入力する
Alt + ↓	同じ列に入力済みの文字列を入力候補として表示する
F4	数式の入力で絶対／複合／相対参照を切り替える
F3	「名前の貼り付け」ダイアログボックスを表示する
Shift + F3	「関数の挿入」ダイアログボックスを表示する
Ctrl + Shift + 2 （文字キー）	1つ上のセルの値（数式の場合は結果）を入力する
Ctrl + Shift + 7 （文字キー）	1つ上のセルの数式を参照を変えずに入力する
Enter	入力内容を確定して下のセルに移動する
Ctrl + Enter	アクティブセルを移動せずに入力内容を確定する ／ 入力内容を確定して選択範囲に一括入力する
Ctrl + Shift + Enter	配列数式として入力する
F9	開いているブックを再計算する
Shift + F9	作業中のワークシートを再計算する
Ctrl + Shift + @	セルの数式の表示／結果の表示を切り替える

セルの書式設定

Ctrl + 1 （文字キー）	「セルの書式設定」ダイアログボックスを表示する
Ctrl + Shift + F ／ Ctrl + Shift + P	「セルの書式設定」ダイアログボックスの 「フォント」タブを表示する
Ctrl + B ／ Ctrl + 2 （文字キー）	太字を設定／解除する
Ctrl + I ／ Ctrl + 3 （文字キー）	斜体を設定／解除する
Ctrl + U ／ Ctrl + 4 （文字キー）	下線を設定／解除する
Ctrl + 5	取り消し線を設定／解除する
Ctrl + Shift + 6 （文字キー）	外枠太罫線を設定する
Ctrl + Shift + _	罫線を削除する
Ctrl + Shift + 1 （文字キー）	桁区切りの表示形式を設定する
Ctrl + Shift + 3 （文字キー）	「日付」の表示形式を設定する
Ctrl + Shift + 4 （文字キー）	「通貨」の表示形式を設定する
Ctrl + Shift + 5 （文字キー）	パーセントスタイルを設定する

Ctrl + @	「h:mm」形式の時刻の表示形式を設定する
Ctrl + Shift + ~	「標準」の表示形式を設定する

実行した操作の操作

Ctrl + Z	操作を元に戻す
Ctrl + Y	元に戻す操作をやり直す
F4	直前の操作を繰り返す

コピー・切り取り・貼り付け

Ctrl + C	選択内容をコピーする
Ctrl + X	選択内容を切り取る
Ctrl + V	コピーした／切り取った内容を貼り付ける
Ctrl + Alt + V	「形式を選択して貼り付け」ダイアログボックスを表示する
Ctrl + D	下方向へセルをコピーする
Ctrl + R	右方向へセルをコピーする

セルの編集

Ctrl + －	「削除」ダイアログボックスを表示して選択範囲のセルを削除する
Ctrl + Shift + ; （文字キー）／ Ctrl + + （テンキー）	「挿入」ダイアログボックスを表示して選択範囲にセルを挿入する
Ctrl + 9 （文字キー）	行を非表示にする
Ctrl + 0 （文字キー）	列を非表示にする
Ctrl + Shift + 9 （文字キー）	非表示の行を再表示する
Ctrl + K	「ハイパーリンクの挿入」または「ハイパーリンクの編集」ダイアログボックスを表示する
Ctrl + L ／ Ctrl + T	「テーブルの作成」ダイアログボックスを表示してテーブルを作成する

その他

Ctrl + F	「検索と置換」ダイアログボックスの「検索」タブを表示する
Shift + F4	前回の検索を繰り返す
Ctrl + H	「検索と置換」ダイアログボックスの「置換」タブを表示する

グラフ

Alt + F1	選択範囲から埋め込みグラフを作成する
F11	選択範囲からグラフシートにグラフを作成する

マクロ

Alt + F8	「マクロ」ダイアログボックスを表示する
Alt + F11	VBE を起動する ／ VBE と Excel を切り替える

日付の書式記号	
yy	西暦の年を 2 桁の数値（00 〜 99）で表示する
yyyy	西暦の年を 4 桁の数値（1900 〜 9999）で表示する
e	和暦の年を数値（1 〜）で表示する
ee	和暦の年を 2 桁の数値（01 〜）で表示する
g	元号をアルファベット 1 文字（H、R など）で表示する
gg	元号を漢字 1 文字（平、令など）で表示する
ggg	元号を漢字 2 文字（平成、令和など）で表示する
r	和暦の年を 2 桁の数値（01 〜）で表示する（「ee」と同じ）
rr	元号と和暦の年を「令和 01」形式で表示する（「gggee」と同じ）
m	月を数値（1 〜 12）で表示する
mm	月を 2 桁の数値（01 〜 12）で表示する
mmm	月をアルファベット 3 文字（Jan 〜 Dec）で表示する
mmmm	月を英語（January 〜 December）で表示する
mmmmm	月をアルファベット 1 文字（J 〜 D）で表示する
d	日を数値（1 〜 31）で表示する
dd	日を 2 桁の数値（01 〜 31）で表示する
ddd	曜日をアルファベット 3 文字（Sun 〜 Sat）で表示する
dddd	曜日を英語（Sunday 〜 Saturday）で表示する
aaa	曜日を漢字 1 文字（日〜土）で表示する
aaaa	曜日を漢字 3 文字（日曜日〜土曜日）で表示する
時刻の書式記号	
h	時を数値（0 〜 23）で表示する
hh	時を 2 桁の数値（00 〜 23）で表示する
m	分を数値（0 〜 59）で表示する
mm	分を 2 桁の数値（00 〜 59）で表示する
s	秒を数値（0 〜 59）で表示する
ss	秒を 2 桁の数値（00 〜 59）で表示する
AM/PM、am/pm、A/P、a/p	午前か午後を指定した文字で表示する

[h]	経過時間を「時」単位で表示する
[m]	経過時間を「分」単位で表示する
[s]	経過時間を「秒」単位で表示する

数値の書式記号

#	1桁の数字を表す
0	1桁の数字を表す。「0」の桁より数値の桁が少ない場合「0」を補う
?	1桁の数字を表す。「?」の桁より数値の桁が少ない場合スペースを補う
.（ピリオド）	小数点を表す
,（カンマ）	3桁区切りの記号を表す
%	パーセント表示にする
/	分数を表す
E、e	指数を表す

その他の書式記号

@	文字列を表す
_（アンダースコア）	「_」の後ろに指定した文字と同じ幅の空白を表示する
*	「*」の後ろに入力した文字をセルいっぱいに繰り返し表示する
!	「!」の後ろの文字を表示する
G/標準	「標準」の表示形式を設定する
[DBNum1]	漢数字（一、二、三……）と位（十、百、千……）を表示する
[DBNum2]	漢数字（壱、弐、参……）と位（拾、百、阡……）を表示する
[DBNum3]	全角数字（1、2、3……）と位（十、百、千……）を表示する
[色]	色を表す。指定できる色は［黒］［赤］［青］［緑］［黄］［紫］［水］［白］の8色と［色1］〜［色56］
"文字列"	ダブルクォーテーション内の文字列をそのまま表示する

そのまま表示できる文字

¥ $ + - ^ = & ' ~ / : ( ) < > { } スペース

> **Memo**
>
> 表示形式は、「正の数値;負の数値;0の数値;文字列」のように最大4つのセクションをセミコロンで区切って指定します。

付録❸

知っておきたい関数 120 選

●関数の見方

```
                 対応バージョン          参照ページ
      AND [365,2019,2016,2013]  ▶ P181 (C3-02)
関数の書式 → =AND( 論理式 1, [ 論理式 2]…)
関数の解説 → 「論理式」がすべて TRUE のときに TRUE、それ以外のときに FALSE を返す
```

論理関数

AND [365,2019,2016,2013] ▶ P185 (C3-02)

=AND(論理式 1, [論理式 2]…)
「論理式」がすべて TRUE のときに TRUE、それ以外のときに FALSE を返す

IF [365,2019,2016,2013] ▶ P185 (C3-02)

=IF(論理式 , 真の場合 , 偽の場合)
「論理式」が TRUE（真）のときに「真の場合」、FALSE（偽）のときに「偽の場合」を返す

IFERROR [365,2019,2016,2013] ▶ P230 (C3-05)

=IFERROR(値 , エラーの場合の値)
「値」がエラーになる場合は「エラーの場合の値」を返し、エラーにならない場合は「値」を返す

IFNA [365,2019,2016,2013]

=IFNA(値 , NA の場合の値)
「値」が [#N/A] でない場合は「値」を返し、「#N/A」である場合は「NA の場合の値」を返す

IFS [365,2019]

=IFS(論理式 1, 値 1, [論理式 2, 値 2]…)
「論理式」をチェックして、最初に TRUE（真）になる「論理式」に対応する「値」を返す

NOT [365,2019,2016,2013]

=NOT(論理式)
「論理式」が TRUE のときに FALSE、FALSE のときに TRUE を返す

OR [365,2019,2016,2013] ▶ P185 (C3-02)

=OR(論理式 1, [論理式 2]…)
「論理式」のうち少なくとも 1 つが TRUE であれば TRUE、それ以外のときは FALSE を返す

SWITCH［365,2019］

=SWITCH(式 , 値 1, 結果 1, [値 2, 結果 2]…, [既定値])
「式」が「値」に一致するかどうかを調べ、最初に一致した「値」に対応する「結果」を返す

文字列操作関数

ASC［365,2019,2016,2013］

=ASC(文字列)
「文字列」に含まれる全角文字を半角文字に変換する

CHAR［365,2019,2016,2013］ ▶ P217（C3-04）

=CHAR(数値)
「数値」を文字コードとみなして対応する文字を返す

CLEAN［365,2019,2016,2013］

=CLEAN(文字列)
「文字列」に含まれるセル内改行などの制御文字を削除する

CODE［365,2019,2016,2013］

=CODE(文字列)
「文字列」の 1 文字目の文字コードを 10 進数の数値で返す

CONCAT［365,2019］

=CONCAT(文字列 1, [文字列 2]…)
「文字列」を連結して返す

EXACT［365,2019,2016,2013］ ▶ P195（C3-02）

=EXACT(文字列 1, 文字列 2)
「文字列 1」と「文字列 2」が等しい場合は TURE、等しくない場合は FALSE を返す

FIND［365,2019,2016,2013］ ▶ P219（C3-04）

=FIND(検索文字列 , 対象 , [開始位置])
「検索文字列」が「対象」の何文字目にあるかを調べる

JIS［365,2019,2016,2013］ ▶ P195（C3-02）

=JIS(文字列)
「文字列」に含まれる半角文字を全角文字に変換する

LEFT［365,2019,2016,2013］ ▶ P219（C3-04）

=LEFT(文字列 , [文字数])
「文字列」の先頭から「文字数」分の文字列を取り出す

LEN［365,2019,2016,2013］ ▶ P219（C3-04）

=LEN(文字列)
「文字列」の文字数を返す

LENB [365,2019,2016,2013]

=LENB(文字列)

「文字列」のバイト数を返す

LOWER [365,2019,2016,2013]

=LOWER(文字列)

「文字列」に含まれるアルファベットを小文字に変換する

MID [365,2019,2016,2013] ▶ P219 (C3-04)

=MID(文字列 , 開始位置 , 文字数)

「文字列」の「開始位置」から「文字数」分の文字列を取り出す

PROPER [365,2019,2016,2013]

=PROPER(文字列)

「文字列」に含まれる英単語の先頭文字を大文字に、2 文字目以降を小文字に変換する

REPLACE [365,2019,2016,2013]

=REPLACE(文字列 , 開始位置 , 文字数 , 置換文字列)

「文字列」の「開始位置」から「文字数」分の文字列を「置換文字列」で置き換える

RIGHT [365,2019,2016,2013]

=RIGHT(文字列 , [文字数])

「文字列」の末尾から「文字数」分の文字列を取り出す

SEARCH [365,2019,2016,2013]

=SEARCH(検索文字列 , 対象 , [開始位置])

「検索文字列」が「開始位置」から数えて何文字目にあるかを調べる

SUBSTITUTE [365,2019,2016,2013] ▶ P217 (C3-04)

=SUBSTITUTE(文字列 , 検索文字列 , 置換文字列 , [置換対象])

「文字列」中の「検索文字列」を「置換文字列」で置き換える

TEXT [365,2019,2016,2013] ▶ P203 (C3-03)

=TEXT(値 , 表示形式)

「値」を指定した「表示形式」の文字列に変換する

TEXTJOIN [365,2019]

=TEXTJOIN(区切り文字 , 空のセルは無視 , 文字列 1, [文字列 2]…)

「区切り文字」を挟みながら文字列を連結して返す

TRIM [365,2019,2016,2013] ▶ P217 (C3-04)

=TRIM(文字列)

「文字列」から余分なスペースを削除する。単語間のスペースは 1 つずつ残る

UPPER [365,2019,2016,2013]

=UPPER(文字列)

「文字列」に含まれるアルファベットを大文字に変換する

VALUE ［365,2019,2016,2013］

=VALUE(文字列)
「文字列」を数値に変換する

日付／時刻関数

DATE ［365,2019,2016,2013］ ▶ P193（C3-02）

=DATE(年 , 月 , 日)
「年」「月」「日」の数値から日付を表すシリアル値を求める

DATEDIF ［365,2019,2016,2013］

=DATEDIF(開始日 , 終了日 , 単位)
「開始日」から「終了日」までの期間の長さを、指定した「単位」で求める

DAY ［365,2019,2016,2013］ ▶ P213（C3-03）

=DAY(シリアル値)
「シリアル値」が表す日付から「日」にあたる数値を取り出す

DAYS ［365,2019,2016,2013］

=DAYS(開始日 , 終了日)
「終了日」と「開始日」の間の日数を求める

EDATE ［365,2019,2016,2013］ ▶ P207（C3-03）

=EDATE(開始日 , 月)
「開始日」から「月」数後、または「月」数前の日付のシリアル値を求める

EOMONTH ［365,2019,2016,2013］ ▶ P206（C3-03）

=EOMONTH(開始日 , 月)
「開始日」から「月」数後、または「月」数前の月末日を求める

HOUR ［365,2019,2016,2013］

=HOUR(シリアル値)
「シリアル値」が表す時刻から「時」にあたる数値を取り出す

MINUTE ［365,2019,2016,2013］

=MINUTE(シリアル値)
「シリアル値」が表す時刻から「分」にあたる数値を取り出す

MONTH ［365,2019,2016,2013］ ▶ P207（C3-03）

=MONTH(シリアル値)
「シリアル値」が表す日付から「月」にあたる数値を取り出す

NETWORKDAYS ［365,2019,2016,2013］

=NETWORKDAYS(開始日 , 終了日 , [祭日])
土曜日と日曜日、および指定した「祭日」を非稼働日として「開始日」から「終了日」までの稼働日数を求める

NETWORKDAYS.INTL [365,2019,2016,2013] ▶ P209 (C3-03)

=NETWORKDAYS.INTL(開始日 , 終了日 , [週末], [祭日])
指定した「週末」および「祭日」を非稼働日として「開始日」から「終了日」までの稼働日数を求める

NOW [365,2019,2016,2013]

=NOW()
システム時計を元に現在の日付と時刻を返す

SECOND [365,2019,2016,2013]

=SECOND(シリアル値)
「シリアル値」が表す時刻から「秒」にあたる数値を取り出す

TIME [365,2019,2016,2013]

=TIME(時 , 分 , 秒)
「時」「分」「秒」の数値から時刻を表すシリアル値を求める

TODAY [365,2019,2016,2013]

=TODAY()
システム時計を元に現在の日付を返す

WEEKDAY [365,2019,2016,2013]

=WEEKDAY(シリアル値 , [種類])
「シリアル値」が表す日付から曜日番号を求める

WEEKNUM [365,2019,2016,2013]

=WEEKNUM(シリアル値 , [週の基準])
「シリアル値」が表す日付から週数を求める

WORKDAY [365,2019,2016,2013]

=WORKDAY(開始日 , 日数 , [祭日])
土曜日と日曜日、および指定した「祭日」を非稼働日として、「開始日」から「日数」前後の稼働日を求める

WORKDAY.INTL [365,2019,2016,2013] ▶ P211 (C3-03)

=WORKDAY.INTL(開始日 , 日数 , [週末], [祭日])
指定した「週末」および「祭日」を非稼働日として、「開始日」から「日数」前後の稼働日を求める

YEAR [365,2019,2016,2013] ▶ P251 (C3-06)

=YEAR(シリアル値)
「シリアル値」が表す日付から「年」にあたる数値を取り出す

検索／行列関数

ADDRESS [365,2019,2016,2013]

=ADDRESS(行番号 , 列番号 , [参照の型], [参照形式], [シート名])
「行番号」「列番号」「シート名」からセル参照の文字列を作成する

Chapter 1

Chapter 2

Chapter 3

Chapter 4

Chapter 5

Chapter 6

付録

CHOOSE [365,2019,2016,2013] ▶ P119 (C2-02)

=CHOOSE(インデックス , 値 1 , [値 2]…)
「インデックス」で指定した番号の「値」を返す

COLUMN [365,2019,2016,2013] ▶ P231 (C3-05)

=COLUMN([参照])
「参照で」指定したセルの列番号を求める

COLUMNS [365,2019,2016,2013]

=COLUMNS(配列)
「配列」に含まれるセルや要素の列数を求める

FILTER [365] ▶ P265 (C3-07)

=FILTER(配列 , 含む , [空の場合])
「配列」から「含む」で指定した条件に合致するデータを抽出する

GETPIVOTDATA [365,2019,2016,2013]

=GETPIVOTDATA(データフィールド , ピボットテーブル , [フィールド 1 , アイテム 1],[フィールド 2 , アイテム 2]…)
「ピボットテーブル」から指定した「データフィールド」のデータを取り出す

HLOOKUP [365,2019,2016,2013]

=HLOOKUP(検索値 , 範囲 , 行番号 , [検索の型])
「範囲」の 1 行目から「検索値」を探し、見つかった列の「行番号」の行にある値を返す

HYPERLINK [365,2019,2016,2013]

=HYPERLINK(リンク先 , [別名])
指定した「リンク先」にジャンプするハイパーリンクを作成する

INDEX [365,2019,2016,2013] ▶ P235 (C3-05)

=INDEX(参照 , 行番号 , [列番号], [領域番号])
「参照」のセル範囲から「行番号」と「列番号」で指定した位置のセル参照を返す（セル参照形式）

INDIRECT [365,2019,2016,2013] ▶ P233 (C3-05)

=INDIRECT(参照文字列 , [参照形式])
「参照文字列」から実際のセル参照を返す

LOOKUP [365,2019,2016,2013]

=LOOKUP(検査値 , 検査範囲 , [対応範囲])
「検査値」を「検査範囲」から探し、「対応範囲」にある値を取り出す

MATCH [365,2019,2016,2013] ▶ P235 (C3-05)

=MATCH(検査値 , 検査範囲 , [照合の型])
「検査範囲」の中から「検査値」を検索し、見つかったセルの位置を返す

OFFSET [365,2019,2016,2013] ▶ P243 (C3-05)

=OFFSET(参照 , 行数 , 列数 , [高さ], [幅])
「基準」のセルから「行数」と「列数」だけ移動した位置のセル参照を返す

ROW [365,2019,2016,2013] ▶ P237 (C3-05)

=ROW([参照])
「参照」で指定したセルの行番号を求める

ROWS [365,2019,2016,2013]

=ROWS(配列)
「配列」に含まれるセルや要素の行数を求める

SORT [365] ▶ P269 (C3-07)

=SORT(配列 , [並べ替えインデックス], [並べ替え順序], [並べ替え基準])
「配列」のデータを指定した順序で並べ替える

SORTBY [365] ▶ P271 (C3-07)

=SORTBY(配列 , 基準配列 1 , [並べ替え順序 1], [基準配列 2]…)
「配列」のデータを指定した順序で並べ替える

TRANSPOSE [365,2019,2016,2013]

=TRANSPOSE(配列)
「配列」の行と列を入れ替えた配列を返す

UNIQUE [365] ▶ P273 (C3-07)

=UNIQUE(配列 , [列の比較], [回数指定])
「配列」から重複を削除して一意のデータを返す

VLOOKUP [365,2019,2016,2013] ▶ P229 (C3-05)

=VLOOKUP(検索値 , 範囲 , 列番号 , [検索の型])
「範囲」の 1 列目から「検索値」を探し、見つかった行の「列番号」の列にある値を返す

XLOOKUP [365] ▶ P275 (C3-07)

=XLOOKUP(検索値 , 検索範囲 , 戻り範囲 , [見つからない場合], [一致モード], [検索モード])
「検索範囲」から「検索値」を探し、最初に見つかった位置に対応する「戻り範囲」の値を返す

数学／三角関数

ABS [365,2019,2016,2013] ▶ P190 (C3-02)

=ABS(数値)
「数値」の絶対値を求める

AGGREGATE [365,2019,2016,2013]

=AGGREGATE(集計方法 , 除外条件 , 範囲 1 , [範囲 2]…)
指定した「集計方法」で「範囲」のデータを集計する

CEILING.MATH [365,2019,2016,2013]

=CEILING.MATH(数値 , [基準値], [モード])
「数値」を最も近い整数、または最も近い「基準値」の倍数に切り上げる

FLOOR.MATH　[365,2019,2016,2013]

=FLOOR.MATH(数値 , [基準値], [モード])
「数値」を最も近い整数、または最も近い「基準値」の倍数に切り下げる

INT　[365,2019,2016,2013]

=INT(数値)
「数値」以下で最も近い整数を返す

MOD　[365,2019,2016,2013]　▶ P151 (C2-04)

=MOD(数値 , 除数)
「数値」を「除数」で割ったときの剰余を求める

MROUND　[365,2019,2016,2013]

=MROUND(数値 , 基準値)
「数値」を「基準値」の倍数のうち最も近い値に切り上げ、または切り捨てる

POWER　[365,2019,2016,2013]

=POWER(数値 , 指数)
「数値」の「指数」乗を返す

QUOTIENT　[365,2019,2016,2013]

=QUOTIENT(数値 , 除数)
「数値」を「除数」で割ったときの商の整数部分を求める

RANDBETWEEN　[365,2019,2016,2013]

=RANDBETWEEN(最小値 , 最大値)
「最小値」以上「最大値」以下の整数の乱数を発生させる

ROUND　[365,2019,2016,2013]　▶ P189 (C3-02)

=ROUND(数値 , 桁数)
「数値」を四捨五入した値を求める

ROUNDDOWN　[365,2019,2016,2013]

=ROUNDDOWN(数値 , 桁数)
「数値」を切り捨てた値を求める

ROUNDUP　[365,2019,2016,2013]

=ROUNDUP(数値 , 桁数)
「数値」を切り上げた値を求める

SIGN　[365,2019,2016,2013]

=SIGN(数値)
「数値」の正負を求める。戻り値は、「数値が」正の場合は 1、0 の場合は 0、負の場合は－1 となる

SQRT　[365,2019,2016,2013]

=SQRT(数値)
「数値」の正の平方根を求める

SUBTOTAL [365,2019,2016,2013]

=SUBTOTAL(集計方法 , 範囲 1, [範囲 2]…)
「集計方法」で指定した関数を使用して「範囲」のデータを集計する

SUM [365,2019,2016,2013]　▶ P47 (C1-02)

=SUM(数値 1, [数値 2]…)
「数値」の合計を求める

SUMIF [365,2019,2016,2013]　▶ P247 (C3-06)

=SUMIF(条件範囲 , 条件 , [合計範囲])
「条件」に合致するデータの合計を求める

SUMIFS [365,2019,2016,2013]　▶ P254 (C3-06)

=SUMIFS(合計範囲 , 条件範囲 1, 条件 1, [条件範囲 2, 条件 2]…)
「条件」に合致するデータの合計を求める。「条件」を複数指定できる

SUMPRODUCT [365,2019,2016,2013]

=SUMPRODUCT(配列 1, [配列 2]…)
「配列」の対応する要素の積を合計する

TRUNC [365,2019,2016,2013]

=TRUNC(数値 , [桁数])
「数値」を切り捨てた値を返す

統計関数

AVERAGE [365,2019,2016,2013]　▶ P148 (C2-04)

=AVERAGE(数値 1, [数値 2]…)
「数値」の平均を求める

AVERAGEIF [365,2019,2016,2013]

=AVERAGEIF(条件範囲 , 条件 , [平均範囲])
「条件」に合致するデータの平均を求める

AVERAGEIFS [365,2019,2016,2013]

=AVERAGEIFS(平均範囲 , 条件範囲 1, 条件 1, [条件範囲 2, 条件 2]…)
「条件」に合致するデータの平均を求める。「条件」を複数指定できる

COUNT [365,2019,2016,2013]　▶ P186 (C3-02)

=COUNT(値 1, [値 2]…)
「値」に含まれる数値の数を返す

COUNTA [365,2019,2016,2013]　▶ P243 (C3-05)

=COUNTA(値 1, [値 2]…)
「値」に含まれるデータの数を返す。未入力のセルはカウントしない

COUNTBLANK [365,2019,2016,2013]

=COUNTBLANK(セル範囲)
「セル範囲」に含まれる空白セルの数を返す。数式の結果の「""」もカウントされる

COUNTIF [365,2019,2016,2013] ▶ P247 (C3-06)

=COUNTIF(条件範囲 , 条件)
「条件」に合致するデータの個数を求める

COUNTIFS [365,2019,2016,2013] ▶ P249 (C3-06)

=COUNTIFS(条件範囲 1, 条件 1, [条件範囲 2, 条件 2]…)
「条件」に合致するデータの個数を求める。「条件」を複数指定できる

FREQUENCY [365,2019,2016,2013]

=FREQUENCY(データ配列 , 区間配列)
「データ配列」の数値が「区間配列」に指定した区間ごとにいくつ含まれるかをカウントする

LARGE [365,2019,2016,2013]

=LARGE(範囲 , 順位)
「範囲」の数値のうち大きいほうから数えて「順位」番目の数値を返す

MAX [365,2019,2016,2013] ▶ P237 (C3-05)

=MAX(数値 1, [数値 2]…)
「数値」の最大値を求める

MAXIFS [365,2019]

=MAXIFS(最大範囲 , 条件範囲 1, 条件 1, [条件範囲 2, 条件 2])
「条件」に合致するデータの最大値を求める。「条件」を複数指定できる

MEDIAN [365,2019,2016,2013]

=MEDIAN(数値 1, [数値 2]…)
「数値」の中央値を求める

MIN [365,2019,2016,2013]

=MIN(数値 1, [数値 2]…)
「数値」の最小値を求める

MINIFS [365,2019]

=MINIFS(最小範囲 , 条件範囲 1, 条件 1, [条件範囲 2, 条件 2])
「条件」に合致するデータの最小値を求める。「条件」を複数指定できる

MODE.SNGL [365,2019,2016,2013]

=MODE.SNGL(数値 1, [数値 2]…)
「数値」の最頻値を求める

RANK.EQ [365,2019,2016,2013]

=RANK.EQ(数値 , 範囲 , [順位])
「数値」が「範囲」の中で何番目の大きさにあたるかを求める

SMALL　[365,2019,2016,2013]　▶ P239（C3-05）

=SMALL(範囲 , 順位)
「範囲」の数値のうち小さいほうから数えて「順位」番目の数値を返す

情報関数

ISBLANK　[365,2019,2016,2013]

=ISBLANK(テストの対象)
「テストの対象」が空白セルかどうかを調べる

ISERROR　[365,2019,2016,2013]

=ISERROR(テストの対象)
「テストの対象」がエラー値かどうかを調べる

ISLOGICAL　[365,2019,2016,2013]

=ISLOGICAL(テストの対象)
「テストの対象」が論理値かどうかを調べる

ISNA　[365,2019,2016,2013]

=ISNA(テストの対象)
「テストの対象」がエラー値「#N/A」かどうかを調べる

ISNUMBER　[365,2019,2016,2013]　▶ P186（C3-02）

=ISNUMBER(テストの対象)
「テストの対象」が数値かどうかを調べる

ISTEXT　[365,2019,2016,2013]

=ISTEXT(テストの対象)
「テストの対象」が文字列かどうかを調べる

NA　[365,2019,2016,2013]

=NA()
エラー値「#N/A」を返す

PHONETIC　[365,2019,2016,2013]　▶ P224（C3-04）

=PHONETIC(参照)
「参照」に入力された文字列のふりがなを表示する

その他の関数

SERIES　[365,2019,2016,2013]　▶ P329（C4-04）

=SERIES(系列名 , 項目名 , 数値 , 順序)
グラフのデータ系列を定義する

索 引

あ行

か行

さ行

た行

な行

[著者プロフィール]

きたみ あきこ

東京都生まれ、神奈川県在住。テクニカルライター。お茶の
水女子大学理学部化学科卒。大学在学中に、分子構造の解
析を通してプログラミングと出会う。プログラマー、パソコン
インストラクターを経て、現在はコンピューター関係の雑誌
や書籍の執筆を中心に活動中。
主な著書に『Excel関数逆引き辞典パーフェクト 第3版』（翔
泳社）、『できるExcelパーフェクトブック 困った!&便利ワザ
大全 Office 365/2019/2016/2013/2010対応』
『できる イラストで学ぶ 入社1年目からのExcel VBA』（以
上インプレス）などがある。

装丁・本文デザイン：冨澤 崇 (EBranch)
DTP：BUCH+

極める。Excel

エクセル

デスクワークを革命的に効率化する［上級］教科書

2021年4月20日　初版第1刷発行

著者	きたみ あきこ
発行人	佐々木 幹夫
発行所	株式会社 翔泳社 （https://www.shoeisha.co.jp）
印刷・製本	株式会社ワコープラネット

©2021 Akiko Kitami

ISBN978-4-7981-6823-4　　　　　　　　　　Printed in Japan